U0725751

人工智能基础

主 编 邵明东 李 伟 张艺耀
副主编 李大伟 颜 实 黄 秀

电子工业出版社
Publishing House of Electronics Industry
北京·BEIJING

内 容 简 介

本书主要面向大专（高职）一年级学生，帮助学生了解人工智能的基础知识，熟悉人工智能技术和产业的发展现状与市场需求，培养学生的人工智能应用能力，主要内容包括人工智能概述、知识表示和知识图谱、机器学习、人工神经网络与深度学习、智能识别、自然语言处理、专家系统、智能体与智能机器人、Python 语言、人工智能案例设计与实现。

本书面向高等职业院校所有专业的学生，使学生了解人工智能的研究和应用，帮助学生了解人工智能对现代生活的改变和影响，熟悉人工智能对工业、医疗、安防、社交、机器人、无人驾驶、家居、生活服务等方面的应用渗透；帮助学生了解人工智能的发展过程与基本知识，熟悉人工智能产业的发展现状与市场需求，培养人工智能的应用能力。因此本书适合作为高职院校所有专业的通识教材，用于开拓学生的科技视野，培养人工智能的应用能力。

图书在版编目（CIP）数据

人工智能基础/邵明东，李伟，张艺耀主编 . —北京：电子工业出版社，2020.8
ISBN 978-7-121-37813-3

Ⅰ . ①人… Ⅱ . ①邵… ②李… ③张… Ⅲ . ①人工智能-高等职业教育-教材 Ⅳ . ① TP18

中国版本图书馆 CIP 数据核字（2019）第 248355 号

责任编辑：贺志洪
印　　刷：北京缤索印刷有限公司
装　　订：北京缤索印刷有限公司
出版发行：电子工业出版社
　　　　　北京市海淀区万寿路 173 信箱　邮编 100036
开　　本：787×1092　1/16　印张：12.75　字数：326.4 千字
版　　次：2020 年 8 月第 1 版
印　　次：2023 年 6 月第 9 次印刷
定　　价：54.00 元

前　言

　　人工智能再一次成为社会各界关注的焦点，甚至要把我们所处的时代用"智能"来命名，这距人工智能这一概念首次提出已经过去了 60 多年。

　　人类走过了农耕社会、工业社会、信息社会，已经进入了智能社会。在农耕社会和工业社会，人类的生产主要基于物质和能量的动力工具，并得到了极大的发展；今天，劳动工具转向了基于数据、信息、知识、价值和智能的智力工具，人口红利、劳动力红利不那么灵了，智能的红利来了。于是，教育也就从传授知识、发明工具、认识和改造客观世界，拓展到人脑自身如何认知、如何再塑造的新阶段。这样一来，人工智能对教育的挑战就不单是一门学科、一个专业的问题，而是培养人们终身学习能力的挑战了。创新驱动，智能担当，教育先行。我国出台的《新一代人工智能发展规划》明确了我国人工智能发展三步走的战略发展目标。当形形色色的各种机器人成为人类认知自然与社会、扩展智力、走向智慧生活的重要伴侣的时候，当机器人和智能系统无处不在地改变着人类的生产活动、经济活动和社会生活的时候，中国要在 2030 年成为世界主要人工智能创新中心。

　　人工智能是引领新一轮科技革命和产业变革的重要驱动力，正深刻改变着人们的生产、生活、学习方式，推动人类社会迎来人机协同、跨界融合、共创分享的智能时代。把握全球人工智能发展态势，找准突破口和主攻方向，培养大批具有创新能力和合作精神的人工智能高端人才，是教育的重要使命。

　　把人工智能知识普及作为未来智能教育发展的前提和基础，及时将人工智能的新技术、新知识、新变化提炼概括为新的话语体系，根据高等职业院校学生认知特点，让人工智能新技术、新知识进学科、进专业、进课程、进教材、进课堂、进教案、进学生头脑，让学生对人工智能有基本的认识、基本的概念、基本的素养、基本的兴趣。有了普及，就有了丰厚的土壤，就有可能长出参天大树。

　　学习人工智能应用基础，了解人工智能产业的发展现状与市场需求，了解人工智能对现代生活的改变和影响，熟悉人工智能对工业、医疗、安防、社交、机器人、无人驾驶、家居、生活服务等方面的应用渗透，培养人工智能的应用能力，开拓学生的科技视野，是编写本书的主要目标。

　　本书是一本全景式介绍人工智能知识体系与热门应用领域的教材，以人工智能的应用领域为线索介绍学习领域。通过"案例导读"引入相应领域的学习，通过"案例延伸"理解学习领域的实际应用和未来发展。尽量用通俗易懂的语言和应用案例引导学生进入人工智能应用领域的学习。

　　本书的知识体系与案例体系如下：

```
                          知识体系

      人工智能概述      知识表示          机器学习
                      和知识图谱

      人工神经网络      智能识别          自然语言处理
      与深度学习

      智能体            专家系统          Python语言和
      与智能机器人                       人工智能案例
                                        设计与实现


                          案例体系

      智能家居    智能机器人    智能诊疗    无人驾驶

      智能交通    智能安防      智能设计    计算机视觉

      金融风控    智能生产      机器翻译    生物特征识别

      智慧农业    智慧教育      模式识别    图像识别

      智能社交    案件预测      机器写作    语音识别
```

本书主要特色如下：

1. 按人工智能的应用领域介绍知识体系，利于学生接受和学习。

2. 通俗易懂，内容全面，应用性强。本书知识体系比较完整，以知识和技术应用案例为根本出发点详细介绍了人工智能的主要内容和实际应用。在内容上降低了人工智能学习的难度，易于学生学习掌握。

3. 突出应用，案例丰富，全景式呈现了人工智能的应用场景。

4. 用通俗易懂的语言和应用案例引导学生进入人工智能的应用领域。尽量减少纯文字的叙述，多采用图表形式介绍知识，用图文并茂的方式展现应用案例。

5. 通过"案例导读"引导学生进入每一个研究领域的学习，通过"延伸阅读"让学生了解本领域的未来发展前景。

6. 学生互动包括"查阅与思考"和"学习与思考"。通过"案例导读"后面的"查阅与思考"让学生进入本领域并查阅本领域未来的发展应用，开拓思维，给学生以想象的空间。通过

"学习与思考"让学生在了解理论知识后对基础概念有所认知。每一章的学习分为三个步骤：入门、了解、展望。

　　本书由邵明东、李伟、张艺耀任主编，由李大伟、颜实、黄秀任副主编。

　　在编写本书的过程中，编者参考、引用和改编了国内外出版物和网络中的相关资料，引用了部分案例、插图、图表等资源，在此表示深深的谢意！

　　由于时间仓促，加上我们的水平有限，书中难免有不足之处，欢迎大家批评指正。

编者
2020 年 6 月

目　录

第1章　人工智能概述

◎ 案例导读

人工智能时代即将来临，你准备好了吗？

案例一　集合最新 IT 技术的人工智能医护机器人进驻武汉成抗疫利器

2020 年 2 月，在湖北省武汉市抗击新冠肺炎疫情的关键时期，武汉同济医院光谷院区 E3 区 4 楼病区，新来了"奇特"的医疗队员——集合了最新 IT 技术的人工智能医护机器人。它可以实现隔离病房遥控查房、5G 技术远程医疗等。

这台名叫"瑞金小白"的机器人配备了激光雷达、红外雷达、5G 通信及机器人集群控制技术，每台医护服务机器人都具备 3D 视觉识别传感器和人工智能 AI 芯片。这位四方脑袋、细长身体的"医疗队员"，灵活地穿梭在病区走道与病房之间，无所畏惧，如图 1-1 所示。

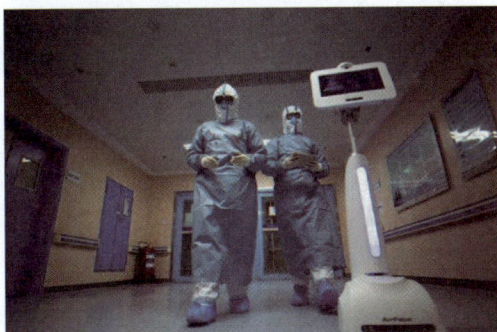

图 1-1　这台机器人可以灵活地穿梭在病区走道与病房之间（袁宸桢 摄）

这是上海交通大学医学院与其附属瑞金医院共同研发的、具有自主知识产权的新一代人工智能机器人，名叫"瑞金小白"。"瑞金小白"可以成为医生的替身，替代医生进入危险区域，完成查房、与患者沟通等工作。隔离病房外医生则通过手机 App 访问部署在病房内的医护机器人。这在一定程度上免去了医生多次穿脱防护服、进出隔离区所带来的感染风险，在节省医疗资源的同时，提升医疗服务的响应效率。

通过 5G 通信技术及机器人集群控制技术，远在上海的各学科专家可以随时通过远程会诊平台与部署在武汉各医院的机器人进行连接，实现多地、跨院区的多学科远程会诊。这样，上海乃至全国的优质医疗资源能够迅速、便捷地集中到武汉新冠肺炎疫情防控一线。

每台医护服务机器人都安装了 3D 视觉识别传感器和人工智能 AI 芯片。通过人工智能算法，机器人可以发现医护人员在感染病区活动过程中或在穿脱防护服过程中出现的安全隐患，并及时加以提醒，降低感染风险。

"瑞金小白"已被部署在武汉三院、金银潭医院、同济医院最危险的感染病房一线进行值守，机器人具有全天候工作、无惧环境伤害的特性，从而成为抗疫利器。

（案例来源：腾讯网）

案例二　阿尔法鹰眼，能识别情绪的人工智能，让谎言无处可藏

阿尔法鹰眼，是一家非常年轻的公司，2016 年成立于浙江宁波。阿尔法鹰眼有着世界领先的生物情感识别技术，是人工智能高科技公司。其最大的特点是可通过视频检测的方式准确识别人类真实的情绪。阿尔法鹰眼分析识别预警系统，通过最新的图像技术来监测人的心理和生理上的状态，来进行独创性测定和预警，广泛应用于安全检查、安保等领域，如公检法司、海关、机场、火车站/汽车站/地铁站、交通管理、平安城市、智慧城市、雪亮工程、安防、反恐等行业及领域，针对心理和生理状态的潜在可疑人员和危险人员，进行检测、记录、分析、识别来实现安全管控，真正做到让坏人无处可藏，如图 1-2 所示。在人工智能领域，阿尔法鹰眼不再是冰冷的数据，而是能读懂人心的"智者"，是中国智慧的代表。

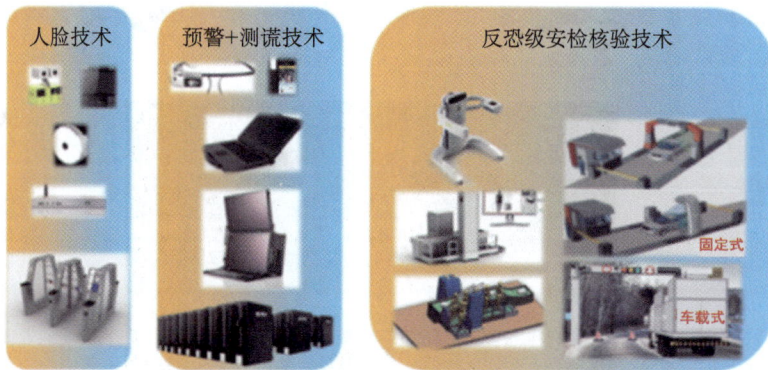

图 1-2　阿尔法鹰眼识别产品（图片来源：阿尔法鹰眼网站）

100 多年前，亚里士多德等科学家、生物学家，已经知道某些运动参数表征着某些情感特征。阿尔法鹰眼图像技术正是以这些理论基础开发的人工智能图像识别技术。阿尔法鹰眼采用情感计算算法，当人有喜、怒、哀、乐等情绪产生的时候，内心会有一些情绪上的波动，在外在表现上则会有一些肌肉的微振动，这种微振动由于频率非常低，很难被人的眼睛所察觉，而阿尔法鹰眼采用一种非常特殊的方式，能够让摄像头准确捕捉到这种情绪的波动，并且将其识别出来，其在有意掩盖自己真实情感的人身上有很好的效果，阿尔法鹰眼的识别能够做到去伪存真。

阿尔法鹰眼能够做到 30ms 计算一次情绪变化，相当于在瞬间便能判断一个人的情绪变化。在央视《机智过人》节目中，阿尔法鹰眼就表现出了令人震惊的人类真实情感识别能力，不仅轻松通过主持人的故意刁难，还在更高难度的考验中战胜了心理学领域的专家。

在广州白云机场，阿尔法鹰眼找出了私自携带芒果入境的机长；在北京南站，阿尔法鹰眼精准识别出吸毒人员；在义乌火车站，阿尔法鹰眼帮助警方抓获盗窃人员……未来，阿尔法鹰眼还可能更多地被应用于医疗、金融、招聘等场景，如图 1-3 所示。

图 1-3　阿尔法鹰眼情绪识别系统（图片来源：阿尔法鹰眼网站）

（案例来源："阿尔法鹰眼"公司网站、百度百科、php 源（phpyuan）网）

案例三　阿里巴巴公司的"鹿班"让设计更美好

2018 年，在 CCTV 综艺节目《机智过人》里，阿里人工智能设计师"鹿班"与真人设计师正面 PK，上演的一场智能系统与人的较量，在设计圈引发一阵轩然大波。节目中，鹿班接受了设计领域的两轮检验，在两轮 PK 中，嘉宾和观众都没法识别出哪一幅作品是鹿班设计的。可见，理论上来说，人工智能已经在设计领域达到人类水准。

鹿班是由阿里巴巴智能设计实验室自主研发的一款设计产品。基于图像智能生成技术，鹿班可以改变传统的设计模式，使其在短时间内完成大量 Banner 图、海报图和会场图的设计，提高工作效率。用户只需任意输入想达成的风格、尺寸，鹿班就能代替人工完成素材分析、抠图、配色等耗时耗力的设计项目，实时生成多套符合要求的设计解决方案。"鹿班网"智能生成平台如图 1-4 所示，可以帮助用户更好地设计产品宣传广告图片，就算你不会设计也能做出精美的图片，非常适合于电商用户使用。

深度学习在图像领域的快速发展是智能设计的技术基础，阿里巴巴智能设计实验室依托达摩院机器智能技术，通过对人类过往大量设计数据的学习，训练出一个设计大脑——Luban。与人学习的过程类似，作为 AI 设计师的鹿班也是从模仿开始的，当输入海量设计海报、Banner 等信息之后，它会对其中的背景、主体、修饰等元素进行识别，由此理解它们之间的关系。随后，鹿班会"照猫画虎"一样对这些素材进行组合，尝试风格不同的组合后，这些随机生成的图片会通过机器来判断并进行打分，生成一系列最优结果反馈给神经网络，并最终成为阿里电商平台对外展示的海报、Banner 等图像。

根据用户输入的需求，机器从无到有经过规划、行动多轮大规模计算，生成符合用户需求和专业标准的视觉图像。

实际上，从 2016 年以来，如果遇到"双 11"等大型活动，打开淘宝就会看到那些各式各样充满设计风格的海报作品，其中有很多就是由机器生成的，并且没有两张是完全一样的。在 2017 年"双 11"中，鹿班一天就能完成 4000 万张海报，平均每秒 8000 张，刷新了人们对 AI 创意能力的认知。

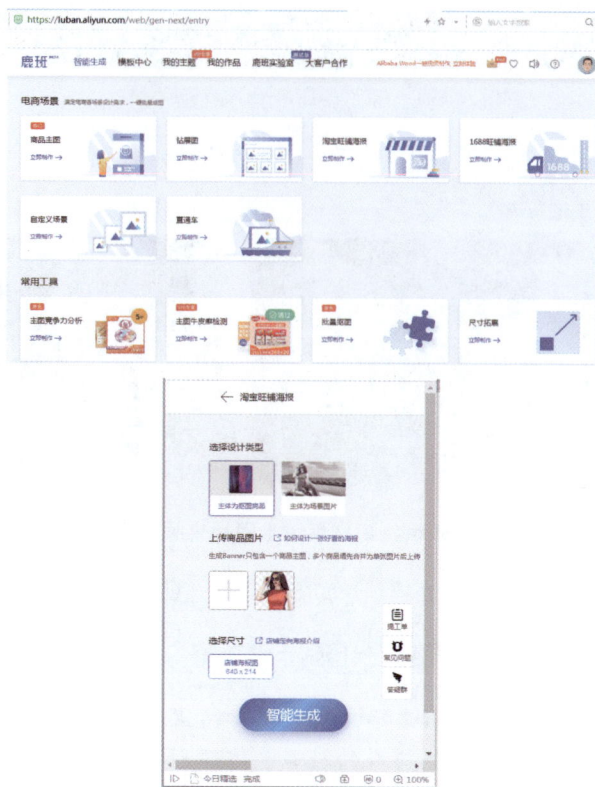

图1-4 "鹿班网"智能生成平台

鹿班提供了一键生成、智能创作、智能排版、设计拓展四大功能；一键生成功能可以让没有设计基础的用户生成想要的海报，输入Logo、风格、行业后即可输出；智能创作功能是设计师创建自己的主题，输入自己创作的系列作品后，通过训练机器生成系统新的效果风格；智能排版功能是把图片素材、文案、尺寸、Logo等输入后，自动生成一个成品的海报；设计拓展功能是设计生成后，可以自动调整图片的尺寸，省去了设计师放在这些琐碎细节上的心力。

（案例来源：参考自百度、鹿班、简书网）

案例四 全国首辆商用级无人驾驶微循环电动车"阿波龙"开始运营

"阿波龙"（Apolong）是由百度公司和金龙客车合作生产的全国首辆商用级无人驾驶微循环电动车。

2018年7月4日，李彦宏宣布，"百度和金龙客车合作的全球首款L4级量产自动驾驶巴士'阿波龙'正式量产下线。"

8月20日，无人驾驶的小型巴士"阿波龙"满载乘客行驶在厦门软件园三期道路上，开展首次市民体验活动，如图1-5所示。这台外形"呆萌"的无人驾驶巴士车没有司机，没有方向盘和驾驶位，也没有刹车和油门踏板，车厢内有三排座椅，简洁时尚。"阿波龙"车身长4.3米，宽2米，共设计座位8个，站立位6个，乘客总人数14人，并设置自动车门开关，采用纯电动力，续航里程超过100千米。"阿波龙"可自动完成变道和转弯等操作，吸引不少市民登车体验。

图 1-5　"阿波龙"无人驾驶小型巴士

打开自动感应门上车后，安全员通过 iPad 放下手刹，"阿波龙"缓缓启动，很快车辆便以每小时 20 千米的速度行驶。车子行至路口、斑马线或转弯处时，会减速慢行，"一停二看三通过"，在直行道路上则会加速。整个开放测试路段全长 2 千米，不时会有人和车辆从"阿波龙"周围经过、阻挡，它都能及时感应，做出减速或者停车处理。"感觉很平稳、舒适，即使在转弯等路况下，也没有颠簸感。"体验过的市民说。

2018 年 10 月 12 日，首台"阿波龙"无人驾驶小巴顺利进入武汉市的龙灵山公园，百度在全国的首个无人驾驶商业示范运营项目正式进入运行阶段。

"阿波龙"在设计上颠覆了传统汽车概念，全新构建电动化、电子化及智能化的新形态，是全国首辆无方向盘、无油门、无刹车踏板的原型车。它前后安装有激光雷达、超声波雷达等传感器，因此不会像人一样"开小差"，能持续监测路面情况、周围物体，具有车流判断、路牌识别、避障等能力。

"阿波龙"车身采用了 RTM 轻型复合材料、整体全弧玻璃、宽幅电动门、自动无障碍爱心通道等新材料和新工艺。车辆顶端及车身两侧配有 16 线激光雷达，通过传感器发射的激光脉冲，"看清"周围的情况。在车头和车尾顶部，装有 5 个单目摄像头和一组双目摄像头，可精确识别路面交通线、车辆、行人等。

"阿波龙"无人车量产后，初期主要针对封闭场景内的使用，针对"最后一公里"通勤，计划率先在景区、园区、机场等半封闭和封闭区域，车速限制在每小时 20 ～ 40 千米运行。

（案例来源：参考自百度百科、简书网等）

案例五　首位中国 AI 主播问世，一天可工作 24 小时！

2018 年，乌镇的互联网大会吸引了很多人的眼球。由搜狗和新华社合作推出的人工智能机器人有板有眼地播报着新闻，如图 1-6 所示，他们以真实的新闻主播为原型，看上去和真人没什么区别。中国版主播调侃说他每时每刻都可以工作，最重要的是，他不索取加班费！

图 1-6　首位中文"AI 主播"

AI 主播的问世，其核心技术是人工语音合成。其实，人工语音合成技术，在国内已经问世多年，国内从事该行业的顶尖科技公司是科大讯飞。另外，腾讯、百度都提供了该技术的接口，网友可以通过浏览器输入文字，实现文字转语音功能。做得比较到位的科大讯飞的某些模块，在播报新闻、消息、解说等领域的标准版语音情况下，可以媲美真人语音，甚至以假乱真。

我们听到的很多超市门口播放的促销广告、很多巡游车播放的政府法规通知，其实都采用了人工语音合成技术，这是基于业界领先的深度神经网络技术，提供流畅自然的语音合成服务让您的应用开口说话的新科技。

科技工作者们在新闻播报领域开展了许多新的尝试。比如由中央电视台和中共深圳市委宣传部联合出品的《创新中国》。全程担任解说的就是"AI 主播"，通过计算机分析重现了已故知名配音演员李易的声音，据了解，这是世界首部利用人工智能模拟人声完成配音的大型纪录片。这部片子在豆瓣上获得了 9.3 的高分。

（案例来源：百度"老张聊科技"）

案例六　小米公司推出的小爱同学

我国语音识别技术虽然起步较晚，但近年来取得了巨大成就。在业界，很多国产手机搭载的语音智能识别助手，都得到了科大讯飞的技术支持。2018 年，小米首次搭上了 AI 交互、语音识别的车，推出了"小爱同学"，如图 1-7 所示。这个"小爱同学"可不是一个没有技术的女同学。通过这个技术，小米实现了在安卓手机的操作系统上，拥有一个极其类似 iPhone 里 Siri 的智能语音助手。Siri 是智能语音识别的开山鼻祖没错，但可别小瞧我们"小爱同学"，随便一句话就给您安排上了，只需一秒便自如为您播放歌曲、发短信、查天气等，一应俱全，Siri 有的，它一样也不差。在此基础之上，小米还根据中国人的特点优化了交互界面与 UI。

图 1-7　小米"小爱同学"

（案例来源：百度）

【查阅与思考】

1. 讲述几个你所看到的人工智能应用实例，说明人工智能的发展前景和中国的独特优势。

2. 查阅人工智能的应用实例并与同学交流，思考为什么中国人工智能一定能走在世界的前列。

3. 观看电影《人工智能》，同学间互相交流观后感。

1.1　人工智能概况

　　人工智能正在快速地改变着人们的生活、学习和工作，把人类社会带入一个全新的、智能化的、自动化的时代。人们在享受人工智能带来便捷生活的同时，需要全面而深入地了解人工智能的基本知识与研究领域，以便更好地了解社会的发展趋势，把握未来的发展机会。

　　什么是人工智能？"人工"比较好理解，"智能"指人的智慧和行动能力，智能的内涵指"知识＋思维"，外延指发现规律、运用规律的能力和分析、解决问题的能力。人工智能是指模拟人的大脑考虑并解决问题的过程。要了解人工智能，首先要认识它的研究领域和存在的应用价值，如图 1-8 所示为人工智能示意图。

图 1-8　人工智能示意图（图片来源：网络）

1.1.1　人工智能定义

　　人工智能（Artificial Intelligence，AI）是研究、开发用于模拟、延伸和扩展人的智能的理论、方法、技术及应用系统的一门学科，其目标是希望计算机拥有像人一样的思维过程和智能行为（如识别、认知、分析、决策等），使机器能够胜任一些通常需要人类智能才能完成的复杂工作。

　　人工智能是计算机科学的一个分支，它企图了解智能的实质，并生产出一种新的能以人类智能相似的方式做出反应的智能机器，该领域的研究包括机器人、语言识别、图像识别、自然语言处理和专家系统等。人工智能从诞生以来，理论和技术日益成熟，应用领域也不断扩大，可以设想，未来人工智能带来的科技产品，将会是人类智慧的"容器"。人工智能可以对人的意识、思维的信息过程进行模拟。人工智能不是人的智能，但能像人那样思考也可能超过人的智能。

　　人工智能是一门极富挑战性的科学，从事这项工作的人必须懂得计算机、心理学和哲学等知识。人工智能由不同的领域组成，如机器学习、计算机视觉等，总之，人工智能研究的一个主要目标是使机器能够胜任一些通常需要人类智能才能完成的复杂工作。

　　人工智能是计算机科学的一个重要分支，融合了自然科学和社会科学的研究范畴，涉及计算机科学、统计学、脑神经学、心理学、语言学、逻辑学、认知科学、行为科学、生命科学、社会科学和数学，以及信息论、控制论和系统论等多学科领域。

1.1.2　人工智能的研究领域

　　人工智能研究的目的是利用机器模拟、延伸和扩展人的智能，这些机器主要是电子设备。其研究领域十分广泛，主要包括如图1-9所示的几个方面。

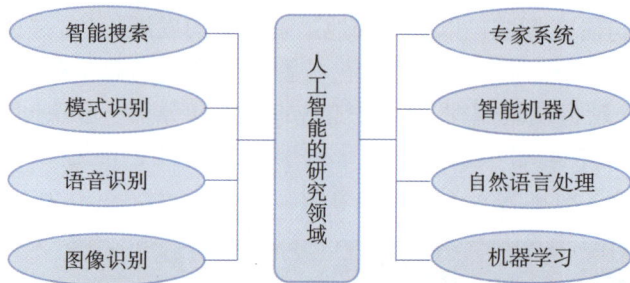

图1-9　人工智能的研究领域

1.1.3　人工智能的发展

1. 创始人物艾伦·图灵与图灵测试

　　艾伦·图灵（Alan Turing）是英国著名的数学家、逻辑学家，被称为"计算机科学之父""人工智能之父"。

　　1936年，图灵向伦敦权威的数学杂志投了一篇题为《论数字计算在决断难题中的应用》的论文，在这篇论文中，图灵提出著名的"图灵机"（Turing Machine）的设想，如图1-10所示。

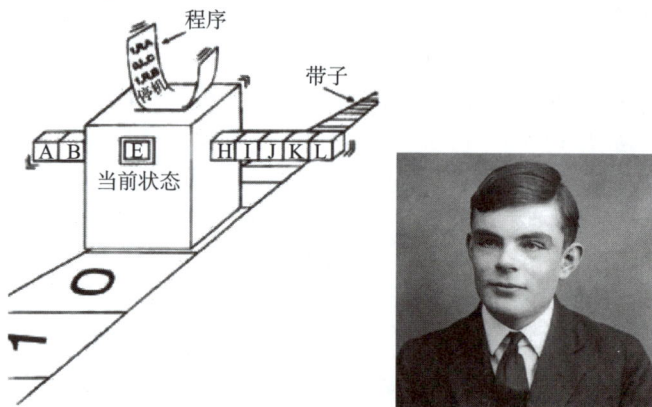

图1-10　图灵机（图片来源：网络）

图灵机的出现使数学逻辑符号与现实世界建立了联系，后来的计算机及人工智能都建立在这个设想之上。

1950 年，图灵发表《计算机器与智能》论文，并提出了一个举世瞩目的想法——图灵测试。按照图灵的设想，如果一台机器能够与人类开展对话而不能被辨别出机器身份，那么这台机器就具有智能，如图 1-11 所示。图灵测试对计算机智能与人类智能进行了形象的描绘，因此也成为后来检测计算机是否具有智能的重要方法。

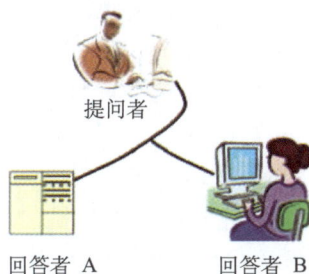

提问者

回答者 A　　　回答者 B

图 1-11　图灵测试（图片来源：百度百科）

1956 年，图灵又发表了《机器能思考吗》的论文。这个时期人工智能已进入实践阶段。图灵关于机器智能的思想直接影响着人工智能的发展，并延续至今。

2. 人工智能的诞生和蓬勃发展

1956 年的夏天，在一个名叫达特茅斯的小镇上，一群年轻的科学家在一起聚会，讨论着用机器模拟智能的一系列有关问题。1956 年达特茅斯会议当事人重聚如图 1-12 所示。从此，一个崭新的学科——人工智能诞生了，并以它独具魅力的发展势头，开启了传奇曲折的漫漫征程。

图 1-12　1956 年达特茅斯会议当事人重聚
左起：摩尔、麦卡锡、闵斯基、塞弗里奇、所罗门诺夫

2016 年的春天，一场 AlphaGo 与世界顶级围棋高手的人机对决，再次将人工智能推到了世界舞台的聚光灯下，如图 1-13 所示。

图 1-13　AlphaGo 与世界顶级围棋高手的人机对决

3. 人工智能的发展阶段

第一阶段（1956—1980年）：计算推理，奠定基础

达特茅斯会议之后人工智能进入大发现的时代。对很多人来讲，这一阶段开发出来的程序堪称神奇：计算机可以解决代数应用题、证明几何定理、学习和使用英语。1951年Marvin Minsky制造出第一台神经网络机，提出了感知器、贝尔曼公式、搜索式推理，自然语言等概念。

但由于计算机运算能力有限，无法解决指数型爆炸的复杂计算问题，20世纪70年代初，人工智能遭遇瓶颈。因为常识和推理需要大量对世界的认识信息，计算机达不到"看懂"和"听懂"的能力，无法解决部分涉及自动规划的逻辑问题，神经网络研究学者遭遇冷落。

第二阶段（1980—1993年）：知识表示，走出困境

由于专家系统的诞生，人工智能获得了极大的发展。人工智能在知识的处理和形式化推理方面已经形成了比较成熟的理论和经验。BP算法实现了神经网络训练的突破，神经网络研究学者重新受到关注。AI研究人员首次提出：为了获得真正的智能，机器必须具有躯体，它需要有感知、移动、生存、与这个世界交互的能力。感知运动技能对于常识推理等高层次技能是至关重要的，基于对事物的推理能力比抽象能力更为重要，这也促进了未来自然语言、机器视觉的发展。

1987年，人工智能硬件的市场需求突然下跌。科学家发现，专家系统虽然很有用，但它的应用领域过于狭窄，而且更新迭代和维护成本非常高。计算机性能瓶颈仍无法突破，仍然缺乏海量数据训练机器，且受到台式机和"个人计算机"理念的冲击影响，商业机构对人工智能的态度从追捧到冷落，使人工智能化为泡沫并破裂。

第三阶段（1993—2010年）：机器学习，迎来曙光

互联网的出现，突破了知识获取的难题。在这一时期，由于数据量的剧增，人工智能开始由知识获取阶段进化到机器学习阶段。

在摩尔定律下，计算机性能不断突破。云计算、大数据、机器学习、自然语言和机器视觉等领域发展迅速，人工智能迎来第三次高潮。

第四阶段（2010年至今）：深度学习，蓬勃兴起

2006年，杰弗里·希尔顿提出了深度学习的概念，这一概念的提出表明了机器学习的又一大进步。人工智能通过深度学习再度获得巨大的发展机遇，步入新的发展阶段。2012年，卷积神经网络在图像识别领域中的惊人表现，又引发了神经网络研究的再一次兴起。

人工智能的发展历程如图1-14所示。

经过60多年的演进，特别是在移动互联网、大数据、超级计算、传感网、脑科学等新理论、新技术及经济社会发展强烈需求的共同驱动下，人工智能加速发展，呈现出深度学习、跨界融合、人机协同、群智开放、自主操控等新特征。大数据驱动知识学习、跨媒体协同处理、人机协同增强智能、群体集成智能、自主智能系统成为人工智能的发展重点，受脑科学研究成果启发的类脑智能蓄势待发，芯片化、硬件化、平台化趋势更加明显，人工智能发展进入新阶段。

4. 近年人工智能主要事件及科技公司在人工智能领域的布局

近年人工智能主要事件见表1-1。国内外科技巨头在人工智能领域的布局如表1-2所示。

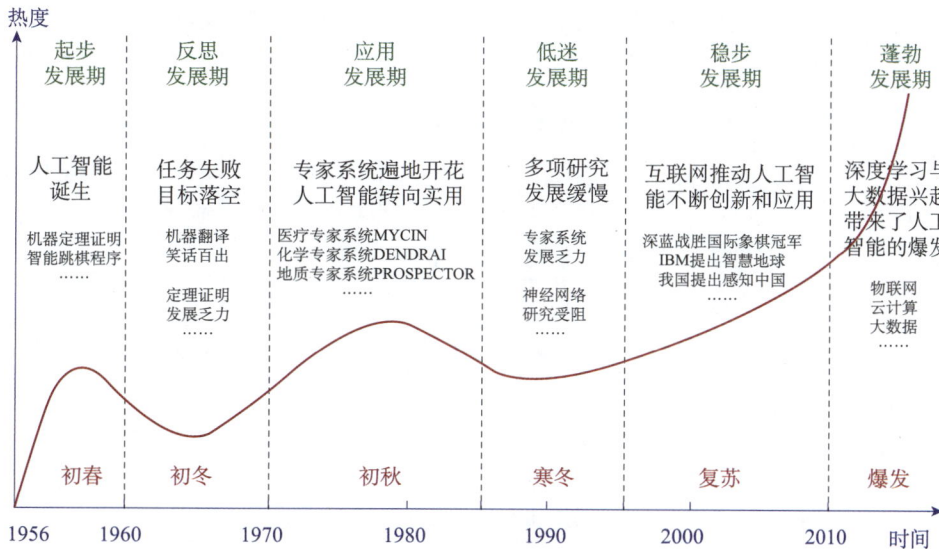

图 1-14　人工智能的发展历程

表 1-1　近年人工智能主要事件

时间	事件
1997 年	IBM 的国际象棋机器人深蓝战胜国际象棋世界冠军卡斯帕罗夫
2005 年	Stanford 开发的一台机器人在一条沙漠小径上成功地自动行驶了约 210 千米，赢得了 DARPA 挑战大赛头奖
2006 年	杰弗里·希尔顿提出多层神经网络的深度学习算法 Eric Schmidt 在搜索引擎大会提出"云计算"概念
2010 年	Google 发布个人助理 Google Now
2011 年	IBM Waston 参加智力游戏《危险边缘》，击败最高奖金得主 Brad Rutter 和连胜纪录保持者 Ken Jennings 苹果发布语音个人助手 Siri
2013 年	深度学习算法在语音和视觉识别领域获得突破性进展
2014 年	微软亚洲研究院发布人工智能小冰聊天机器人和语音助手 Cortana 百度发布 Deep Speech 语音识别系统
2015 年	Facebook 发布了一款基于文本的人工智能助理 M
2016 年	Google AlphaGo 以比分 4：1 战胜围棋九段棋手李世石 Google 发布语音助手 Assistant
2017 年	Google AlphaGo 以 3：0 比分完胜世界第一围棋九段棋手柯洁 苹果在 WWDC 上发布 Core ML、ARKit 等组件 百度 AI 开发者大会正式发布 Dueros 语音系统，无人驾驶平台 Apollo1.0 自动驾驶平台 华为发布全球第一款 AI 移动芯片麒麟 970 iPhone X 配备前置 3D 感应摄像头（TrueDepth），脸部识别点达到 3 万个，具备人脸识别、解锁和支付等功能

表 1-2　国内外科技巨头在人工智能领域的布局（来源：国金证券研究院）

	公司	涉足领域	内容
国外	谷歌	图形和语音识别	收购数字图片分析软件开发商 Jetpac
		深度学习技术	收购 DNNresearch、Deepmind，招募杰弗里·希尔顿，2015 年 11 月，发布第二代深度学习系统"TensorFlow"
		无人驾驶	谷歌无人车，谷歌 X 实验室研发
		智能家居	收购 Nest，推出智能家居平台 Brillo
		其他	机器翻译，网页推荐排序，智能聊天机器人，智能回复邮件等
	Facebook	深度学习技术	招募 Yann Lecun，成立人工智能研究中心，及 3 个人工智能实验室，开源了大量 Torch 的深度学习模块和扩展
		应用	收购 Wit. AI 公司，Messenger 上进行语音转录，开发人工智能系统和 Moneypenny（简称 M）的人工智能助理
	苹果	应用	收购 VocalIQ、Coherent Navigation、Mapsense
	微软	深度学习	推出人工智能系统 Adam，图片识别精准度比现有系统高两倍；2015 年 8 月发布全球人工智能战略计划
		人工智能机器人	推出微软智能机器人"小冰"，Win10 中嵌入 Cortana，2015 年 2 月，微软发布了人工智能产品 Torque
	IBM	类脑芯片	TRUENORTH 类脑芯片
		人工智能平台	建立人工智能平台 Watson，收购医疗、天气等领域人工智能公司获取大数据和算法
	亚马逊	应用	仓储机器人 KIVA，AMAZON Echo
国内	百度	智能驾驶	百度无人车
		深度学习	成立北美研究中心，深度学习研究院，招募吴恩达（注：现已离职）
		应用	开发"Deep Speech"语音识别系统，"智能读图"系统，可使用人脑思维方法识别搜索图片中的物体和其他内容
		助手类	度秘
	阿里	人工智能平台	2015 年 8 月发布首个可视化人工智能平台 DTPAI
		大数据挖掘	阿里小 Ai，金融领域大数据挖掘
		服务平台	人工智能服务产品"阿里小蜜"
	腾讯	应用	自动化新闻写作机器人 Dreamwriter
		人工智能平台	腾讯优图、云搜、文智中文语义平台
		深度学习	腾讯智能计算与搜索实验室，专注于搜索技术、自然语言处理、数据挖掘和人工智能四大研究领域
	科大讯飞	语音识别	语音识别应用
		智能家居	与 JD 合作开发智能硬件
		讯飞超脑	基于类人神经网络的认知智能引擎，预期成果是实现世界上第一个中文认知智能计算引擎

1.2　人工智能的价值

人工智能是引领未来的战略性高科技，作为新一轮产业变革的核心驱动力，它将催生新技术、新产品、新产业、新模式，引发经济结构重大变革，深刻改变人类生产生活方式和思维模式，实现社会生产力的整体跃升。

"无论是体力工作还是脑力工作，只需要单调工作的职业，不需要创造性和灵活性的职业，都将被取代。因为这些职业的思维是 AI 最容易替代的。"——《人类简史》和《未来简史》的作者尤瓦尔·赫拉利说。

1.2.1　人工智能的应用价值

随着人工智能理论和技术的日益成熟，应用范围不断扩大，既包括城市发展、生态保护、经济管理、金融风险等宏观层面，也包括工业生产、医疗卫生、交通出行、能源利用等具体领域。专门从事人工智能产品研发、生产及服务的企业迅速成长，真正意义上的人工智能产业正在逐步形成、不断丰富，相应的商业模式也在持续演进和多元化。

人工智能逐渐渗透到各行各业，带动了各行业的创新，使行业领域迅速发展。人工智能引发各大产业巨头进行新的布局，开拓新的业务。人工智能与互联网技术相结合，并进行细分领域的人工智能新产品研发和人工智能技术研发，带给传统行业新的发展机遇，带来新的行业创新，推动大众创业、万众创新。

1.2.2　人工智能的社会价值

1. 人工智能带来产业模式的变革

人工智能在各领域的普及应用，触发了新的业态和商业模式，最终带动产业结构的深刻变化。其主要应用如图 1-15 所示。

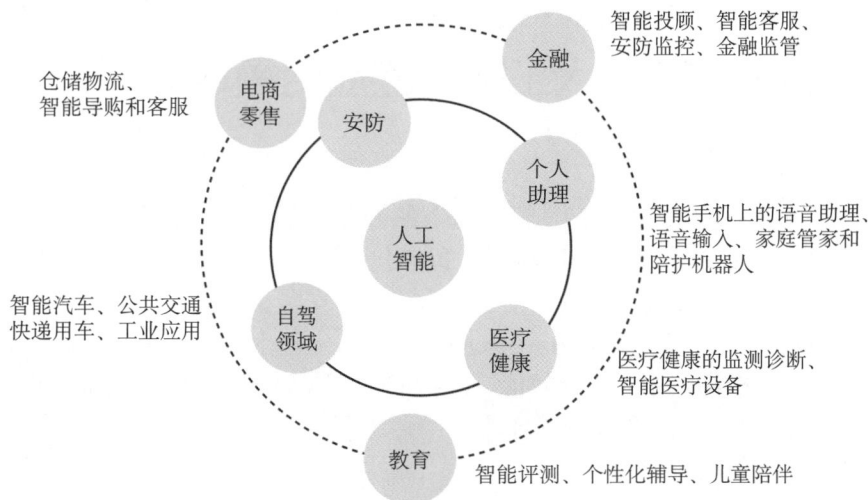

图 1-15　人工智能的主要应用领域

2. 人工智能带来智能化的生活

人工智能的到来，将带给人们更加便利、舒适的生活。比如智能家居，使人们的生活更加幸福，如图 1-16 所示。

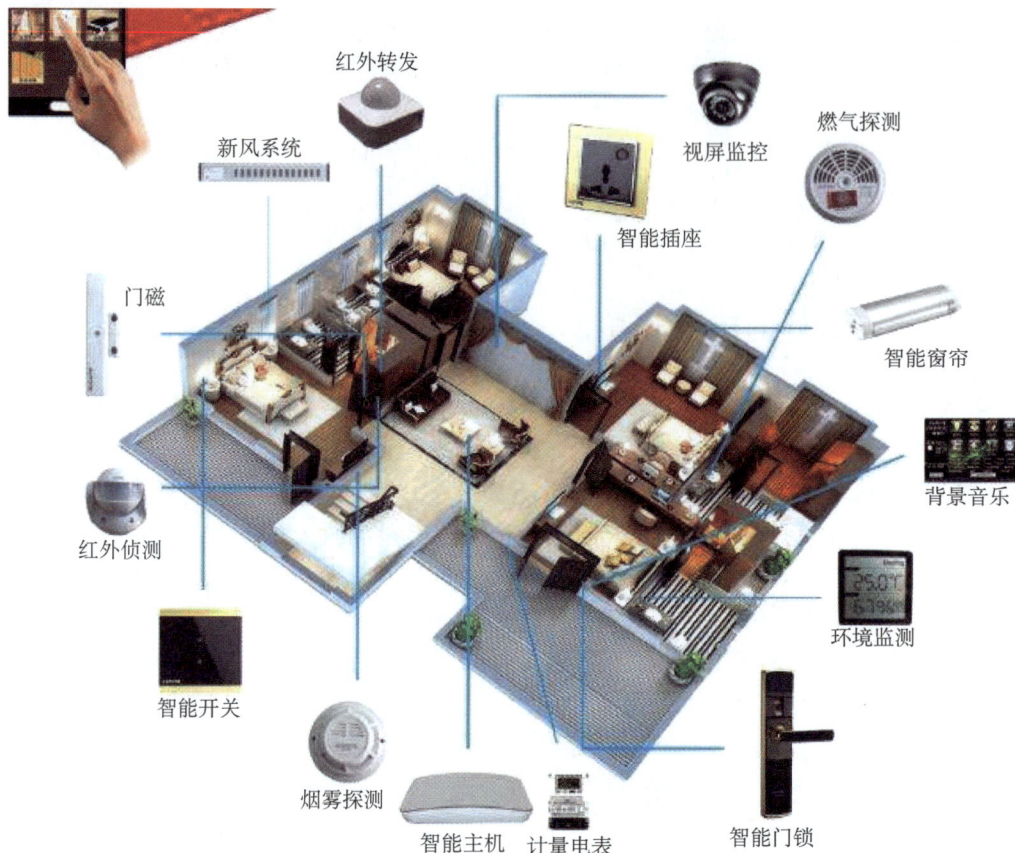

图 1-16　智能家居生活

1.3　人工智能的应用领域

人工智能技术对各领域的渗透形成"AI+"的行业应用终端、系统及配套软件，然后切入各种场景，为用户提供个性化、精准化、智能化服务，深度赋能医疗、交通、金融、零售、教育、家居、农业、制造、网络安全、人力资源、安防等领域。

人工智能应用领域没有专业限制。通过 AI 产品与生产生活的各个领域相融合，对改善传统制造环节流程、提高效率、提升效能、降低成本等方面产生了巨大的推动作用，大幅提升业务体验，有效提升各领域的智能化水平，给传统领域带来变革。

人工智能的应用领域如表 1-3 所示。

表 1-3　人工智能的应用领域

应用领域	主要应用内容	应用效能
AI＋医疗	包括医学研究、制药研发、智能诊疗、疾病风险预测、医疗影像、辅助诊疗、虚拟助手、健康管理、医保控费等	使医疗机构和人员的工作效率得到显著提高，医疗成本大幅降低，并且可以科学有效地进行日常检测预防，更好地管理自身健康
AI＋金融	包括智慧银行、智能投顾、智能风控、智能信贷、金融搜索引擎、智能保险、身份验证、智能客服和智能监管等	提升金融机构的服务效率，拓展金融服务的广度和深度，实现金融服务的智能化、个性化和定制化
AI＋零售	包括智能营销推荐、智能支付系统、智能客服、无人仓／无人车、无人店、智能配送等	优化从生产、流通到销售的全产业链资源配置与效率，从而实现产业服务与效能的智能化升级
AI＋教育	从应用角度看，智能教育可分为学习管理、学习评测、教学辅导、教学认知思考4 个环节。从细分领域看，其包括教育评测、拍照答题、智能教学、智能教育、智能阅卷、AI 自适应学习等	注重对学生个性化的教育，有助于教师因材施教，提升教学与学习质量，促进教育均衡化、可负担化
AI＋家居	包括智能家电、通知照明系统、智能能源管理系统、智能视听系统、智能家居控制系统、家庭安防监控等	使家居生活更安全、更舒适、更节能、更高效、更便捷
AI＋农业	包括农业机器人、精准农业和无人机分析及畜牧监测等	使农业可以有效应对极端天气，降低资源消耗量，优化资源配置，降低成本，优化时间与资源配置，以获得最大产量与效益
AI＋制造	包括智能产品与装备；智能工厂、车间与生产线；智能管理与服务；智能供应链与物流；智能软件研发与集成；智能监控与决策等	可以显著缩短制造周期和提高制造效率，改善产品质量，降低人工成本
AI＋网络安全	网络监控防范（包括实时识别、响应和防御网络攻击、安全漏洞与系统故障预测、云安全保障等）；网络流量异常检测；应用安全检测；网络风险评估等	预防恶意软件和文件被执行；提高安全运营中心的运营效率；有助于厂商、企业，乃至个人有效提升应对越来越多的网络欺诈和恶意攻击等网络安全问题的能力
AI＋人力资源	包括招聘前的人才渠道维护、人才预测分析、职位匹配、简历筛选、AI 聊天支持等；招聘过程中的面试、查结果、办入职等；新入职时的员工培训、QA 互动问答、知识学习和职业规划支持；入职后的员工行为与效率分析、薪酬分析、心理健康分析、团队文化分析等	有助于人力资源服务于管理过程的流程自动化升级，大幅提高工作效率与合规性，减少人员招聘的管理成本及避免个人偏见
AI＋安防	目标跟踪检测与异常行为分析、视频质量诊断与摘要分析、人脸识别与特征提取分析、车辆识别与特征提取分析等	填补了传统安防在当下越发不能满足行业对于安防系统准确度、广泛程度和效率的需求缺陷

应用领域	主要应用内容	应用效能
智能驾驶	包括芯片、软件算法、高清地图、安全控制等	有效提高生产与交通效率，缓解劳动力短缺，达到安全、环保、高效的目的，从而引领产业生态及商业模式的全面升级与重塑
智能机器人	包括智能工业机器人、智能服务机器人和智能特种机器人	使机器人具备与人类似的感知、协同、决策与反馈能力。智能工业机器人一般具有打包、定位、分拣、装配、检测等功能；智能服务机器人一般具有家庭伴侣、业务服务、健康护理、零售贩卖、助残康复等功能；智能特种机器人一般具有侦察、搜救、灭火、铣削、破拆等功能

1.4　人工智能的未来与展望

人工智能发展的终极目标是类人脑思考。目前的人工智能已经具备学习和储存记忆的能力，人工智能最难突破的是人脑的创造力。而创造力的产生需要以神经元和突触传递为基础的一种化学环境。目前的人工智能以芯片和算法框架为基础。若在未来能再模拟出类似于大脑突触传递的化学环境，计算机与化学结合后的人工智能将很可能带来另一番难以想象的未来世界。新一代人工智能发展规划如图 1-17 所示。

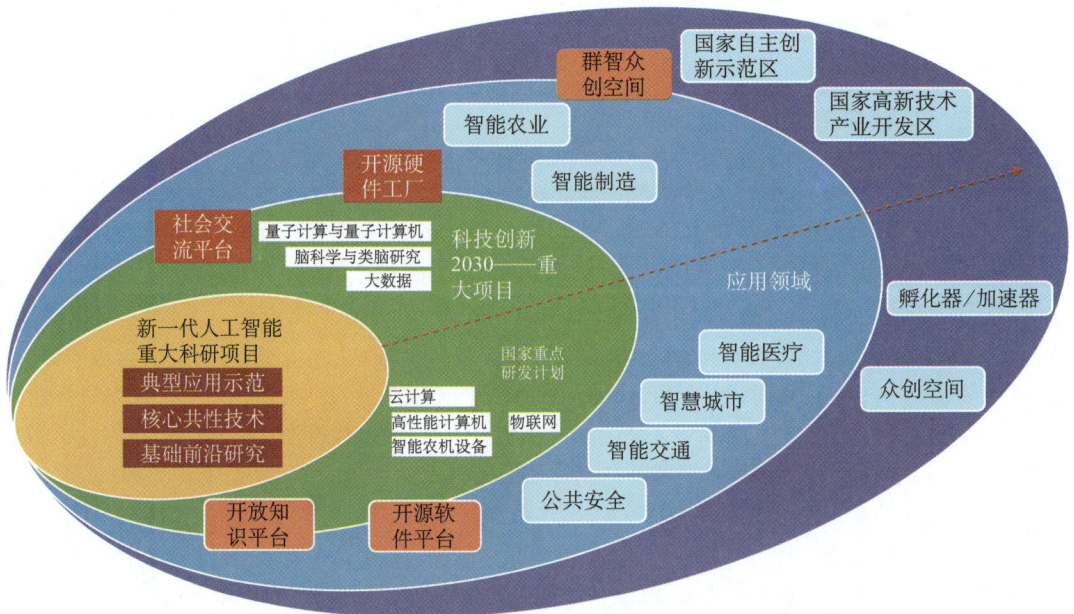

图 1-17　新一代人工智能发展规划（图片来源：百度图片）

1. 从专用智能到通用智能

如何实现从专用智能到通用智能的跨越式发展，既是下一代人工智能发展的必然趋势，也是研究与应用领域的挑战。

2. 从机器智能到人机混合智能

人类智能和人工智能各有所长，可以互补，所以人工智能一个非常重要的发展趋势，是 From AI（Artificial Intelligence）to AI（Augmented Intelligence），两个 AI 含义不一样。人类智能和人工智能不是零和博弈，"人＋机器"的组合将是人工智能演进的主流方向，"人机共存"将是人类社会的新常态。

3. 从"人工＋智能"到自主智能系统

人工采集和标注大样本训练数据，是这些年来深度学习取得成功的一个重要基础或者重要人工基础。比如要让人工智能明白一副图像中哪一块是人、哪一块是草地、哪一块是天空，都要人工标注好，非常费时费力。所以有人说，目前的人工智能有多少智能，取决于付出多少人工，这话不太精确，但确实指出了问题。下一步人工智能的发展趋势是怎样以极少人工来获得最大程度的智能。人类看书可以学到知识，但机器还做不到，所以一些机构，例如谷歌，开始试图创建自动机器学习算法，来降低 AI 的人工成本。

4. 学科交叉将成为人工智能创新源泉

深度学习知识借鉴了大脑的原理：信息分层、层次化处理。所以，人工智能与脑科学交叉融合非常重要。Nature 和 Science 都有这方面的成果报道。比如 Nature 发表了一个研究团队开发的一种自主学习的人工突触，它能提高人工神经网络的学习速度。但大脑到底是怎样处理外部视觉信息或者听觉信息的，很大程度上还是一个黑箱，这就是脑科学面临的挑战。这两个学科的交叉有巨大创新空间。

5. 人工智能产业将蓬勃发展

国际知名咨询公司预测，2016 年到 2025 年人工智能的产业规模将几乎呈直线上升。我国在《新一代人工智能发展规划》中提出，2030 年人工智能核心产业规模超过 1 万亿元，带动相关产业规模超过 10 万亿元。这个产业是蓬勃发展的，前景光明。

6. 人工智能的法律法规将更加健全

大家很关注人工智能可能带来的社会问题和相关伦理问题，联合国还专门成立了人工智能和机器人中心这样的监察机构。

前不久，欧盟 25 个国家签署了人工智能合作宣言，共同面对人工智能在伦理、法律等方面的挑战。中国科学院也考虑了这方面的题目。

7. 人工智能将成为更多国家的战略选择

人工智能作为引领未来的战略性技术，世界各国都高度重视，纷纷制定人工智能发展战略，力争抢占该领域的制高点。美国是世界上第一个将人工智能上升到战略层面的国家。此外，英国、德国、法国、韩国、日本等国也相继发布了人工智能相关战略，构筑人工智能发展的先发优势。

中国政府也高度重视人工智能产业的发展，2017 年人工智能首次写入中国政府工作报告，国务院印发《新一代人工智能发展规划》，标志着人工智能已经上升至国家战略高度。《新一代人工智能发展规划》提出，构筑我国人工智能发展的先发优势，加快建设创新型国家和世界科技强国，制定了"三步走"的战略目标，提出了发展人工智能的六大重点任务。从科技理论创新、产业智能化、社会智能化、军民融合、基础设施建设及科技前瞻布局 6 个方面梳理了社会全行业与人工智能渗透融合的路径，同时配套发布了资源配置方案和发展保障措施以确保落实发展规划。

8. 人工智能教育将会全面普及

中国政府发布了《中国教育现代化 2035》《加快推进教育现代化实施方案（2018—2022年）》《高等学校人工智能创新行动计划》，全面谋划人工智能时代教育中长期改革发展蓝图。2019 年 5 月，在北京召开了国际人工智能与教育大会，国家领导人向大会致贺信：人工智能是引领新一轮科技革命和产业变革的重要驱动力，正深刻改变着人们的生产、生活、学习方式，推动人类社会迎来人机协同、跨界融合、共创分享的智能时代。把握全球人工智能发展态势，找准突破口和主攻方向，培养大批具有创新能力和合作精神的人工智能高端人才，是教育的重要使命。中国政府高度重视人工智能对教育的深刻影响，积极推动人工智能和教育深度融合，促进教育变革创新，充分发挥人工智能优势，加快发展伴随每个人一生的教育、平等面向每个人的教育、适合每个人的教育、更加开放灵活的教育。

教育部部长陈宝生在国际人工智能与教育大会上作的主旨报告中指出：将把人工智能知识普及作为前提和基础，及时将人工智能的新技术、新知识、新变化提炼概括为新的话语体系，根据大、中、小学生的不同认知特点，让人工智能新技术、新知识进学科、进专业、进课程、进教材、进课堂、进教案、进学生头脑，让学生对人工智能有基本的意识、基本的概念、基本的素养、基本的兴趣。有了普及，就有了丰厚的土壤，就有可能长出参天大树。我们还需要引导老师，在教师职前培养和在职培训中设置相关知识和技能课程，培养教师实施智能教育的能力。我们还要在非学历继续教育培训中、在全民科普活动中，增设有关人工智能的课程和知识，进一步推进全民智能教育，提升全民人工智能素养。

这八大宏观发展趋势，既有科学研究层面，也有产业应用层面，还有国家战略和政策法规层面。在科学研究层面特别值得关注的趋势是：从专用智能到通用智能，从人工智能到人机混合智能，学科交叉借鉴脑科学等。

【学习与思考】

1. 查阅相关文献资料，看不同专家学者不同时期对"人工智能"的定义。
2. 查阅相关文献资料，简述人工智能有什么应用价值。
3. 说明人工智能有哪些研究领域。
4. 请结合查阅的相关资料，举例说明人工智能的应用领域。

◎ 延伸阅读

2030 年，AI 将怎样影响人们的生活？

1. 交通出行

智能交通信号灯将出现在城市的每条街道上，如图 1-18 所示。利用高清摄像头、道路传感器、人工智能系统收集数据，通过对多来源交通大数据的分析，提取稳定的区域交通运行规律，实时掌握交通现状，做出智能化应对，从而优化处理交通堵塞、行人安全通行等问题，确保十字路口更安全、车辆通行更高效。

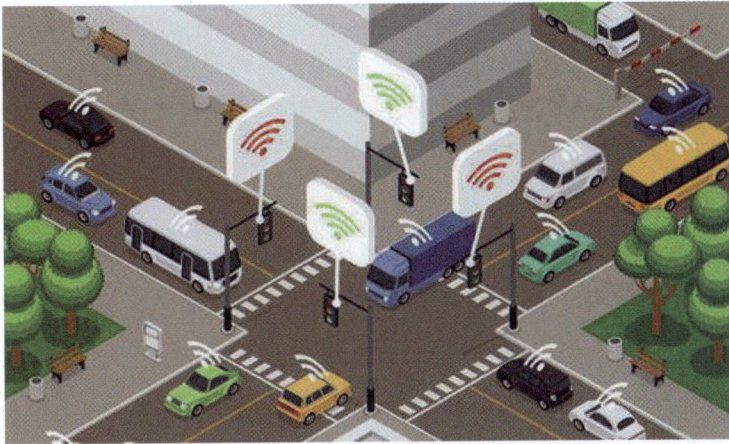

图 1-18 智能交通信号灯

无人驾驶汽车预计将于 2020 年开始实现初步量产，并逐步投入使用。而无人驾驶卡车、无人驾驶飞机、无人驾驶火车、无人驾驶船舶等都将陆续走向商用。

随着共享出行模式的进一步成熟，Uber、滴滴等出行服务公司将会获得更大发展空间，共享汽车也将渐渐取代私家车，成为人们出行的新选择。无人驾驶出租车的投入使用，将使人们可以充分享受一段难得的放松时光。

2. 健康医疗

预计到 2030 年，人工智能技术与医疗机器人及医疗领域的融合将会更为紧密，如图 1-19 所示。人工智能助手能通过先进的语音识别技术、闪电般的文献检索能力匹配病症，帮助医生诊断、治疗患者，加快医生的看病速度、减少误诊率。人们所患的疑难杂症，特别是癌症有望得以诊治。

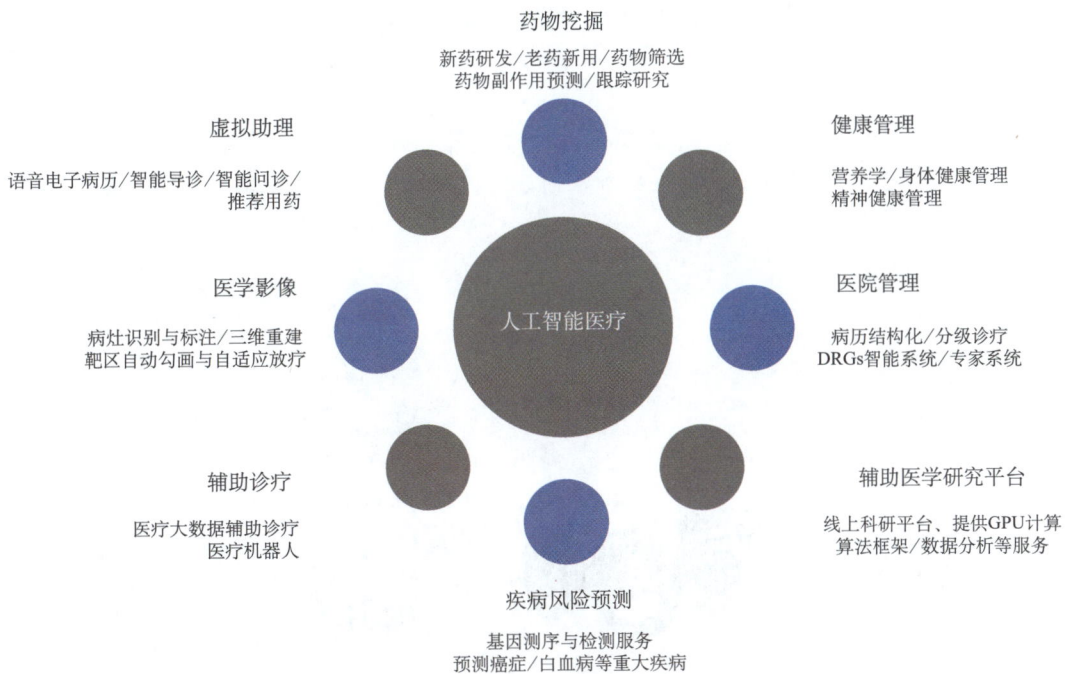

图 1-19 人工智能医疗（图片来源：前瞻产业研究院）

同时，除了应用于诊疗阶段的手术机器人，护理机器人、外骨骼机器人、导诊机器人等其他医疗机器人的发展，将使患者的就诊体验与护理服务都获得升级。在医疗之外，综合健康体系得以完善。全民医疗大数据的整合，使家庭、社区保健与保健中心、医院等医疗机构同步，通过手机 App 或许能够在家里对患者进行诊断，并实现个性化医疗。

（三）家庭生活

未来的 10 余年里，服务机器人将大量地出现在家庭生活里，陪伴机器人、餐饮机器人、清洁机器人、护理机器人等大受欢迎，如图 1-20 所示。或许，老人会找机器人陪伴自己，年轻人也会找机器人照管小孩。

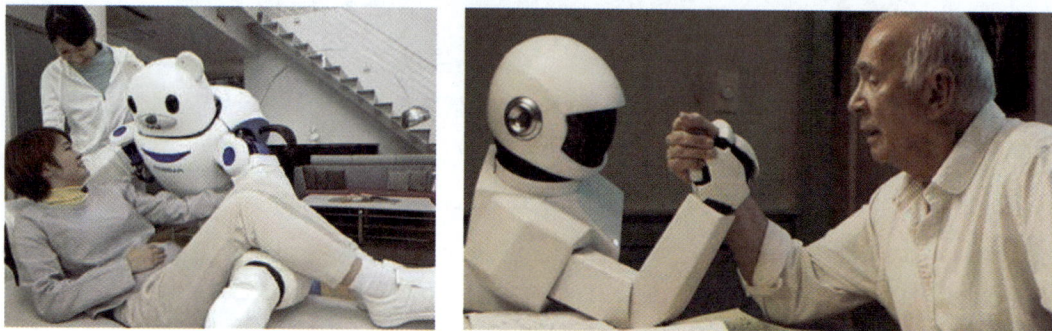

图 1-20　陪护机器人（图片来源：百度图片）

智能电视和智能音箱可以根据主人的喜好，随时播放适合情绪需要的节目和音乐。智能家居依据家里每个人的作息规律，个性化调节灯光强度和室温。提醒主人提前准备即将到来的家庭聚会，并在冰箱食物告罄时发出警报，或基于食物储存情况为主人提供食谱。

4. 公共安全

预计到 2030 年，智慧安防会构建一张庞大的智能安全网络。警用机器人和生物识别技术普及使用，人工智能可以通过提示时间、地点及如何部署警务资源，更好地确保公民安全，如图 1-21 所示。

通过数据库分析犯罪趋势，检索罪犯，预防犯罪。通过对大数据的掌握与"学习"，人工智能能为公共安全管控与处置提供更加及时、精准的帮助。无人驾驶汽车、智能无人机会帮助安全监控、事件处置。

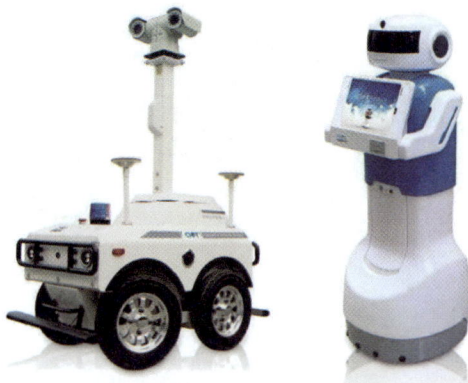

图 1-21　巡逻机器人（图片来源：百度图片）

5. 休闲娱乐

预计到 2030 年，休闲娱乐行业将更为互动化、个性化，而且将更具吸引力。传感器等软、硬件技术的突破，会让 VR/AR（VR，全称 Virtual Reality，即虚拟现实。AR，全称 Augmented Reality，即增强现实）设备的受欢迎程度再上一个台阶，触觉技术与娱乐机器人也将在这一领域获得更多存在感，如图 1-22 所示。

图 1-22　VR 家庭娱乐

届时，用户不仅可以通过 VR/AR 技术获得更多创新体验，而且智能娱乐产品的"智慧"也会不断增长，人们可以在与娱乐机器人等的互动中获得更多快乐。人工智能技术的进步使人们可以选择自己更感兴趣的智能项目，并且更为便利、体验更佳。可以尝试创作音乐、编排舞蹈，甚至制作影视作品。在创新理念驱动下，在人工智能技术影响下，未来的休闲娱乐生活将会更为有趣、更具品质。

（案例来源：参考自科学网，《2030 年 5 项人工智能技术或将改变生活》）

【查阅与思考】

1. 查阅相关文献资料，设想一下未来五年内人工智能的发展蓝图。
2. 谈谈自己在哪一方面想得到人工智能的帮助。
3. 编写一个情景剧：2030 年我们的美好生活。

第2章 知识表示和知识图谱

◎ 案例导读

你对人工智能中的知识表示和知识图谱了解吗

案例一 个性化推荐系统

个性化推荐是根据用户的个性化特征，为用户推荐感兴趣的产品或内容。百度百科给出的定义是：个性化推荐系统是互联网和电子商务发展的产物，它是建立在海量数据挖掘基础上的一种高级商务智能平台，向顾客提供个性化的信息服务和决策支持。

我们上网的时候会经常查找一些我们感兴趣的页面或者产品，在浏览器上浏览过的痕迹会被系统记录下来，放入我们的特征库，比如对于电子商务网站来说，如果我们想购买笔记本，就会在电子商务网站上查看并比较不同商家的笔记本，我们再次打开电子商务网站的时候，笔记本这个产品就会优先显示在商品列表中，供我们选择。再比如，浏览新闻，如果我们对体育类或者社会热点很关注，新闻 App 就会给我们推荐体育题材或者社会热点的新闻。

个性化推荐系统通过收集用户的兴趣偏好、属性，产品的分类、属性、内容等，分析用户之间的社会关系及用户和产品的关联关系，利用个性化算法来推断出用户的喜好和需求，从而为用户推荐感兴趣的产品或者内容，如图 2-1 所示。

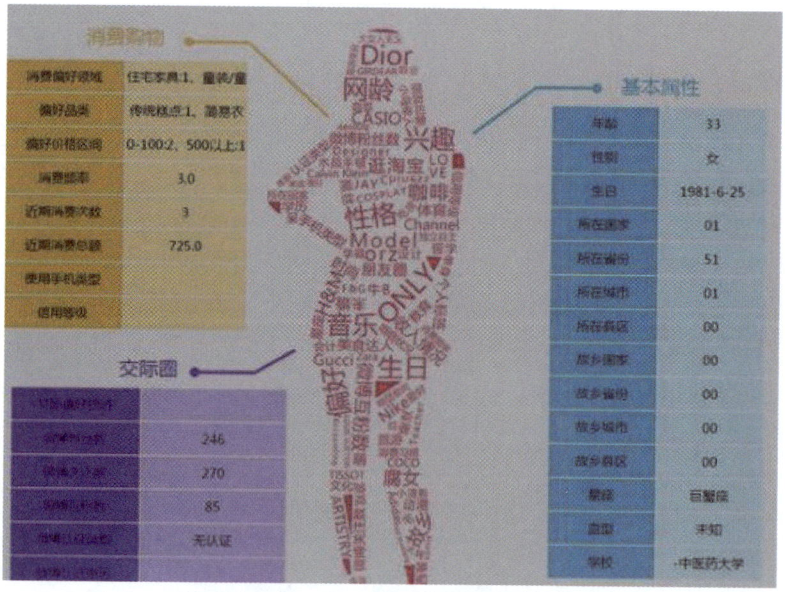

图 2-1 个性化推荐系统

（案例来源：CSDN 博客，链接地址：https://blog.csdn.net/cooldream2009/article/details/86490854）

案例二　智能问答与聊天机器人

智能问答，就是通过一问一答的形式，用户和具有智能问答系统的机器之间进行交互，就像两个人进行问答一样，具有智能问答系统的机器就像一个智者一样，为用户提供答案，友好地进行交谈。

作为人工智能的一个重要应用案例，智能问答系统在很多场景中发挥作用。

比如原来很多的在线客服，正在部分地被智能问答系统取代。早些年银行、电信等行业的在线客服，不同业务要求用户按不同的数字，再进入细分业务，继续按不同的数字，一直要按很多次。有了智能问答，会简化这些烦琐的过程，直接根据用户的问话，给出答案。当然，现在的智能问答，还不够完善，只能部分取代在线客服，如果不能提供有效的答案，还要由人工客服来提供服务。还有一些智能问答机器人，也会提供一些简单的服务，比如给孩子用的机器人，可以提供儿歌、算术、诗词、语文、英语等方面的内容，代替了老师的一部分职能。还有一些聊天机器人（见图 2-2），可以提供情景对话，就像一个人一样，和用户进行聊天。

图 2-2　常见的聊天机器人

同为智能问答，特点不同，依赖的知识图谱技术也不同。聊天机器人，不仅提供情景对话，也能够提供各行各业的知识。它依赖的知识图谱是开放领域的知识图谱，提供的知识非常宽泛，能够为用户提供日常知识，也能进行聊天式的对话。那些行业用的智能问答系统，依赖的是行业知识图谱，知识集中在某个领域，专业知识丰富，能够为用户有针对性地提供专业领域知识。

智能问答，可以看作是语义搜索的延伸，语义搜索的结果会按照某种规则进行排序，依据一定的算法将最相关的排在前面，我们使用百度、谷歌搜索引擎进行搜索时，结果可能包括很多页，就是语义搜索的常见形式。智能问答，属于一问一答，只有一个答案（也就是将最相关的那个答案）反馈给用户，如果像聊天一样，不断地进行问答，回答的内容不仅仅在知识库中搜索，还要考虑与前面的聊天内容的相关性。

（案例来源：CSDN 博客，链接地址：https://blog.csdn.net/cooldream2009/article/details/86490854）

案例三　语义搜索

语义搜索作为一个概念，起源于常被称为互联网之父的 Tim Berners-Lee 2001 年在《科学美国人》（Scientific American）上发表的一篇文章。其中，他解释了语义搜索的本质。

语义搜索的本质是通过数学来摆脱当今搜索中使用的猜测和近似，并为词语的含义及它们如何关联到我们在搜索引擎输入框中所找的东西引进一种清晰的理解方式。

百度百科给出了更明确的定义，也更容易理解。所谓语义搜索，是指搜索引擎的工作不再拘泥于用户所输入请求语句的字面本身，而是透过现象看本质，准确地捕捉到用户所输入语句后面的真正意图，并以此来进行搜索，从而更准确地向用户返回最符合其需求的搜索结果。

知识图谱的概念，最早是由谷歌提出的，大家知道，谷歌是做搜索引擎的，它提出知识图谱的概念，就是为了优化搜索。如果使用搜索引擎搜索疾病，很有可能无意中被吓一跳。一颗黑痣可能被形容为黑色素瘤，连续几天拉肚子可能被"诊断"为结肠癌。搜索结果的另一种，又是各种保健养生的建议。

自从 2012 年被吸收进入搜索引擎之后，知识图谱（Knowledge Graph）服务相当于为搜索引擎建立一个智能的知识库。它能够通过上下文的语义解析，理解搜索中关键词的具体含义。

举例来说，我们用百度来搜索"现任美国总统的夫人"的图片（见图 2-3），搜出来的多数是美国总统特朗普的夫人，还有少量克林顿和奥巴马夫人的图片，说明搜索引擎理解了我们的搜索内容，给我们找到了想要的答案。少量前任总统夫人的结果，说明搜索技术还需要进一步完善，可以把这部分内容看作是噪声，是应该过滤掉的，随着算法的改进，结果应该会更加准确。

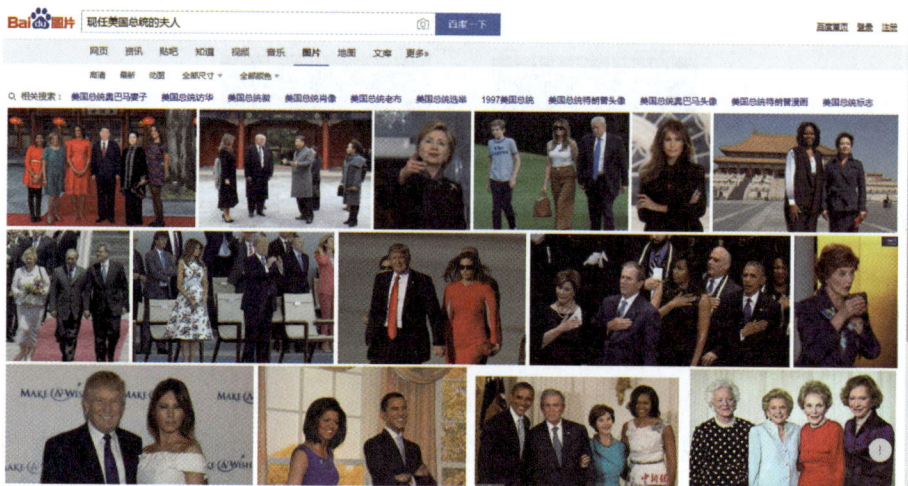

图 2-3　语义搜索"现任美国总统的夫人"

语义搜索是知识图谱最典型的应用，它首先将用户输入的问句进行解析，找出问句中的实体和关系，理解用户问句的含义，然后在知识图谱中匹配查询语句，找出答案，最后通过一定的形式将结果呈现到用户面前。

搜索引擎中使用知识图谱来整理搜索结果还只是小小的一步，但是对于大多数用户来说，这可能是更加实用的一步。

（案例来源：CSDN 博客，链接地址：https://blog.csdn.net/cooldream2009/article/details/86490854）

【查阅与思考】

1. 查阅一个知识图谱的应用实例。
2. 你能列举一些应用知识图谱解决问题的领域吗?

2.1　知识与知识表示

人类之所以有智能行为是因为其拥有知识,智能活动过程其实就是一个获得并运用知识的过程,要使机器系统具有人的智能与能力,则必须以人的知识为基础,知识是人工智能的基石。但人类的知识要用适当的模式表示出来,才能够存储到计算机中并被识别和运用,本节将对人工智能中常用的几种知识表示方法进行介绍,为后续学习奠定基础。

2.1.1　知识

机器可以模仿人类的视觉、听觉等感知能力,但这种感知能力不是人类的专属。动物也具备感知能力,甚至某些感知能力比人类更强,比如狗的嗅觉,机器在某些方面也可以比人类更强。但认知是人类的专属能力,也是机器实现人工智能的核心所在,知识的价值就在于可以让机器在感知能力的基础上形成认知能力。因此,什么是知识? 这是人工智能首先要解决的问题。

知识是人类在实践中认识客观世界(包括人类自身)的成果,它包括事实、信息的描述或在教育和实践中获得的技能。知识是人类从各个途径中获得的并经过提升、总结与凝练的系统的认识。人们把实践中获得的信息关联在一起,形成的信息结构就是知识。信息之间有多种关联形式,其中用得最多的是“如……则……”表示的关联形式,它反映了信息之间的因果关系,在人工智能中,这种知识被称为“规则”。例如,把红灯亮和停止行走两个信息关联在一起,就得到如下知识点:如果红灯亮,则停止行走。还有一种类型的知识称为“事实”,比如“太阳是圆的”也是一条知识点,它反映了“太阳”和“圆”之间的关系,这是一个事实性知识。

在人工智能中,通常从知识的作用及表示来划分,把问题求解所需的知识分为 3 种类型:

(1)叙述性知识。有关系统状态、环境和条件、问题的概念、定义和事实的知识。
(2)过程性知识。有关系统状态变化、问题求解过程的操作、演算和行动的知识。
(3)控制性知识。有关如何选择操作、演算和行动的比较、判断、管理和决策的知识。
例如,对于上班是自己开车还是乘坐公交的问题,有关知识可以归纳如下。
叙述性知识:上班、汽车、公交、时间、费用。
过程性知识:开车、坐公交。
控制性知识:自己开车较快、较贵;坐公交较慢、较便宜。

2.1.2　知识表示

提到人工智能问题,知识如何表示的问题就浮出了水面。为了处理知识、产生智能结果，人工智能系统需要获得和存储知识，从而也就需要能够识别和表示该知识。选择何种表示方法与所要解决和理解问题的本质紧密相关。正如专家所评论的，一种好的表示选择与为特定问题设计的算法或解决方案一样重要。良好和自然的表示方法有利于快速得到可理解的解决方案。同样，差的表示方法可能让人窒息。

知识表示是知识的符号化和形式化的过程，是用机器表示知识的可行性、有效性的一般方法，是一种数据结构与控制结构的统一体，既考虑知识的存储又考虑知识的使用。知识表示可以看成是一组描述事物的约定，以把人类知识表示成机器能处理的数据结构。人工智能问题的求解是以知识表示为基础的，如何将已获得的知识以计算机内部代码形式加以合理描述、存储、有效利用就是知识表示应该解决的问题。目前已经提出了许多种知识表示的方法，比较常见的有谓词逻辑表示法、产生式表示法、状态空间表示法、框架表示法、语义网络表示法等，具体选择哪种知识表示方法，应从以下几个方面进行考虑：

- 充分表示领域知识。
- 有利于对知识的利用。
- 便于对知识的组织、维护与管理。
- 便于理解和实现。

下面分别列举常用的知识表示方法。

2.1.3　常用的知识表示方法

1. 逻辑表示法

逻辑表示法以谓词形式来表示动作的主体、客体，是一种叙述性知识表示方式。利用逻辑公式，人们能描述对象、性质、状况和关系，主要分为命题逻辑和谓词逻辑。

逻辑表示法主要用于自动定理的证明，而其中谓词逻辑的表现方式与人类自然语言比较接近，适用于自然而精确地表达人类思维和推理的有关知识，是最基本的知识表达方法。

例：用谓词逻辑表示知识“所有教师都有自己的学生”。

首先定义谓词：Teacher(x)：表示 x 是教师。

Student(y)：表示 y 是学生。

Teaches(x，y)：表示 x 是 y 的老师。

此时，该知识可用谓词表示为：$(\forall x)(\exists y)(\text{Teacher}(x) \rightarrow \text{Teachers}(x，y) \wedge \text{Student}(y))$。

该谓词公式可读作：对所有的 x，如果 x 是一个教师，那么一定存在一个个体 y，x 是 y 的老师，且 y 是一个学生。

2. 产生式表示法

产生式表示法又称规则表示法，表示一种条件—结果形式，是目前应用最多的一种知识表示方法，也是一种比较成熟的表示方法。

产生式表示法适用于表示具有因果关系的知识，其一般形式为：前件→后件，前件为条件，后件为结果，由逻辑运算符 AND、OR、NOT 组成表达式。

3. 语义网络表示法

语义网络表示法是通过概念及其语义关系来表达知识的一种网络图，利用节点和“带标记的有向图"，描述事件、概念、状况、动作及客体之间的关系。语义网络通常由语法、结构、过程和语义 4 部分组成。

举个例子，如图 2-4 所示，ISA 表示实例节点与类节点之间的关系，即：一个事物是另一个事物的一个实例，这里表示燕子是鸟的一个实例；AKO 表示一种类节点与更抽象的类节点之间的关系，即：一个事物是另一个事物的一种类型，这里表示鸟是动物的一种类型；HAVE 表示个体和属性之间的关系，即：个体有什么属性，这里表示鸟有翅膀。

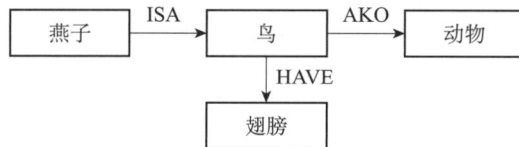

图 2-4 语义网络表示法示例

4. 框架表示法

框架表示法是以框架理论为基础发展起来的一种结构化的知识表示法。该理论认为人们对现实世界中各种事物的认识都是以一种类似于框架的结构存储在记忆当中的，当面临一个新事物时，就从记忆中找出一个适合的框架，并根据实际情况对其细节加以修改补充，从而形成对当前事物的认识。

框架表示法适用于表达结构性的知识，如概念、对象等。框架还可以表示行为（动作），有些过程性事件或情节也可用框架网络来表示。这是框架系统的表达能力。例如，

框架名：〈诊断规则〉	框架名：〈结论〉
症状 1：咳嗽	病名：感冒
症状 2：发烧	用药：口服感冒清
症状 3：打喷嚏	服法：一日三次，每次 2 粒
infer：〈结论〉	
可信度：0.8	

5. 本体表示法

本体表示法能够以一种显式、形式化的方式来表示语义，提高异构系统之间的互操作性，促进知识共享，因而被广泛用于知识表示领域。用本体来表示知识的目的是统一应用领域的概念，构建本体层级体系表示概念之间的语义关系，实现人类、计算机对知识的共享和重用。

本体表示法适用于知识库的知识建模，建立领域本体知识库，用概念对知识进行表示，揭示知识之间的内在关系。

6. 过程表示法

过程表示方法将知识及如何使用这些知识的控制性策略均表述为求解问题的过程。过程表示法适用于子程序或模块实现。过程表示是将知识包含在若干过程之中。过程是一小段程序，它处理某些特殊事件或特殊状况。每个过程都包含说明客体和事件的知识，以及在说明完好的情况下的运行知识等。

7. 面向对象表示法

面向对象表示法是按照面向对象的程序设计原则组成一种混合知识表示形式，以对象为中心，把对象的属性、动态行为、领域知识和处理方法等有关知识封装在表达对象的结构中。

用面向对象方法表示知识时需要对类进行描述，具体描述形式如下：

```
Class  <类名>  [: <Superclass>]
        [<类变量名表>]
  Structure
        <对象的静态结构描述>
  Method
        <对象的操作定义>
  Restraint
        <限制条件>
End
```

其中，类名是系统中类的唯一标志，如果该类是由其他类继承而来的，则 Superclass 指出其父类名字，<类变量名表>给出类所有对象所共享的一组变量，<对象的静态结构描述>用于描述类对象的数据结构，<对象的操作定义>给出类对象可以进行的操作和方法，也可以是一组规则，<限制条件>指出该类对象应满足的限制条件。

8. 状态空间表示法

状态空间表示法是基于解答空间的问题表示和求解方法。它通过在某个可能的解答空间内寻找可行解来求解问题，它是以状态和运算符为基础来表示和求解问题的。

状态空间表示法的特点是思路简单，清晰明确，操作简便，适用于求解简单问题。

2.2　知识图谱

知识图谱并不是一个全新的概念，早在 2006 年就有文献提出了语义网（Semantic Network）的概念，呼吁推广、完善使用本体模型来形式化表达数据中的隐含语义，RDF（Resource Description Framework，资源描述框架）模式和 OWL（Web Ontology Language，万维网本体语言）就是基于上述目的而产生的。知识图谱技术的出现正是基于以上相关的研究，对语义网标准与技术的一次扬弃与升华。

一个知识图谱旨在描述现实世界中存在的实体及实体之间的关系。知识图谱于 2012 年 5 月 17 日由 Google 正式提出，其初衷是为了提高搜索引擎的能力，改善用户的搜索质量和搜索体验。随着人工智能的技术发展和应用，知识图谱作为关键技术之一，已被广泛应用于智能搜索、智能问答、个性化推荐、内容分发等领域。

2.2.1　知识图谱的定义

从学术的角度，我们可以对知识图谱给一个这样的定义："知识图谱本质上是语义网络（Semantic Network）的知识库"。但这有点抽象，所以换个角度，从实际应用的角度出发其实可以简单地把知识图谱理解成多关系图（Multi-relational Graph）。

那什么叫多关系图呢? 学过数据结构的都应该知道什么是图(Graph)。图是由节点(Vertex)和边(Edge)来构成的,但这些图通常只包含一种类型的节点和边。但相反,多关系图一般包含多种类型的节点和多种类型的边。比如图 2-5(a)表示一个经典的图结构,图 2-5(b)则表示多关系图,因为图里包含了多种类型的节点和边。这些类型由不同的颜色来标记。

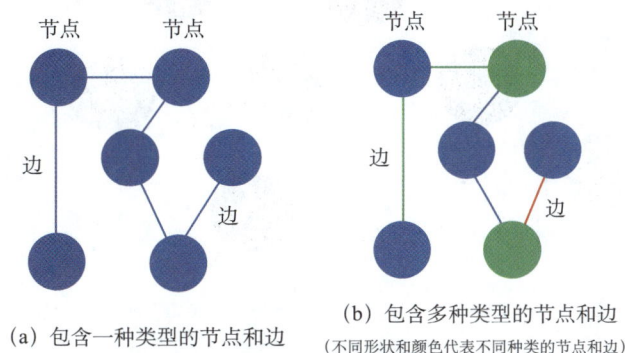

(a)包含一种类型的节点和边   (b)包含多种类型的节点和边
(不同形状和颜色代表不同种类的节点和边)

图 2-5 经典图结构和多关系图

知识图谱里,我们通常用"实体(Entity)"来表示图中的节点、用"关系(Relation)"来表示图中的"边"。实体指的是现实世界中的事物,比如人、地名、概念、药物、公司等,关系则用来表示不同实体之间的某种联系,比如人—"居住在"—北京、张三和李四是"朋友"、逻辑回归是深度学习的"先导知识",等等。属性值主要指对象指定属性的值。如"面积""人口""首都"是几种不同的属性。例如,960 万平方公里是"面积"的属性值等。

现实世界中的很多场景非常适合用知识图谱来表示。比如一个社交网络图谱里,如图 2-6(a)所示,我们既可以有"人"的实体,也可以包含"公司"实体。人和人之间的关系可以是"朋友",也可以是"同事"。人和公司之间的关系可以是"现任职于"或者"曾任职于"的关系。类似地,一个风控知识图谱可以包含"电话""公司"的实体,电话和电话之间的关系可以是"通话"关系,而且每个公司也会有固定的电话,如图 2-6(b)所示。

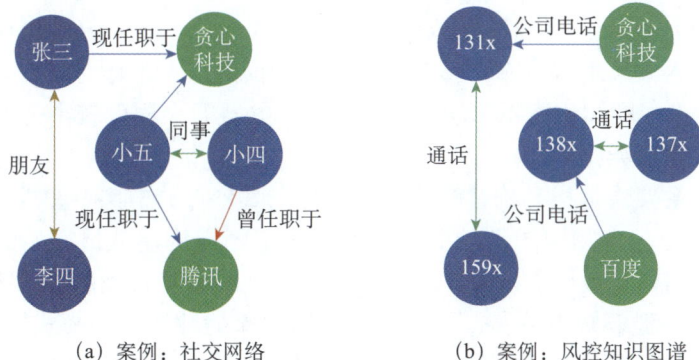

(a)案例:社交网络   (b)案例:风控知识图谱

图 2-6 社交网络图谱和风控知识图谱

基于上述定义,基于三元组是知识图谱的一种通用表示方式,三元组的基本形式主要包括(实体 1-关系-实体 2)和(实体-性-属性值)等。每个实体(概念的外延)可用一个全局唯一确定的 ID 来标识,每个属性-属性值对(Attribute-Value Pair,AVP)可用来刻画实体的内在特性,而关系可用来连接两个实体,刻画它们之间的关联。在如图 2-7 所示的三元组样例中,中国是一个实体,北京是一个实体,"中国-首都-北京"是一个(实体-

关系 – 实体）的三元组样例；北京是一个实体，人口是一种属性，2069.3 万是属性值。"北京 – 人口 –2069.3 万"构成一个（实体 – 属性 – 属性值）的三元组样例。

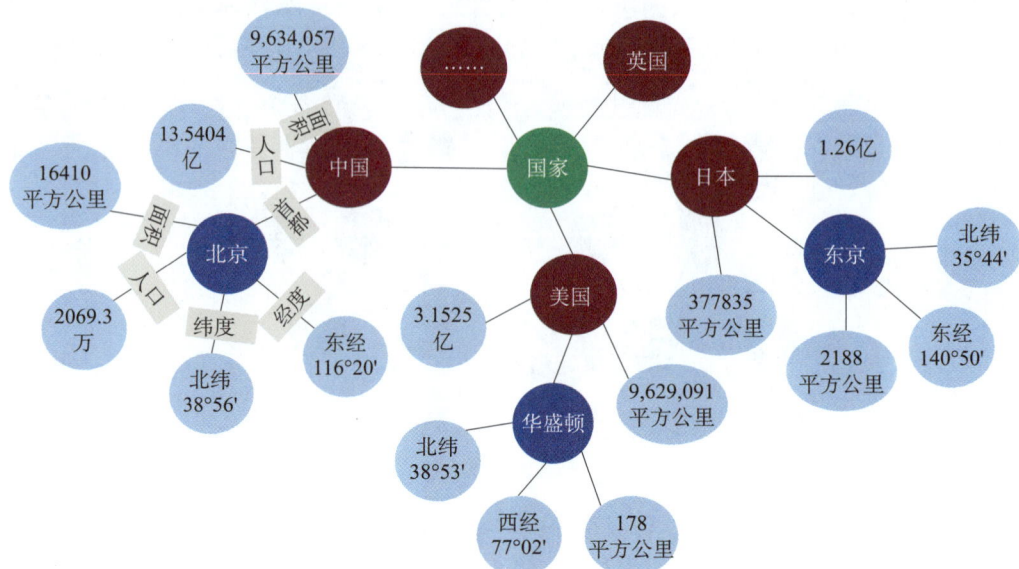

图 2-7　三元组样例

2.2.2　知识图谱的架构

知识图谱的架构包括自身的逻辑结构及构建知识图谱所采用的体系架构。

1. 知识图谱的逻辑结构

知识图谱在逻辑上可分为模式层与数据层两个层次，数据层主要由一系列的事实组成，而知识将以事实为单位进行存储。如果用（实体 1，关系，实体 2）、（实体、属性，属性值）这样的三元组来表达事实，可选择图数据库作为存储介质。模式层构建在数据层之上，是知识图谱的核心，通常采用本体库来管理知识图谱的模式层。本体是结构化知识库的概念模板，通过本体库而形成的知识库不仅层次结构较强，并且冗余程度较小。

2. 知识图谱的体系架构

知识图谱的体系架构是指其构建模式结构，如图 2-8 所示。其中虚线框内的部分为知识图谱的构建过程，也包含知识图谱的更新过程。知识图谱构建从最原始的数据（包括结构化、半结构化、非结构化数据）出发，采用一系列自动或者半自动的技术手段，从原始数据库和第三方数据库中提取知识事实，并将其存入知识库的数据层和模式层，这一过程包含：知识抽取、知识表示、数据整合、知识推理四个过程，每一次更新迭代均包含这四个阶段。知识图谱主要有自顶向下（top-down）与自底向上（bottom-up）两种构建方式。自顶向下指的是先为知识图谱定义好本体与数据模式，再将实体加入到知识库中。该构建方式需要利用一些现有的结构化知识库作为其基础知识库，例如，Freebase 项目就采用这种方式，它的绝大部分数据是从维基百科中得到的。自底向上指的是从一些开放链接数据中提取出实体，选择其中置信度较高的加入到知识库，再构建顶层的本体模式。目前，大多数知识图谱都采用自底向上的方式进行构建，其中最典型就是 Google 的 Knowledge Vault 和微软的 Satori 知识库。现在也符合互联网数据内容知识产生的特点。

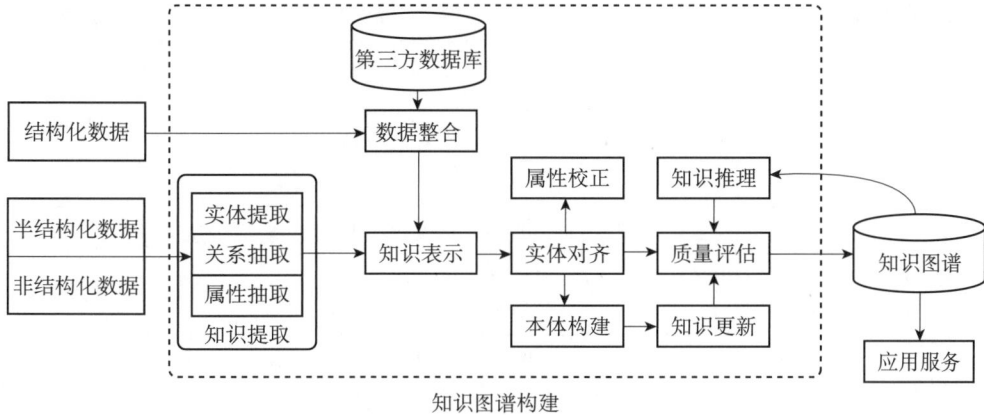

图 2-8　知识图谱的体系架构

3. 代表性知识图谱库

根据覆盖范围而言，知识图谱也可分为开放域通用知识图谱和垂直行业知识图谱。开放域通用知识图谱注重广度，强调融合更多的实体，较垂直行业知识图谱而言，其准确度不够高，并且受概念范围的影响，很难借助本体库对公理、规则及约束条件的支持能力规范其实体、属性、实体间的关系等。开放域通用知识图谱主要应用于智能搜索等领域。垂直行业知识图谱通常需要依靠特定行业的数据来构建，具有特定的行业意义。在垂直行业知识图谱中，实体的属性与数据模式往往比较丰富，需要考虑到不同的业务场景与使用人员。表 2-1 展示了现在知名度较高的大规模知识库。

表 2-1　代表性知识图谱库概览

知识图谱库名称	机构	特点、构建手段	应用产品
FreeBase	MetaWeb（2010 年被谷歌收购）	◇实体、语义类、属性、关系 ◇自动＋人工：部分数据从维基百科等数据源抽取而得到；另一部分数据来自人工协同编辑 ◇ https://de.google.com/freebase/	Google Search Engine，Google Now
Knowledge Vault（谷歌知识图谱）	Google	◇实体、义类、属性、关系 ◇超大规模数据库：源自维基百科、Freebase、《世界各国纪实年鉴》 ◇ https://research.google.com/pub45634	Google Search Engine，Google Now
DBpedia	莱比锡大学、柏林自由大学、OpenLink Software	◇实体、语义类、属性、关系 ◇从维基百科抽取	DBPedia
维基数据（Wikidata）	维基媒体基金会（Wikimedia Foundation）	◇实体、语义类、属性、关系，与维基百科紧密结合 ◇人工（协同编辑）	Wikipedia

知识图谱库名称	机构	特点、构建手段	应用产品
Wolfram Alpha	活尔夫勒姆公司（Wolfram Research）	◇实体、语义类、属性、关系、知识计算 ◇部分知识来自于 Mathematica；其他知识来自各个垂直网站	Apple Siri
Bing Satori	Microsoft	◇实体、语义类、属性、关系、知识计算 ◇自动＋人工	Bing Search Engine，Microsoft Cortana
YAGO	马克斯·普朗克研究所	◇自动：从维基百科、WordNet 和 GeoNames 提取信息	YAGO
Facebook Social Graph	Facebook	◇ Facebook 社交网络数据	Social Graph Search
百度知识图谱	百度	◇搜索结构化数据	百度搜索
搜狗知立方	搜狗	◇搜索结构化数据	搜狗搜索
ImageNet	斯坦福大学	◇搜索引擎 ◇亚马逊 AMT	计算机视觉相关应用

2.2.3　知识图谱的应用

知识图谱为互联网上海量、异构、动态的大数据表达、组织、管理及利用提供了一种更为有效的方式，使得网络的智能化水平更高，更加接近于人类的认知思维。目前，知识图谱已在智能搜索、深度问答、社交网络及一些垂直行业中有所应用，成为支撑这些应用发展的动力源泉。

1. 智能搜索

基于知识图谱的智能搜索是一种基于长尾的搜索，用户的查询请求将经过查询式语义理解与知识检索两个阶段。

（1）查询式语义理解。知识图谱对查询式的语义理解主要包括：对查询请求文本进行分词、词性标注及纠错；描述归一化，使其与知识库中的相关知识进行匹配；语境分析。在不同的语境下，用户查询式语义中的对象会有所差别，因此知识图谱需要结合用户当时的情感，将用户此时需要的答案及时反馈给用户；查询扩展。明确了用户的查询意图及相关概念后，需要加入当前语境下的相关概念进行扩展。

（2）知识检索。经过查询式语义理解后的标准查询语句进入知识库检索引擎，引擎会在知识库中检索相应的实体及与其在类别、关系、相关性等方面匹配度较高的实体。通过对知识库的深层挖掘与提炼后，引擎将给出具有重要性排序的完整知识体系。

智能搜索引擎主要以 3 种形式展现知识：

①集成的语义数据。例如，当用户搜索"梵高"，搜索引擎将以知识卡片的形式给出梵高的详细生平，并配合以图片等信息，如图 2-9 所示。

图 2-9　百度搜索梵高显示形式

②直接给出用户查询问题的答案。例如，当用户搜索"姚明的身高是多少"，搜索引擎的结果是"226 cm"，如图 2-10 所示。

图 2-10　百度搜索"姚明的身高是多少"显示形式

③根据用户的查询给出推荐列表等。

国外的搜索引擎以谷歌的 Google Search、微软的 BingSearch 更为典型。谷歌的知识图谱相继融入了维基百科、CIA 世界概览等公共资源及从其他网站搜集、整理的大量语义数据，微软的 BingSearch 和 Facebook、Twitter 等大型社交服务站点达成了合作协议，在用户个性化内容的搜集、定制化方面具有显著的优势。

国内的主流搜索引擎公司，如百度、搜狗等在近两年来相继将知识图谱的相关研究从概念转向产品应用。搜狗的知立方是国内搜索引擎行业的第一款知识图谱产品，它通过整合互联网上的碎片化语义信息，对用户的搜索进行逻辑推荐与计算，并将最核心的知识反馈给用户。百度将知识图谱命名为中心，主要致力于构建一个庞大的通用型知识网络，以图文并茂的形式展现知识的方方面面。

2. 深度问答

问答系统是信息检索系统的一种高级形式，能够以准确简洁的自然语言为用户提供问题的解答。之所以说问答是一种高级形式的检索，是因为在问答系统中同样有查询式语义理解与知识检索这两个重要的过程，并且与智能搜索相应过程中的相关细节是完全一致的。多数问答系统更倾向于将给定的问题分解为多个小的问题，然后逐一去知识库中抽取匹配的答案，并自动检测其在时间与空间上的吻合度等，最后将答案进行合并，以直观的方式展现给用户。

目前，很多问答平台都引入了知识图谱，例如，华盛顿大学的 Paralex 系统和苹果的智能语音助手 Siri（见图 2-11），都能够为用户提供回答、介绍等服务；亚马逊收购的自然语言助手 Evi，它授权了 Nuance 的语音识别技术，采用 True Knowledge 引擎进行开发，也可提供类似 Siri 的服务。国内百度公司研发的小度机器人（见图 2-11），天津聚问网络技术服务中心开发的大型在线问答系统 OASK，专门为门户、企业、媒体、教育等各类网站提供良好的交互式问答解决方案。

图 2-11　苹果的智能语音助手 Siri 和百度研发的小度机器人

社交网站 Facebook 于 2013 年推出了 GraphSearch 产品，其核心技术就是通过知识图谱将人、地点、事情等联系在一起，并以直观的方式支持较精确的自然语言查询，例如，输入查询式语义"我朋友喜欢的餐厅""住在纽约并且喜欢篮球和中国电影的朋友"等，知识图谱会帮助用户在庞大的社交网络中找到与自己最具相关性的人、照片、地点和兴趣等。GraphSearch 提供的上述服务贴近个人的生活，满足了用户发现知识及寻找最具相关性的人的需求。

3. 金融行业

在金融行业中，反欺诈是一个重要的环节。它的难点在于如何将不同税务子系统中的数据整合在一起。通过知识图谱，一方面有利于组织相关的知识碎片，通过深入的语义分析与推理，可对信息内容的一致性充分验证，从而识别或提前发现欺诈行为；另一方面，知识图谱本身就是一种基于图结构的关系网络，基于这种图结构能够帮助人们更有效地分析复杂税务关系中存在的潜在风险。在精准营销方面，知识图谱可通过链接的多个数据源，形成对用户或用户群体的完整知识体系描述，从而更好地去认识、理解、分析用户或用户群体的行为。例如，金融公司的市场经理用知识图谱去分析待销售用户群体之间的关系，去发现他们的共同爱好，从而更有针对性地对这类用户人群制定营销策略。

4. 电商行业

电商网站的主要目的之一就是通过对商品的文字描述、图片展示、相关信息罗列等可视化的知识展现，为消费者提供最满意的购物服务与体验。通过知识图谱，可以提升电商平台的技术性、易用性、交互性等影响用户体验的因素。

阿里巴巴是应用知识图谱的代表电商之一，它旗下的一淘网不仅包含了淘宝数亿的商品，更建立了商品间关联的信息及从互联网抽取的相关信息，通过整合形成了阿里巴巴知识库和产品库，构建了它自身的知识图谱。当用户输入关键词查看商品时，知识图谱会为用户提供与此次购物方面最相关的信息，包括整合后分类罗列的商品结果、使用建议、搭配等。

除此之外，另外一些垂直行业也需要引入知识图谱，如教育科研行业、图书馆、证券业、生物医疗及需要进行大数据分析的一些行业。这些行业对整合性和关联性的资源需求迫切，知识图谱可以为其提供更加较精确规范的行业数据及丰富的表达，帮助用户更加便捷地获取行业知识。

2.2.4　知识图谱的总结与展望

知识图谱的构建是多学科的结合，需要知识库、自然语言理解、机器学习和数据挖掘等多方面知识的融合，是相关领域研究的最新成果。在未来的几年时间内，知识图谱毫无疑问将是人工智能的前沿研究问题，各行各业都在讨论适合自己的知识图谱。

知识图谱不仅仅是一个全局知识库，它更是支撑智能搜索和深度问答等智能应用的基础。它是一把钥匙，能够打开人类的知识宝库，为许多相关学科领域开启新的发展机会。

从这个意义上来看，知识图谱不仅是一项技术，更是一项战略资产。

虽然现在知识图谱有很多，但大部分还处于初级阶段，只是侧重于简单事实，对于常识的覆盖十分有限。总体而言，知识图谱技术的应用前景是光明的，但是也需要充分意识到知识图谱面临巨大挑战。例如，知识库的自动扩展、异构知识处理、推理规则学习、跨语言检索等。知识图谱肯定不是人工智能的最终答案，但知识图谱这种综合各项计算机技术的应用方向，一定是人工智能未来的形式之一。

【学习与思考】

1. 什么是知识？有哪几种分类方法？
2. 试着构造一个描述学校图书馆的框架。
3. 查阅资料，思考一下传统知识表示和知识图谱的区别与联系。
4. 试着为自己绘制一个社交网络的知识图谱。

◎　延伸阅读

百度知识图谱在生活中的应用

1. 小度智能音箱

百度知识图谱问答服务为小度智能音箱（如图 2-12 所示）提供底层问答数据，加上智能语音交互体验，让小度智能音箱变成了一个会说话的百科全书，让智能家居体验更加出色。

2. 小度在家

小度在家是百度 AI 首款带屏智能视频音箱（见图 2-13）。百度知识图谱为其提供底层问答服务，更精准地解答用户问题，大大提升了用户体验。"小度小度，赢字怎么写？""小度小度，清楚的近义词是什么？""小度小度，春江花月夜的全文是什么？"，小度在家可以帮助用户解答多种问题，堪称生活学习的得力助手。

图 2-12　小度智能音箱

图 2-13　小度在家

3. 三星 Bixby 语音智能助手

Bixby（见图 2-14）是三星手机人工智能助手，具有智能语音控制功能，搭载百度知识图谱问答服务的 Bixby 系统，拥有语境理解能力，能够更准确地、持续地了解用户需求，执行用户的语音命令。百度知识图谱问答服务已在最新版 Bixby 上线，用三星 S8Note8 也可体验。

图 2-14　三星 Bixby 语音智能助手

4. TCL 智能电视

百度知识图谱携手 TCL 共同打造下一代人工智能电视。TCL 智能电视（见图 2-15），基于百度知识图谱问答服务积累的大量数据和问答服务能力，结合百度 DuerOS 智能语音系统，给用户提供更优质的语音交互体验。

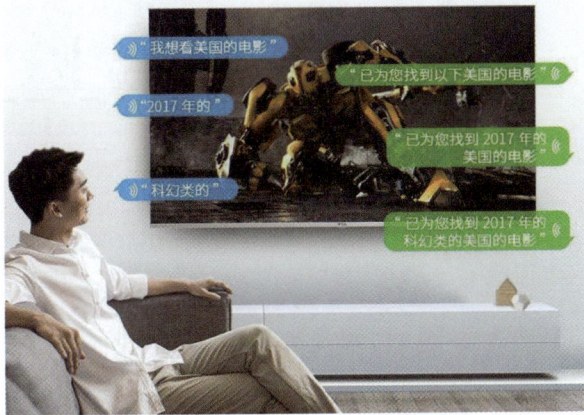

图 2-15　TCL 智能电视

（案例来源：参考自百度知识图谱）

【查阅与思考】

1. 谈谈生活中你所使用的智能设备中，哪些涉及了知识表示和知识图谱。

2. 查阅相关文献资料，了解知识图谱在教育、医疗行业及农业方面的应用。

3. 想想未来的知识图谱将会怎样改变我们的生活。

第 3 章　机器学习

◎ 案例导读

机器学习，让生活更便利

案例一　人工智能"虚拟医生"咪姆熊能准确诊断 24 种儿科病

"咪姆熊"智能医生是广州市妇女儿童医疗中心于 2016 年启动研发的人工智能"虚拟医生"，主要用于辅助医生进行诊断，以及后续治疗方案的推荐，诊断的疾病覆盖了门诊 75%～80% 的儿童常见病。

咪姆熊"满月"时，主要学习理解医学词汇、辨析同义近义词、提取并理解病历中的信息。它会将医生输入的病情描述等病历信息转化为自己能识读的结构化文本。在满"百天"时，咪姆熊已经刻苦学习了 100 余万份病历、30 余份专家指南和共识，150 余万篇文献，能诊断 15 种发热疾病。"1 岁"时，它已经学习了近 200 万份病历，能看 32 种儿科常见疾病，其中 24 种疾病的诊断准确率能达到 90% 以上，加上检验结果，判断更为准确。"满周岁"的咪姆熊还会继续学习，接下来咪姆熊要新增学习诊断呼吸科 41 个目标疾病，这 41 种疾病覆盖了 97.2% 的呼吸门诊病例。总共加起来，咪姆熊未来将能看 73 种病！

其实这只咪姆熊并不是"独生子"，是咪姆熊家族里的"熊大"，名字叫作"发热熊"。家族里还有影像熊、营养熊和导诊熊，如图 3-1 所示。

发热熊　　影像熊　　营养熊　导诊熊

图 3-1　咪姆熊"有"四胞胎"

除了辅助医生诊断的医用版，还有面对患者家属进行导诊的大众版。孩子发热生病，家长可以先在手机、计算机、网页上，找到大众版咪姆熊医生"咨询问诊"。根据孩子出现异常的身体部位，单击咪姆熊身上相应的区域，并选择孩子的症状描述，咪姆熊就会给出初步判断，为家长提供具体的就诊建议。

案例二　苹果的智能语音虚拟助手 Siri

Siri 是 Speech Interpretation & Recognition Interface 的首字母缩写，原义为语音识别接口，是苹果公司在苹果手机、iPad 产品上应用的一个语音助手，利用 Siri 用户可以通过手机读短信、介绍餐厅、询问天气、语音设置闹钟等。用户可以设置语音口令"Hey Siri"来启动 Siri，运行界面如图 3-2 所示。

图 3-2　Siri 运行界面

　　Siri 可以支持自然语言输入，并且可以调用系统自带的天气预报、日程安排、搜索资料等应用，还能够不断学习新的声音和语调，提供对话式的应答。Siri 可以令 iPhone4S 及以上手机（iPad 3 以上平板）变身为一台智能化机器人，

　　2017 年苹果 WWDC 开发者大会上，Siri 的更新当中，加入了实时翻译功能，支持英语、法语、德语等语言，与此同时，Siri 的智能化还进一步得到了提升，支持上下文的预测功能，类似此前发布的谷歌助手，用户甚至可以用 Siri 作为 Apple TV 的遥控器。

案例三　写作机器人从"智障"变"智能"，分秒成稿

　　Giiso 写作机器人是由深圳市智搜信息技术有限公司推出的一款内容创作 AI 辅助工具，能够进行选、写、改、编、发全流程智能化，人机协作。

　　Giiso 写作机器人倡导"让写作更简单"，推出行业写作解决方案，广泛应用于媒体、金融、汽车、营销公关等领域。智能语义的识别度达到了 92.67%，为中文领域同类算法中最高。目前 Giiso 写作机器人已推出六大写作类型：热点写作、汽车写作、提纲写作、股市快报、天气预报和体育赛事，如图 3-3 所示。能够呈现的内容类别十分广泛，大部分题材都能通过智能写作快速成稿，同时使用算法进行素材推荐，用户可以采用段落、词句、文章和知识推荐进行内容的修改、丰富、替换与调整。

图 3-3　Giiso 写作机器人运行界面

2019 年 9 月，全新升级的 Giiso 写作机器 3.0 版本正式上线，升级后的 Giiso 写作机器人在选、写、改、编、发等功能上具备多种亮点，这也意味着智能写作进入了全流程智能化阶段。

【查阅与思考】

1. 查阅一个关于机器学习在计算机视觉领域的应用实例。
2. 查阅相关文献资料，设想一下未来机器学习的发展及会如何改变我们的生活。

3.1 机器学习概述

3.1.1 基本含义

机器学习（Machine Learning，ML）是实现人工智能的一种方法，通过从数据中获取有用的信息（知识）从而使机器具有一定的智能，即以机器学习为手段解决人工智能中的问题。它是一门研究在非特定编程条件下让计算机采取行动的学科。近 20 年，机器学习在数据分析、产品检验、网络搜索、语音识别、计算机视觉等众多领域得到广泛应用。

机器学习是人工智能的一个重要分支与核心研究内容，是目前实现人工智能的一条重要途径。它专门研究机器怎样模拟或实现人类的行为，以获取新的知识或技能，并且能重新组织已有的知识结构使之不断改善自身的性能。

机器学习最基本的思路就是：首先把生活中的现实问题抽象成数学问题（数字模型），并且很清楚模型中不同参数的作用；然后利用数学方法对这个数学问题进行求解，从而解决生活中的现实问题；最后评估这个数学模型，是否真正地解决了生活中的现实问题，解决得如何？机器学习的基本思路如图 3-4 所示。

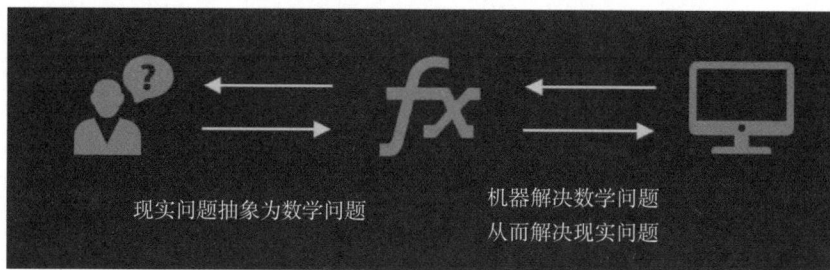

现实问题抽象为数学问题　　机器解决数学问题
从而解决现实问题

图 3-4　机器学习的基本思路

3.1.2 发展历程

机器学习实际上已经存在了几十年或者也可以认为存在了几个世纪。追溯到 17 世纪，贝叶斯、拉普拉斯关于最小二乘法的推导和马尔可夫链，这些构成了机器学习广泛使用的工具和基础。从 1950 年艾伦·图灵提议建立一个学习机器开始，到 2000 年初形成有深度学习的实际应用，比如 2012 年的 AlexNet，机器学习有了很大的进展。

从 20 世纪 50 年代研究机器学习以来，不同时期的研究途径和目标并不相同，可以划分为以下 4 个阶段。

第一阶段是 20 世纪 50 年代中叶到 60 年代中叶，这个时期主要研究"有无知识的学习"。这类方法主要研究系统的执行能力。这个时期，主要通过对机器的环境及其相应性能参数的改变来检测系统所反馈的数据，就好比给系统一个程序，通过改变它们的自由空间作用，系统将会受到程序的影响而改变自身的组织，最后这个系统将会选择一个最优的环境生存。在这个时期最具有代表性的研究就是美国塞缪尔（Samuet）的下棋程序。1959 年塞缪尔设计了一个下棋程序，这个程序具有学习能力，它可以在不断的对弈中改善自己的棋艺。4 年后，这个程序战胜了设计者本人。又过了 3 年，这个程序战胜了美国一个保持 8 年之久的常胜不败的冠军。这个程序向人们展示了机器学习的能力，提出了许多令人深思的社会问题与哲学问题。但这种机器学习的方法还远远不能满足人类的需要。

第二阶段从 20 世纪 60 年代中叶到 70 年代中叶，这个时期主要研究将各个领域的知识植入到系统里，在本阶段研究机器学习的目的是通过机器模拟人类学习的过程，同时还采用了图结构及其逻辑结构方面的知识进行系统描述。在这一研究阶段，主要用各种符号来表示机器语言，研究人员在进行实验时意识到学习是一个长期的过程，从这种系统环境中无法学到更加深入的知识，因此研究人员将各专家学者的知识加入到系统里，经过实践证明这种方法取得了一定的成效。在这一阶段具有代表性的工作有 Hayes-Roth 和 Winston 的结构学习系统方法。

第三阶段从 20 世纪 70 年代中叶到 80 年代中叶，称为复兴时期。在此期间，人们从学习单个概念扩展到学习多个概念，探索不同的学习策略和学习方法，且在本阶段已开始把学习系统与各种应用结合起来，并取得很大的成功。同时，专家系统在知识获取方面的需求也极大地刺激了机器学习的研究和发展。在出现第一个专家学习系统之后，示例归纳学习系统成为研究的主流，自动知识获取成为机器学习应用的研究目标。1980 年，在美国的卡内基梅隆（CMU）召开了第一届机器学习国际研讨会，标志着机器学习研究已在全世界兴起。此后，机器学习开始得到了大量的应用。1984 年，Simon 等 20 多位人工智能专家共同撰文编写的 *Machine Learning* 文集第二卷出版，国际性杂志 Machine Learning 创刊，更加显示出机器学习突飞猛进的发展趋势。这一阶段代表性的工作有 Mostow 的指导式学习、Lenat 的数学概念发现程序、Langley 的 BACON 程序及其改进程序。

第四阶段从 20 世纪 80 年代中叶至今，是机器学习的最新阶段。这个时期的机器学习具有如下特点：

（1）机器学习已成为新的学科，它综合应用了心理学、生物学、神经生理学、数学、自动化和计算机科学等形成了机器学习理论基础。

（2）融合了各种学习方法，且形式多样的集成学习系统研究正在兴起。

（3）机器学习与人工智能各种基础问题的统一性观点正在形成。

（4）各种学习方法的应用范围不断扩大，部分应用研究成果已转化为产品。

（5）与机器学习有关的学术活动空前活跃。

3.1.3　相关学科

机器学习跟模式识别、统计学习、数据挖掘、计算机视觉、语音识别、自然语言处理等领域有着很深的联系。

从范围上来说，机器学习跟模式识别、统计学习、数据挖掘是类似的，同时，机器学习与其他领域的处理技术的结合，形成了计算机视觉、语音识别、自然语言处理等交叉学科。因此，一般说数据挖掘时，可以等同于说机器学习。同时，我们平常所说的机器学习应用，应该是通用的，不仅仅局限在结构化数据，还有图像和音频等应用。

图 3-5 所示的是机器学习与相关学科，可以看出，机器学习在众多领域中有着广泛的应用。机器学习技术的发展推动了很多智能领域的进步，改善着我们的生活品质。

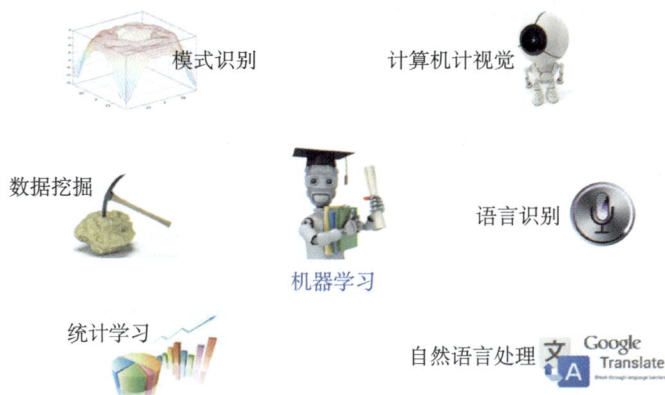

图 3-5　机器学习与相关学科

3.1.4　应用场景

机器学习处理的数据主要有结构化数据和非结构化数据。结构化数据是用二维表结构来逻辑表达和实现的数据，严格地遵循数据格式与长度规范，主要通过关系型数据库进行存储和管理，例如，企业 ERP、财务系统、医疗 HIS 数据库、教育一卡通、政府行政审批和其他核心数据库等。非结构化数据是数据结构不规则或不完整，没有预定义的数据模型，不方便用数据库二维逻辑来表现的数据，例如，文本、语音、图像和视频等类型。不同类型的数据有不同的应用场景，下面来具体介绍。

1. 文本数据

文本数据也可称为字符型数据，如英文字母、汉字、不作为数值使用的数字和其他可输入的字符。超文本是文本数据的另一种形式，包含标题、作者、超链接、摘要和内容等信息。文本数据的应用场景包含垃圾邮件检测、信用卡欺诈检测和电子商务决策等领域。

- 垃圾邮件检测：根据邮箱中的邮件，识别哪些是垃圾邮件，哪些不是垃圾邮件，可以用来归类垃圾邮件和非垃圾邮件。
- 信用卡欺诈检测：根据用户一个月内的信用卡交易，识别哪些交易是该用户操作的哪些不是该用户操作的，可以用来找到欺诈交易。

- 电子商务决策：根据一个用户的购物记录和冗长的收藏清单，识别出哪些是该用户真正感兴趣并且愿意购买的产品，可以为客户提供建议并鼓励该用户进行消费。

2. 语音数据

语音数据是指通过语音来记录的数据及通过语音来传输的信息，也可称为声音文件。语音数据的应用场景包含语音识别、语音合成、语音交互、机器翻译、声纹识别等领域。

- 语音识别：让机器通过识别和理解过程把语音信号转变为相应的文本或命令的技术，例如，从一个用户的话语确定用户提出的具体要求，可以自动填充用户需求。
- 语音合成：通过机械的、电子的方法产生人造语音的技术，例如，从外部输入的文字信息转变为可以听得懂的、流利的汉语口语输出。
- 语音交互：基于语音输入的新一代交互模式，通过说话就可以得到反馈结果，典型的应用场景是语音助手，例如，iPhone 推出的 Siri。
- 机器翻译：又称为自动翻译，是利用计算机将一种自然语言（源语言）转换为另一种自然语言（目标语言）的过程，例如，有道词典等翻译软件。
- 声纹识别：把声信号转换成电信号，再用计算机进行识别，也称为说话人识别。声纹识别有说话人辨认和说话人确认两类。不同的任务和应用会使用不同的声纹识别技术，如缩小刑侦范围时可能需要辨认技术，而银行交易时则需要确认技术。

3. 图像数据

图像识别是机器学习领域非常核心的一个研究方向。图像识别的应用场景包含文字识别、指纹识别、人脸识别和形状识别等领域。

- 文字识别：利用计算机自动识别字符的技术，是模式识别应用的一个重要领域，包括文字信息的采集、信息的分析与处理、信息的分类判别等几个部分。
- 指纹识别：通过比较不同指纹的细节特征点来进行鉴别，涉及图像处理、模式识别、计算机视觉、数学、形态学、小波分析等众多学科。
- 人脸识别：基于人的脸部特征信息进行身份识别的一种生物识别技术。人脸识别是用摄像机或摄像头采集含有人脸的图像，并自动在图像中检测和跟踪人脸，进而对检测到的人脸进行脸部识别的一系列相关技术，通常也叫作人像识别、面部识别。例如，根据图像库中的众多数码照片，识别出哪些是包含某一个人的照片。
- 形状识别：模式识别的重要方向，广泛应用于图像分析、机器视觉和目标识别等领域。例如，根据用户在触摸屏幕上的手绘和一个已知的形状资料库，判断用户想描绘的形状。这样的决策模型可以显示该形状的理想版本，用以绘制清晰的图像。

4. 视频数据

视频可以看作是特定场景下连续的图像（每秒钟几十幅），视频比图像数据维度更高、信息量更多、处理难度更大。视频应用场景包含智能监控和计算机视觉等领域。

- 智能监控：将视频转换成图像的处理，首先要提取视频中的运动物体，然后再对提取的运动物体进行跟踪，涉及监控视频的去模糊、去雾、夜视增强、视频浓缩等步骤。

- 计算机视觉：利用摄像机和计算机模仿人类视觉（眼睛与大脑）实现对目标的分割、分类、识别、跟踪、判别、决策等功能的人工智能技术。它的研究目标是使计算机具有通过二维图像认知、三维环境信息的能力，即在基本图像处理的基础上，进一步进行图像识别、图像（视频）理解和场景重构。

3.2 机器学习的类型

机器学习从不同的视角可以划分为不同的类型。如表 3-1 所示给出了不同视角下的机器学习类型划分方法。

表 3-1 不同视角下的机器学习类型划分方法

划分视角	机器学习的类型
学习形式	监督学习（Supervised Learning）
	无监督学习（Unsupervised Learning）
	强化学习（Reinforcement Learning）
	……
学习任务	分类（Classification）
	回归（Regression）
	聚类（Clustering）
	降维（Dimensionality Reduction）
	异常检测（Anomaly Detection）
	……

从学习形式的视角，机器学习可以分为监督学习、无监督学习和强化学习，这三种学习模型的比较如图 3-6 所示。

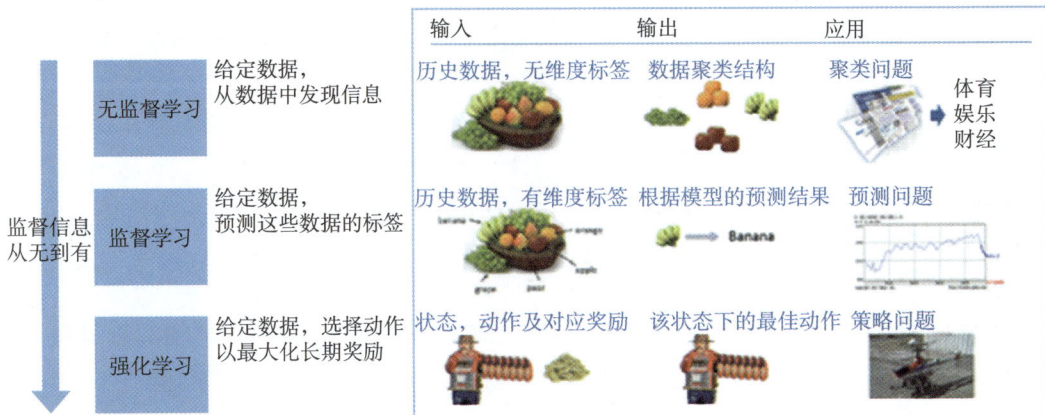

图 3-6 三种学习模型的比较

1. 监督学习

监督学习是机器学习中一种最常用的学习方法，其训练样本中同时包含特征和标签。监督学习模型（Supervised Learning Model）的一般建立流程如图 3-7 所示。训练环节是从训练样本中提取出训练样本的特征向量和离散标签，将其用于机器学习算法后得到预测模型；测试环节是将从测试样本提取到的特征向量输入到预测模型中进行测试，最终得到测试样本的离散标签或连续值，并且可以根据需要统计出相关的准确率。

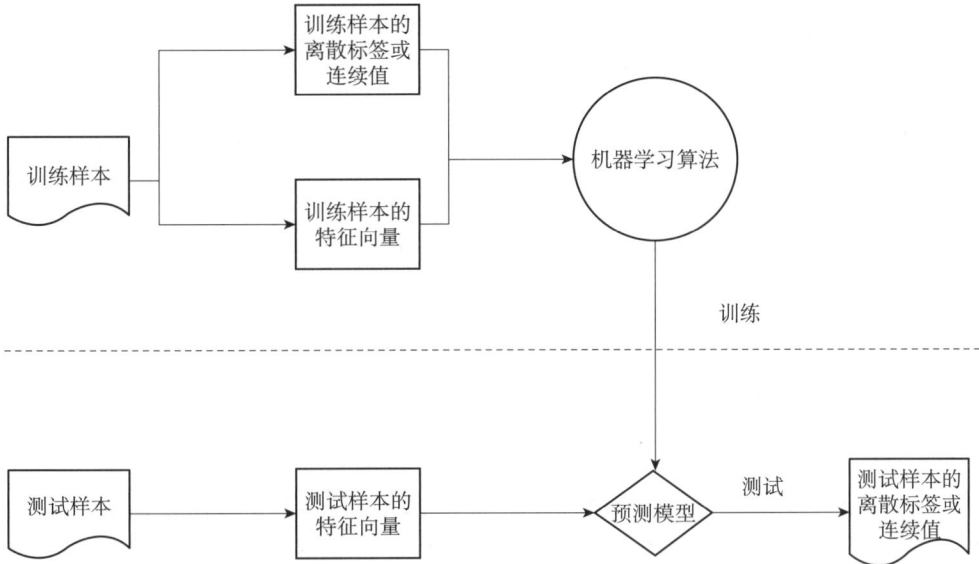

图 3-7　监督学习模型的一般建立流程

2. 无监督学习

无监督学习中的样本没有对应的标签或目标值，在现实生活中的应用有聚类（Clustering）等问题。比如某公司需要对客户进行分群，但是事先不知道总共有几种客户类型，更不知道每个客户是属于哪个类型的。但是，机器学习可以根据客户资料将一些属性相似的客户分成一群，更好地为公司服务。另外，无监督学习还包括密度估计问题（Density Estimation），比如标注犯罪比较多的地区；异常检测（Anomaly Detection）问题，比如发现信用卡交易过程中的异常情况。对于监督学习来说，最后的结果能使预测值越贴近目标标签或目标值越好；但是对于无监督学习来说，就没有那么明确的判断标准了。相较于监督学习，无监督学习模型的训练集事先不知道其类别或者目标值。无监督学习模型的一般建立流程如图 3-8 所示。

3. 强化学习

强化学习的输出标签不是直接的对或者不对，而是一种奖惩机制，通过观察来学习动作的完成，每个动作都会对环境有所影响，学习对象根据观察到的周围环境的反馈来做出判断，可以通过某种方法知道某个结果离正确答案是越来越近还是越来越远（即奖惩函数）。在这种学习模式下，输入数据作为对模型的反馈，不像监督模型那样，输入数据仅仅是作为一个检查模型对错的方式，在强化学习下，输入数据直接反馈到模型，模型必须对此立刻做出调整。以一个游戏为例，A 玩家事先藏好一个东西，当 B 玩家离这个东西越来越近时 A 就说"近"，越来越远时 A 会说"远"，近或者远就是一个奖惩函数。在监督学习中，能直接

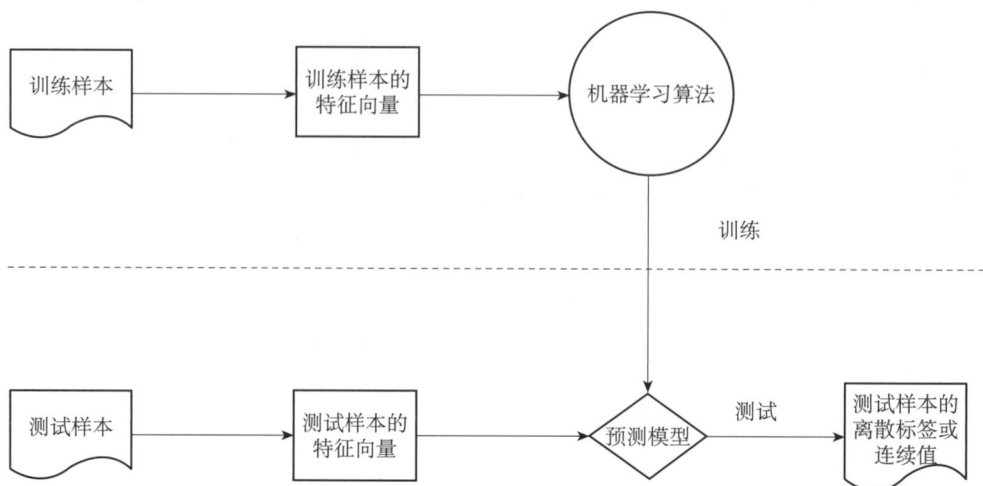

图 3-8　无监督学习模型的一般建立流程

得到每个输入对应的输出，而在强化学习中，训练一段时间后可以得到一个延迟的反馈，并且提示某个结果离答案是越来越远还是越来越近。

3.3　机器学习的方法

监督学习和无监督学习是使用较多的、比较基础易懂的两种机器学习方法。

3.3.1　监督学习的算法

如何解决分类和回归问题是机器学习其中两个主要任务。分类问题就是将实例数据划分到合适的分类中，而回归主要用于预测数值型数据。分类和回归属于监督学习，这类算法必须知道预测什么，即目标变量的分类信息。分类与回归的区别在于输出变量的类型，定量输出称为回归，或者说是连续变量预测；定性输出称为分类，或者说是离散变量预测。

1. K 近邻算法

K 近邻算法（K-Nearest Neighbor，KNN）是一种最简单的分类算法，通过识别被分成若干类的数据点，以预测新样本点的分类。所谓 K 近邻，就是 K 个最近的邻居的意思，说的是每个样本都可以用它最接近的 K 个邻居来代表。

KNN 算法的核心思想是：如果一个样本在特征空间中的 K 个最相邻的样本中的大多数属于某一个类别，则该样本也属于这个类别，并具有这个类别上样本的特性。比如，在现实中，预测某一个房子的价格，就参考最相似的 K 个房子的价格，比如距离最近、户型最相似等。

KNN 算法的结果很大程度上取决于 K 的选择，不同 K 值的选择都会对 KNN 算法的结果造成重大影响。如图 3-9 所示，有两类不同的样本数据，分别用红色三角形和蓝色正方形表示，而图正中间的那个绿色的圆表示待分类的数据，即要被决定赋予哪个类，是红色三角形还是蓝色正方形？如果 $K=3$，离绿色圆点最近的 3 个邻居是 2 个红色三角形和 1 个蓝色正方形，由于红色三角形所占比例为 2/3，因此绿色圆被赋予红色三角形类；如果 $K=5$，离绿色圆点最近的 5 个邻居是 2 个红色三角形和 3 个蓝色正方形，由于蓝色正方形占总数的比例为 3/5，因此绿色圆被赋予蓝色正方形类。

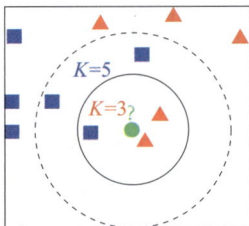

图 3-9　K 近邻算法示意图

KNN 算法是分类数据最简单最有效的算法，它的优点是容易实现、精度高、对异常值不敏感、无数据输入假定。但是，在使用算法时我们必须有接近实际数据的训练样本数据，必须保存全部数据集，如果数据集很大，必须使用大量的存储空间。此外，由于必须对数据集中的每个数据计算距离值，实际使用时可能非常耗时。KNN 算法的另一个缺陷是样本不平衡问题，如一个类的样本容量很大，而其他类样本容量很小时，预测偏差会比较大。

2. 决策树算法

决策树（Decision Tree，DT）是一个树结构（可以是二叉树或非二叉树），其中每个非叶节点表示一个属性上的测试，每个分支代表一个测试输出，每个叶节点代表一种类别。

DT 算法一般是自上而下地生成决策树，也就是从根节点开始测试待分类项中相应的特征属性，并按照其值选择输出分支，直到到达叶子节点，将叶子节点存放的类别作为决策结果。

构造决策树的关键步骤是分裂属性。所谓分裂属性就是在某个节点处按照某一特征属性的不同划分构造不同的分支，其目标是让各个分裂子集尽可能地"纯"。尽可能"纯"就是尽量让一个分裂子集中待分类项属于同一类别。根据分裂属性方法的不同，决策树的典型算法有 ID3、C4.5、CART 等，如表 3-2 所示。

表 3-2　典型决策树算法

序号	算法名称	分裂属性方法
1	ID3	信息增益（Information Gain）
2	C4.5	增益比率（Gain Ratio）
3	CART	基尼指数（Gini Index）

下面以 ID3 算法为例来构造决策树。ID3 算法的核心思想就是以信息增益度量属性选择，信息增益越大，从而纯度越高，所以我们选择分裂后信息增益最大的属性进行分裂，将其作为根节点，然后以同样的方法构造子树，直到所有属性的信息增益均很小或者没有属性可选时为止。表 3-3 所示的是顾客购买计算机的训练集，这个数据集是根据一个人的年龄、收入层次、是否为学生及信用等级来确定他是否会购买计算机，即最后一列"类别：购买计算机"是类别。其对应的决策树如图 3-10 所示。

表3-3　顾客购买计算机的训练集

记录 ID	年龄	收入层次	学生	信用等级	类别：购买计算机
1	青少年	高	否	一般	不买
2	青少年	高	否	良好	不买
3	中年	高	否	一般	买
4	老年	中	否	一般	买
5	老年	低	是	一般	买
6	老年	低	是	良好	不买
7	中年	低	是	良好	买
8	青少年	中	否	一般	不买
9	青少年	低	是	一般	买
10	老年	中	是	一般	买
11	青少年	中	是	良好	买
12	中年	中	否	良好	买
13	中年	高	是	一般	买
14	老年	中	否	良好	不买

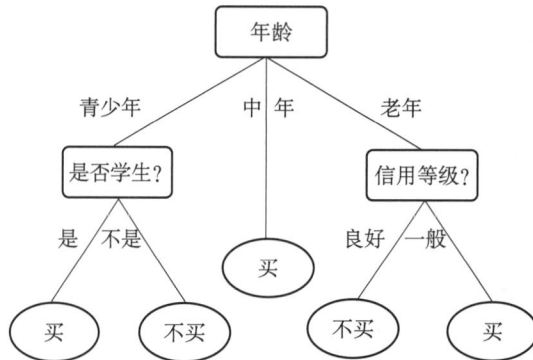

图 3-10　ID3 算法生成的决策树

决策树算法可以产生人能直接理解的规则，可解释性强，完全符合人类的直观思维，易于实现，它已经成功运用于医学、制造产业、天文学、分支生物学及商业等诸多领域。

3.3.2　无监督学习的算法

无监督学习算法的数据没有类别信息，也没有给定目标值。聚类是一个将数据集中在某些方面相似的数据成员进行分类组织的过程，聚类就是一种发现这种内在结构的技术，属于无监督学习。

K 均值聚类（K-means Clustering）算法由于简洁和高效使得它成为所有聚类算法中最广泛使用的。它是一种迭代求解的聚类分析算法，目的是找到每个样本潜在的类别，并将同类别的样本放在一起构成簇（Cluster），要求簇内点相互距离比较近，簇间距离比较远。K 均值聚类算法的目标是将样本聚类成 K 个簇。一般步骤如下：

（1）随机在图中生成 K 个点，叫聚类中心（Cluster Centroids）。Cluster Centroids 的个数一般与想把数据分成几类的类数相同。

（2）重复下面两个操作，直到聚类中心不再变化，每个数据分配到的聚类不变。

①簇分配：遍历数据集里面的每个数据，然后对每个数据求到这 K 个聚类中心的距离，以此距离来判断将每个数据分配给其中哪一个聚类中心。假如数据点 P_i 离聚类中心 S_i 最近，则 P_i 属于聚类中心 S_i 的类别。

②移动聚类中心：算出每一个聚类的均值，将聚类中心移动到该点处。

以图 3-11 为例来说明 K-means 算法的过程。

图 3-11（a）表示要分类的数据，这里所有数据点全部标记为绿色。如果想分成两类，首先随机生成两个聚类中心，一个用红色表示，一个用蓝色表示，分别代表两个不同的类别，如图 3-11（b）所示；然后第一步分别计算所有绿点到红点和到蓝点的距离，每个绿点更改为最近聚类中心的类别并着上相应颜色，如图 3-11（c）所示；第二步，重新计算每一个聚类的均值，将聚类中心移动到该点处，如图 3-11（d）所示；迭代第一步和第二步可以得到图 3-11（e）所示结果，从图 3-11（e）可以看出大致的聚类形状已经出来了。

再重复迭代第一步和第二步直到聚类中心不再变化，得到的最终结果如图 3-11（f）所示。

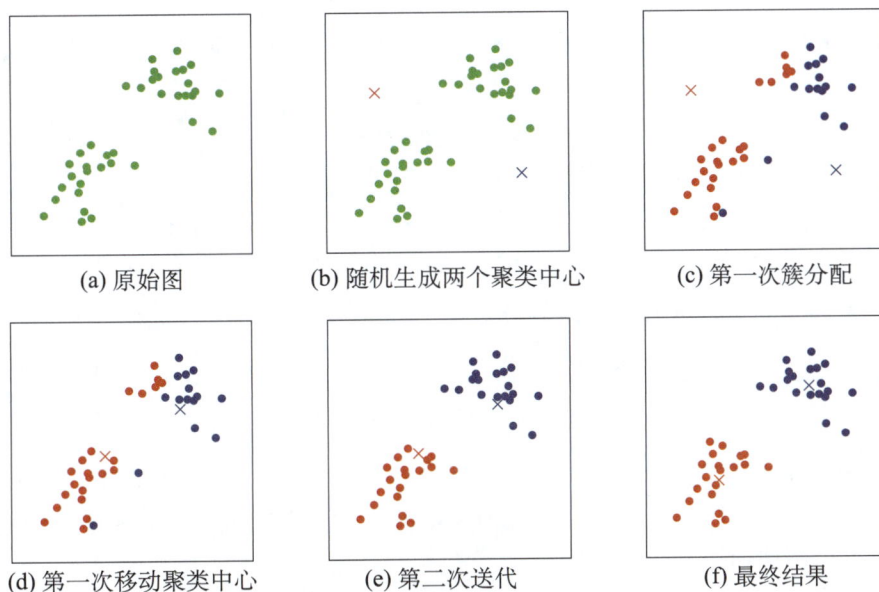

(a) 原始图   (b) 随机生成两个聚类中心   (c) 第一次簇分配

(d) 第一次移动聚类中心   (e) 第二次迭代   (f) 最终结果

图 3-11 K 均值聚类算法的迭代过程

K 均值聚类算法的优点是算法简单，容易实现。它的主要缺点是 K 值是用户给定的，在进行数据处理前，K 值是未知的，不同的 K 值得到的结果也不一样。另外，由于它的初始点是随机选取的，一旦初始值选择得不好，可能无法得到有效的聚类结果，而陷入局部最优解的情况。如图 3-12（a）所示的 3 个初始中心点，最终会收敛到如图 3-12（b）所示的结果，显然该结果没有形成全局最优，只是形成了局部最优。

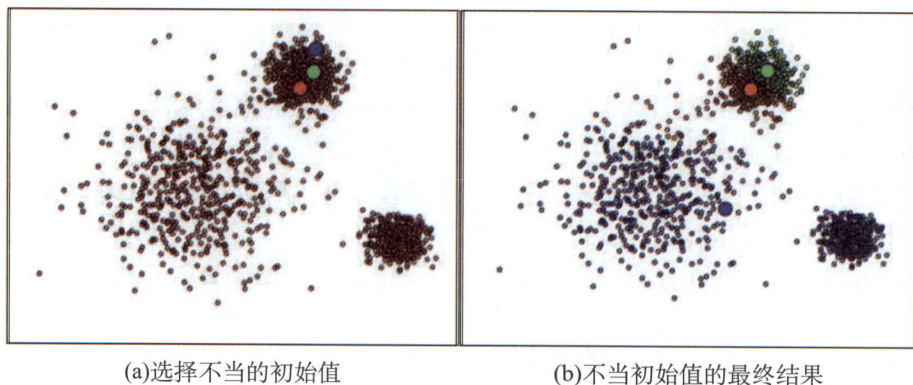

(a)选择不当的初始值　　　　　　　(b)不当初始值的最终结果

图 3-12　K 均值聚类算法形成的局部最优解

3.4　机器学习的工具

常言道"工欲善其事，必先利其器"。工具是机器学习的重要组成部分，选择合适的工具与使用最好的算法同等重要。机器学习工具使得应用机器学习更快，更简单，更有趣。

机器学习工具从计算能力上来讲可以分为两种，即单机计算工具和集群计算工具，细化后可以分为单机版机器学习工具、开源分布式机器学习工具和企业级云机器学习工具，如图 3-13 所示。

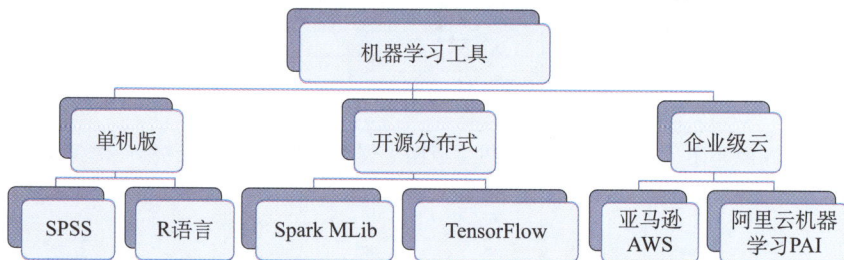

图 3-13　常用机器学习的工具

1. 单机版机器学习工具

对普通用户来讲，特别是一些算法能力还不扎实的数据挖掘初学者来讲，使用单机版机器学习工具可以更快速地上手。

（1）统计产品与服务解决方案（SPSS）。统计产品与服务解决方案（Statistical Product and Service Solutions，SPSS）软件是世界上最早的统计分析软件，SPSS 软件的主要特点是操作界面极为友好，它将几乎所有的功能都以统一、规范的界面展示出来，使用 Windows 的窗口方式展示各种管理和分析数据方法的功能，对话框展示出各种功能选择项。用户只要掌握一定的 Windows 操作技能，熟悉统计分析原理，就可以使用该软件进行科研工作。

（2）R 语言。R 语言是一款集统计计算和绘图功能于一体的软件，R 语言主要具备下面一些优点。

①开源。R 语言是一款完全开放源码的工具。因为开源，数据开发工作者可以自由地阅

读 R 语言的源码，而且可以基于 R 语言的代码进行扩展，这也是 R 语言能在短时间内得到快速发展的原因。

②跨平台。R 语言的跨平台特性大大加快了这项技术的传播速度，目前无论是在 Mac OS、Windows 或者 Linux 系统上都有较为稳定的版本可供使用。用户只需要一套代码，就可以把业务逻辑运行在不同的平台上。

③较为完善的资料。因为目前 R 语言的开源贡献者众多，而且 R 语言无论在学术界或是工业界都有很多的应用，已经有大量的使用者贡献了许多可以参考的学习资料或者实例代码。关于 R 语言的一些应用，已经有相关图书资源可供参考。

④可视化。R 语言在数据可视化方面也独具特色，提供了很多种画图包及丰富的绘图功能，使生成的数据可以清晰地可视化展现出来。

在算法支持方面，因为 R 语言是建立在开源社区之上的，每天都有来自全世界的开源爱好者为 R 语言贡献代码包，使用者可以通过 install 命令轻松地安装这些扩展算法，所以有很多算法包可供选择，基本涵盖了特征工程、分类算法、聚类算法、回归算法和神经网络算法等常规机器学习算法，而且在算法扩展性方面，R 语言不同于 SPSS 等软件，它可以自如地修改已有的算法，使算法跟自己的业务场景更加贴合。

2. 开源分布式机器学习工具

单机版机器学习工具的特点就是安装方便，比较好上手，因为它不依赖于底层计算集群的配置。但是在实际的使用过程中，特别是数据量比较大的情况下，就会出现效率低下的问题。对大规模的机器学习计算，需要通过分布式架构进行处理。

（1）Spark MLib。MLib 是 Spark 的机器学习算法库，是完全开源的。MLib 中已经包含了一些通用的学习算法和工具，如：分类、回归、聚类、协同过滤、降维及底层的优化原语等算法和工具。

MLib 提供的 API 主要分为以下两类：

① spark.mlib，包含基于 RDD 的原始算法 API。

② spark.ml，提供了基于 DataFrame 高层次的 API，可以用来构建机器学习工作流（PipeLine）。ML Pipeline 弥补了原始 MLib 库的不足，向用户提供了一个基于 DataFrame 的机器学习工作流式 API 套件。

Spark 在机器学习方面的发展非常快，目前已经支持了主流的统计和机器学习算法。纵观所有基于分布式架构的开源机器学习库，MLib 可以算是计算效率最高的。

（2）TensorFlow。TensorFlow 是谷歌 2015 年开源的一个人工智能平台。就如同命名一样，TensorFlow 为张量（Tensor）从图（Map）的一端流动（Flow）到另一端的计算过程，也就是将复杂的数据结构传输到人工智能神经网络中进行分析和处理的系统。TensorFlow 可以被用于数据处理、语音识别、图像识别、自然语言处理等多个深度学习领域，它可在小到一部智能手机，大到数千台数据中心服务器的各种设备上运行。TensorFlow 主要有下面一些特性：

①社区活跃。自从 2015 年年底 TensorFlow 开源以来，其关注度直线上升，目前 TensorFlow 已经远远超过其他常用机器学习框架，成为最流行的机器学习框架。

②功能丰富。TensorFlow 不仅可以做神经网络算法研究，还可以做普通的机器学习算法，甚至只要能够把计算表示成数据流图，都可以使用 TensorFlow。目前 TensorFlow 支持 Python、C++、Java 等语言。

③应用广泛。在谷歌，TensorFlow 已经被成功应用到了各款产品之中。如今，包括网页搜索在内，语音搜索、广告、电商、图片、街景图、翻译、YouTube 等众多产品之中都可以看到基于 TensorFlow 的系统。除了在谷歌内部大规模使用，TensorFlow 也受到了工业界和学术界的广泛关注。如今，包括优步（Uber）、Snapchat、Twitter、京东、小米等国内外科技公司也纷纷加入了使用 TensorFlow 的行列。

正如谷歌在 TensorFlow 开源原因中所提到的一样，TensorFlow 正在建立一个标准，使得学术界可以更方便地交流学术研究成果，工业界可以更快地将机器学习应用于生产之中。

3. 企业级云机器学习工具

前面介绍的分别是单机版机器学习工具和开源分布式机器学习工具，虽然这些工具大多都具备友好的操作方式和丰富的算法，但是在企业级服务方面还是存在一些缺陷的。下面介绍两种企业级云机器学习工具。

（1）亚马逊 AWS ML。Amazon Web Service（AWS）是亚马逊在 2006 年推出的云计算服务，2015 年 4 月 AWS 宣布推出亚马逊机器学习（Amazon Machine Learning）服务，这是一项全面的托管服务，开发者无须具备任何机器学习经验，就能轻松使用历史数据开发并部署预测模型。这些模型用途广泛，包括检测欺诈、防止用户流失并改进用户支持。

（2）阿里云机器学习 PAI。阿里云机器学习平台 PAI（Platform of Artificial Intelligence）是一款几乎涵盖了所有种类机器学习算法的机器学习平台，为传统机器学习和深度学习提供了从数据处理、模型训练、服务部署到预测的一站式服务。

阿里云机器学习 PAI 平台的产品架构及上下游关系如图 3-14 所示。

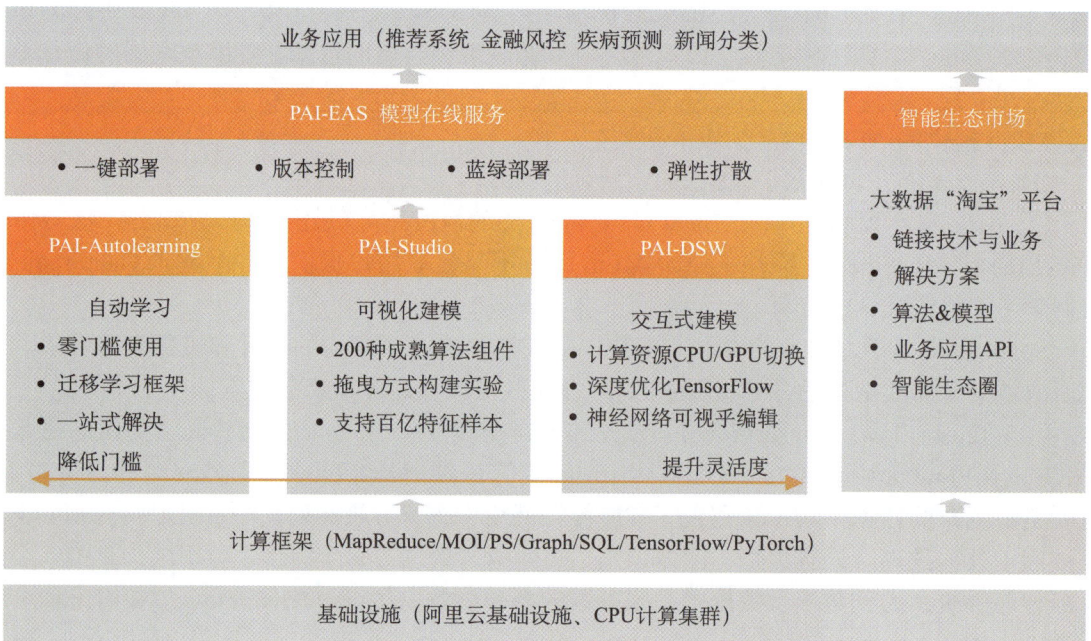

图 3-14　阿里云机器学习平台 PAI 的架构图

上述架构图包括了整个 AI 业务的以下 4 个流程层。

①基础设施层：CPU 计算集群。

②计算框架层：包括 MapReduce、SQL、MPI 等计算方式，分布式计算架构主要执行并行化计算分发任务。

③核心产品功能层：即 PAI 提供的产品的核心能力。这里提供 3 种建模方式，分别是机器学习可视化开发工具 PAI-Studio、云端交互式代码开发工具 PAI-DSW，模型在线服务 PAI-EAS，3 个产品为传统机器学习和深度学习提供了从数据处理、模型训练、服务部署到预测的一站式服务。

④业务应用层：阿里巴巴内部的搜索系统、推荐系统、蚂蚁金服等项目在进行数据挖掘工作时，都依赖于机器学习平台产品。机器学习平台的业务场景包含了金融、医疗、教育、交通、安全等各个领域。

此外，PAI 在模型建模基础上，提供模型在线服务一键部署功能，解决了用户模型部署使用的"最后一公里"问题。最后，PAI 还给用户提供了智能生态市场功能，用户可以在智能生态市场中快速获取业务解决方案或模型算法，进行相关业务与技术的高效对接。

【学习与思考】

1. 什么是机器学习？机器学习有哪些类型？
2. 常用的机器学习的算法有哪些，其核心思想是什么？
3. 常用的机器学习的工具有哪些？

◎ 延伸阅读

机器学习在生活中的有趣应用

人工智能现在已经变得无处不在了，生活中有很多关于它的应用，可能你正在以某种方式使用它，但你却不知道它。

1. 交通预测

生活中，我们经常在使用 GPS 导航服务，在使用 GPS 时，我们当前的位置和速度被保存在一个中央服务器上，用于管理流量，然后使用这些数据构建当前流量的地图。这虽然有助于防止交通堵塞，并进行拥堵分析，但问题在于配备 GPS 的汽车数量较少。所以在这种情况下，机器学习可以有助于根据日常经验估计可能出现拥塞的区域，如图 3-15 所示。

图 3-15 智能交通预测

2. 视频监控

现在的视频监控系统是由人工智能驱动的，它可以在犯罪事件发生之前检测出来。它们会跟踪人们的不寻常行为，比如：长时间不动地站着、绊倒或在长椅上打盹等。这样，系统就可以向警务人员发出警报，从而极大可能地避免事故的发生。此外，当这些活动被报告并统计为真实时，它们将有助于改善监测服务，这些都离不开机器学习在后端的支持。

3. 社交媒体服务

从个性化的新闻订阅到更好的广告定位，社交媒体平台都在利用机器学习为自己和用户带来好处。

（1）你可能认识的人：机器学习的核心概念是用经验去理解。我们常用的社交软件，像腾讯QQ，它会不断地注意到你所联系的朋友、你经常访问的个人资料、你的兴趣、工作场所或与他人分享的群等。在不断学习的基础上，向你建议可能会成为你的朋友的人。

（2）面部识别：你上传一张你和朋友的照片，像 Facebook 会立即识别出你的朋友，如图 3-16 所示。Facebook 会检查图片中的姿势和投影，注意这些独特的功能，然后将它们与好友列表中的人进行匹配。

图 3-16　面部识别

4. 垃圾邮件过滤软件

电子邮件客户端使用了许多垃圾邮件过滤的方法。为了确定这些垃圾邮件过滤器是不断更新的，它们使用了大量的机器学习算法，因为基于规则的垃圾邮件过滤完成后，它无法跟踪垃圾邮件发送者采用的最新技巧。多层感知器、C4.5 决策树等一些垃圾邮件过滤技术，均是由机器提供的支持。

第4章 人工神经网络与深度学习

◎ 案例导读

有 AI 的地方，就有神经网络

案例一：苹果解密：如何在手机上用深度神经网络进行人脸识别

苹果首次将深度学习应用于人脸识别是在 iOS 10 系统上。通过 Vision 框架，开发者现在可以在 App 中将该技术与其他计算机视觉算法进行整合。

苹果首次公开发布人脸检测 API（见图 4-1），这个 API 也用在"照片"等苹果的 App 中。CIDetector（是 Core Image 框架中提供的一个识别类）最早使用了基于 Viola-Jones 检测的算法。

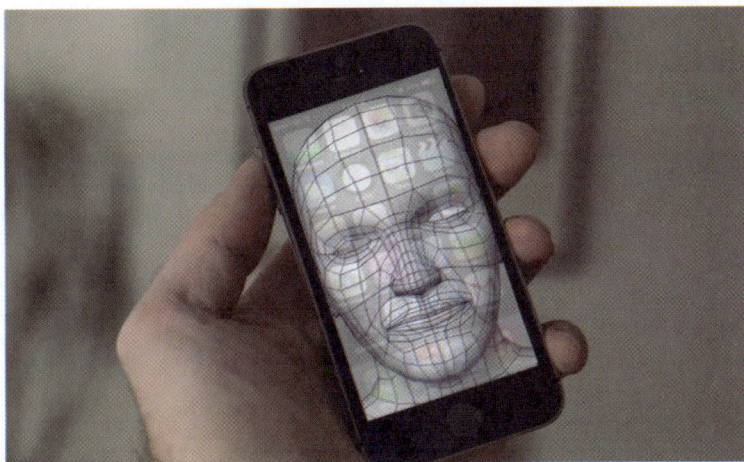

图 4-1　苹果手机人脸识别系统

随着深度学习的出现及在计算机视觉问题中的应用，现在最好的人脸检测精度也产生了巨大的飞跃。与传统的计算机视觉相比，深度学习的模型需要更多的内存、存储空间和计算资源。

当下典型的高端智能手机并不是运行深度学习视觉模型的一个可行平台。业界的绝大多数解决方案是深度学习云端 API，在这些方案中，图像被发送到云端的服务器，并借助深度学习推理完成人脸的分析和检测。云服务通常使用内存巨大的桌面级 GPU。非常大型的模型及其集成能够运行在云服务器端，从而客户端（移动手机）也具备了在本地端不可能实现的深度学习能力。

苹果的 iCloud Photo 库是一个专为图片和视频存储设计的云解决方案。然而由于苹果对用户隐私的保护，我们无法使用 iCloud 服务器进行计算机视觉计算。每个图片和视频加密之后，才会发送到 iCloud Photo 库进行存储，并且只能通过已注册 iCloud 账户的设备进行解密。因此，为让用户体验到基于深度学习的计算机视觉解决方案，我们选择迎难而上，使深度学习算法运行在 iPhone 上。

案例二　深度神经网络的应用：帮助人们更好地识别声音

随着科技的发展，人工智能、神经网络等技术在目前的科技发展中越来越成熟，不少场景开始应用。然而对于一些听力有障碍的人来说，在一些嘈杂的环境下很难分辨声音。但是随着深度神经网络的发展，这个问题可能很快会成为历史。一般来说，听力正常的人在嘈杂的环境下也能很好地分辨出声音，然而对于听力受损的人来说，想要在这种环境下分辨声音是十分困难的，所以很多人都会借助助听器来辅助听声。然而目前助听器在一般声音处理上还不算成熟。

然而新的深度神经网络技术有助于提升助听器的收听效果，它能够在未知的环境下让助听器展现出其作用，目前该算法的适用性要比我们目前看到的技术强很多，可以解决日常生活中复杂的声音环境。这种算法成功的关键在于它能够从数据中学习，然后构建能够代表复杂聆听情景的强大统计模型。目前该项目已经处理了两个不同的倾听场景。内置的算法帮助助听器来降低噪音，如图 4-2 所示，研究人员称这个算法的方法为"深度学习"，属于机器学习类别，更具体地说，这是一种深度神经网络技术，通过它对在现实生活中遇到的信号进行训练并反馈给相应的机器。

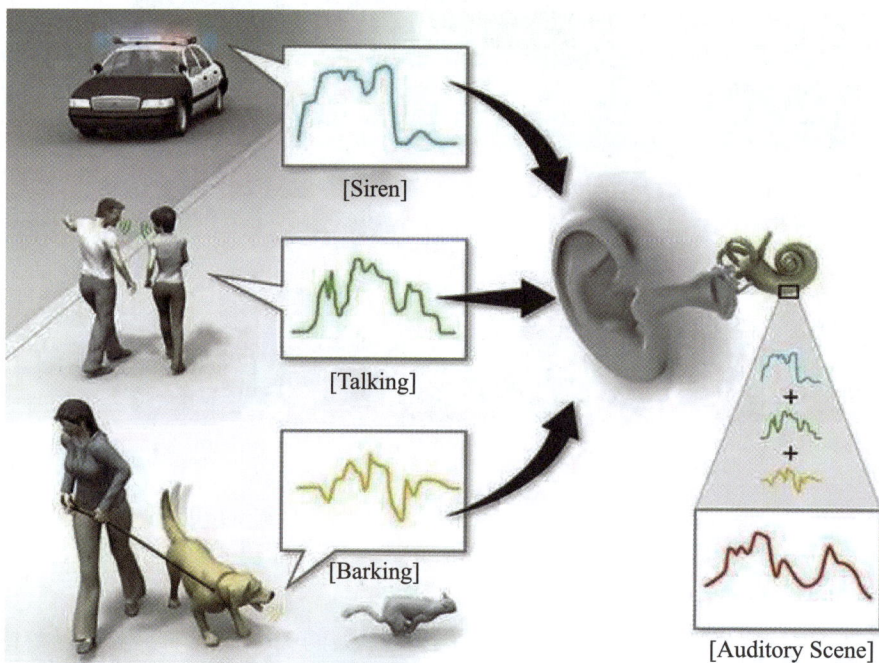

图 4-2　深度学习应用于助听器

例如，如果我们处在嘈杂的环境当中，你可以先在嘈杂的环境下为算法提供一个语音示例，并在没有任何噪声的情况下提供一个语音。这样算法就可以学习如何处理噪声来获取更清晰的语音信号。研究人员通过成千上万的噪音示例来让它学习如何在现实环境下处理指定的语音。深度学习的效果来源于其层次结构，能够通过逐层处理将嘈杂或混合的语音信号转换为分离的声音，目前深度学习的广泛使用主要有三个因素：增加计算能力、增加训练算法的大数据量及训练深度神经网络的新方法。

作为新型的助听器，其实是由两部分组成的，一种是特定的开发算法，另外一种就是人类使用的助听器。目前在这方面的挑战主要是：第一，虽然挂在人耳目上的助听器空间十分狭小，但要集成具有强大运算能力和存储容量的硬件，安装具有分析处理能力的软件，这的确十分具有挑战性；第二，目前该算法就算可以将几个未知的声音分辨开，但是它没有办法选择哪一种声音提供给助听器用户。因此目前需要解决的迫切问题，就是通过智能的识别算法来将用户想要的声音回馈给他。

案件三　奥迪：自动驾驶的成功关键是深度学习

德国奥迪于 2015 年 1 月，利用以 "A7" 为原型的试制车开展验证实验（见图 4-3），从硅谷自动驾驶至拉斯维加斯。该公司表示，在此次自动驾驶验证实验中，利用深度学习技术的形状识别能力十分有效。汽车要想自动驾驶，就必须具备与人类一样的形状识别能力，从而掌握周围的情况。据介绍，该公司与英伟达（NVIDIA）等供应商合作，开发了可模拟人脑处理新信息方法的车载计算机。

图 4-3　奥迪自动驾驶展示

汽车通过深度学习提高形状识别能力的处理过程与婴儿的学习相似。婴儿通过身边的人经常传授来学习其感知到的物体的颜色、形状及名称等。作为物体边缘的脊线对于识别物体的不同形状及具有意义的形状是十分重要的。比如，消防车虽然采用红色的特定颜色，但婴儿不会感觉出卡车与消防车有什么区别。而进入幼儿期后，随着对卡车种类的学习，孩子就能区别这些车辆了。

机器学习采取与上述情况相似的方法。统管驾驶辅助系统的中央控制单元 "zFAS" 使用摄像头拍摄的影像来分析被输入影像的全部的帧，根据脊线来检测形状，这与人类通过眼睛将图像送至脑中一样。在确认该形状为物体（对象物）后，接下来就会学习该对象物是什么物体。当检测出眼、鼻、口等对象物时，便可识别出是面部。然后将利用上述方法识别出的物体保存到数据库中，并通过反复这一操作来进一步提高识别能力。

这样，行驶过的距离就成为了汽车的学习量，每行驶一次就会变得更聪明。要想实现自动驾驶，就必须要有 TB 以上级别的数据。另外，要想对 30 帧 / 秒拍摄的影像的所有帧进行分析，由此掌握情况，还必须进行非常高速的处理。

当出现容易导致事故的危险时，系统就会掌握情况，发出与该情况相应的指令，直至车辆做出躲避动作，瞬间完成这一系列的操作。为了快速识别危险，并没有多余的时间去访问云端的数据库。识别危险的能力必须要嵌入车辆本身，这正是深度学习的最重要的目的之一。

案例四 计算机视觉与医疗领域

毫不夸张地说，深度学习在计算机视觉领域（CV）的成就是令人惊喜的，如图 4-4 所示。CV 主要研究图像和视频理解，处理目标分类、检测和分割等任务，这些在判断病人射线照片中是否包含恶性肿瘤时非常有用。卷积神经网络（CNN）可以用来处理具备空间不变性的数据，也因此成为该领域的重要技术。

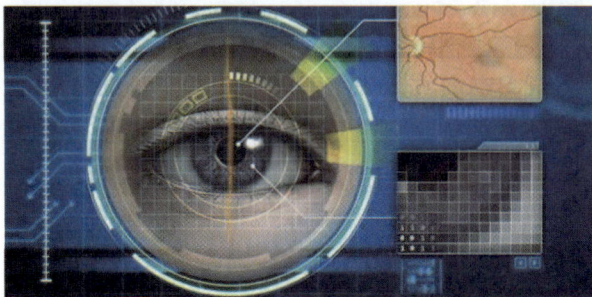

图 4-4 深度学习应用于计算机视觉

拿医疗成像来说，它从图像分类和目标检测的进展中受益良多。很多研究在皮肤科、放射科、眼科、病理科的复杂诊断中取得了不错的结果。

深度学习方法在大量诊断任务上取代了医生级别的准确率，包括识别黑痣和黑色素瘤，从眼底图像和光学相干断层扫描（OCT）图像中检测糖尿病性视网膜病变、判断心血管风险，提供转诊建议，以及从乳房 X 光片中检测乳腺病变、使用核磁共振成像进行脊柱分析。甚至有研究证明单个深度学习模型在多个医疗模态中都很有效（如放射科和眼科）。

【查阅与思考】

1. 通过查询资料，了解神经网络及深度学习在当前及未来生活中的应用。
2. 神经网络及深度学习跟人脑有关系吗？

4.1 神经网络的发展概况

神经网络这个词在几年前可能大家还会比较陌生，不过自从 2016 年 3 月 AlphaGo 以 4:1 大胜人类顶级棋手李世石之后，很多人就知道了神经网络这个概念。再加上 2017 年初 AlphaGo 以 "Master" 的身份横扫围棋界几十位一流高手，取得 60 连胜，更是使得人工智能、深度学习、神经网络这些词汇被大家所熟知。那么什么是神经网络呢？

简单地说，神经网络就是模仿人体神经网络创建的一种网络架构。我们的大脑内部就有很多神经，我们对这个世界的认知就是依靠神经元的相互作用。我们看到一张照片能分辨出照片中的物体是狗还是猫，看到一段文字能理解文字表达的意思，这都是大脑的神经元在发生作用。

模拟人脑中信息存储和处理的基本单元——神经元而组成的人工神经网络模型具有自学习与自组织等智能行为，能够使机器具有一定程度上的智能水平。在几十年的发展历程中，神经网络学说历经质疑、批判与冷落，同时也几度繁荣并取得了许多令人瞩目的成就。从 20 世纪 40 年代的 MP 神经元和 Hebb 学习规则，到 20 世纪 50 年代的感知机（Perceptron）兴起，比如 HodykinHuxley 方程感知器模型与自适应滤波器，再到 20 世纪 60 年代，由于各种预言的失败，研究经费被大量削减甚至取消，人工智能进入被称为"AI Winter"的人工智能之冬。直到 20 世纪 80 年代，Hopfield 神经网络、Kohonen 神经网络等的出现，特别是 BP 网络及算法的提出，将神经网络推向第二次发展高潮。在此之后，支持向量机 SVM 的应用、双路径网络 DPN 的设计，特别是借助现代计算机计算能力的提升，卷积神经网络 CNN 将神经网络推向第三次发展高潮。目前模拟人脑复杂的层次化认知特点的深度学习已经成为类脑智能中的一个重要研究方向。通过增加网络层数所构造的"深层神经网络"使机器能够获得"抽象概念"能力，在诸多领域都取得了巨大的成功，又掀起了神经网络研究和应用的一个新高潮。人工神经网络的发展过程如图 4-5 所示。

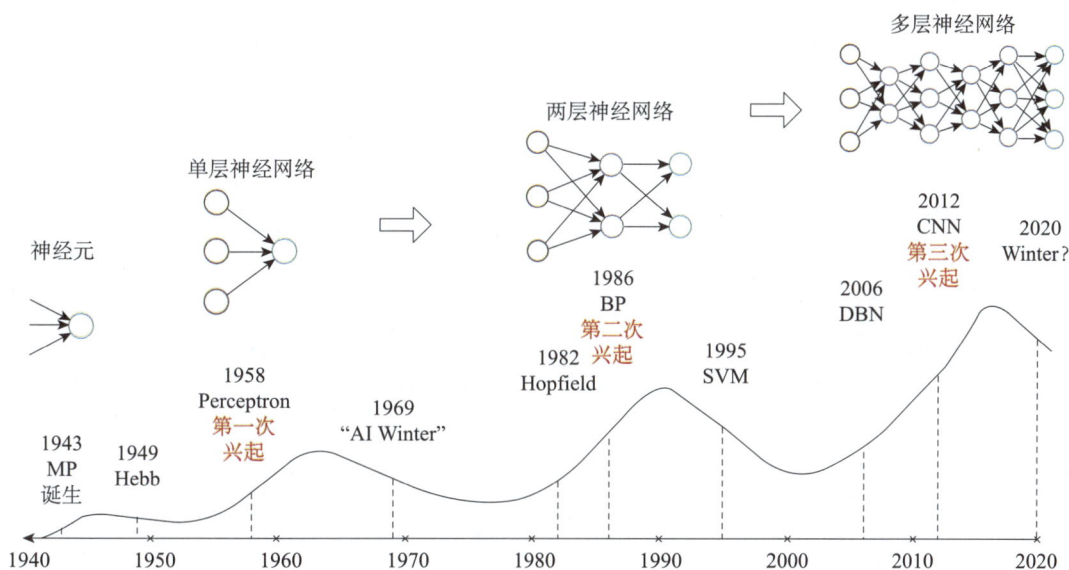

图 4-5　人工神经网络的发展过程（来源：简书）

4.2　神经元

4.2.1　生物神经元结构

人脑大约由 140 亿个神经元组成，神经元互相连接构成神经网络。

神经元是大脑处理信息的基本单元，以细胞体为主体，由许多向周围延伸的不规则树枝状纤维构成的神经细胞，其形状很像一棵枯树的枝干。它主要由细胞体、树突、轴突和突触

（Synapse，又称神经键）组成。

从神经元各组成部分的功能来看，信息的处理与传递主要发生在突触附近，如图4-6所示。当神经元细胞体通过轴突传到突触前膜的脉冲幅度达到一定强度时释放出化学递质，作用于下一级神经元的树突，树突受到递质作用后产生电信号，从而实现了神经元间的信息传递。一个神经元可以通过轴突作用于成千上万个神经元，也可以通过树突从成千上万个神经元中接收信息。

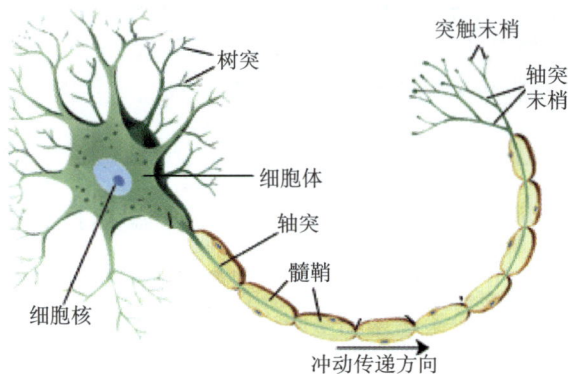

图4-6　人工神经网络的发展过程

4.2.2　人工神经元

在人工神经网络中，拥有数量非常多的神经元，它们之间相连组成神经网络，并且神经元之间都有连接权值，称为权重，用于模仿人脑中"记忆"机制，神经网络中的每一个节点都代表着一种特定的输出，称为"激励函数"，如图4-7所示。

神经元模型的三要素为：

（1）突触或连接，一般用 w_{ij}，表示神经元和神经元之间的连接强度，常称为权值。

（2）反映生物神经元时空整合功能的输入信号累加器。

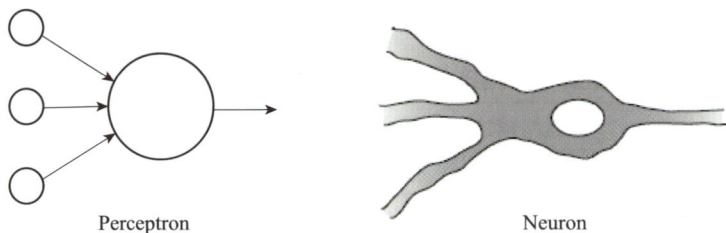

图4-7　一个人工神经元（感知器）和一个生物神经元示意图

（3）一个激活函数用于限制神经元输出，可以是阶梯函数、线性或者是指数形式的函数（Sigmoid函数）等，如图4-8所示。

图4-9所示的是神经元的基本模型，图4-10是多层人工神经网络模型示意图，其中 $x_1,x_2,\cdots,x_n$ 为输入信号，对应于生物神经元的树突输入，其他神经元的轴突输出；u_i 为神经元的内部状态；θ_i 为阈值；w_{ij} 为神经元 i 和神经元 j 的连接权值，其正负分别表示兴奋和抑制；$f(\bullet)$ 为激活函数，也称变换函数或传递函数；y_i 为输出。这个模型可以描述为：

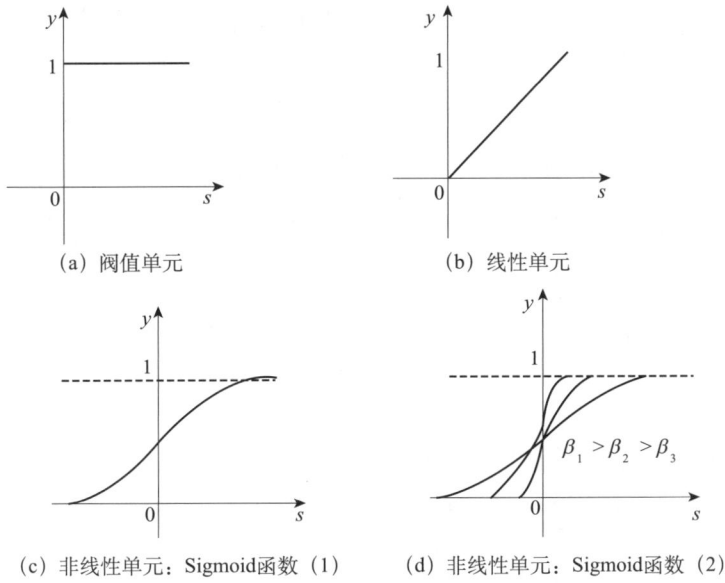

(a) 阀值单元　　　　　　　　　　　(b) 线性单元

(c) 非线性单元：Sigmoid函数（1）　　（d) 非线性单元：Sigmoid函数（2）

图 4-8　激活函数

$$s_i = \sum_{j=1}^{n-1} w_{ij} x_j - \theta_i$$
$$u_i = g(s_i)$$
$$y_i = f(u_i)$$

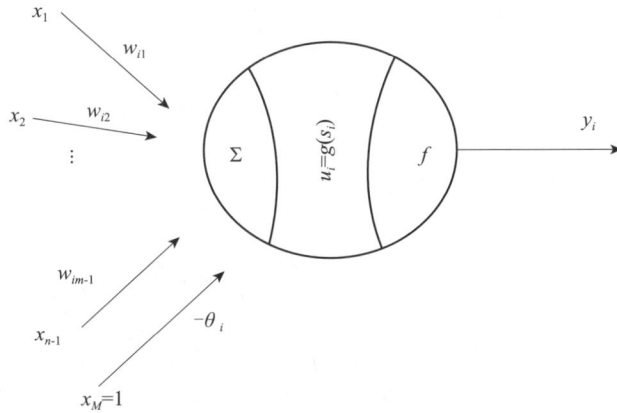

图 4-9　神经元的基本模型

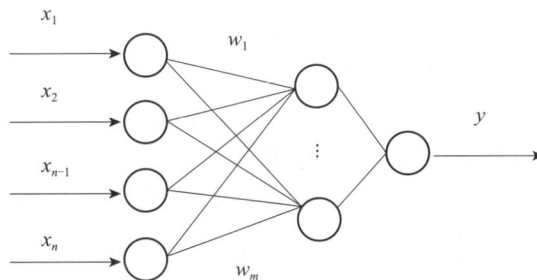

图 4-10　多层人工神经网络模型示意图

4.3 人工神经网络

人工神经网络（Artificial Neural Network，ANN）是目前国际上一门发展迅速的前沿交叉学科。为了模拟大脑的基本特性，在现代神经科学研究的基础上，人们提出了人工神经网络的模型。人工神经网络是在对人脑组织结构和运行机智的认识理解基础之上模拟其结构和智能行为的一种工程系统。

神经网络在两个方面与人脑相似：

（1）人工神经网络获取的知识是从外界环境中学习得来的。

（2）互连神经元的连接强度，即突触权值，用于存储获取的信息。它既是高度非线性动力学系统，又是自适应组织系统，可用来描述认知、决策及控制的智能行为。神经网络理论是巨量信息并行处理和大规模并行计算的基础。

4.3.1 人工神经网络的基本特征

人工神经网络具有如下基本特征。

（1）并行分布处理：人工神经网络具有高度的并行结构和并行处理能力。这特别适于实时控制和动态控制。各组成部分同时参与运算，单个神经元的运算速度不快，但总体的处理速度极快。

（2）非线性映射：人工神经网络具有固有的非线性特性，这源于其近似任意非线性映射（变换）能力。只有当神经元对所有输入信号的综合处理结果超过某一门限值后才输出一个信号。因此人工神经网络是一种具有高度非线性的超大规模连续时间动力学系统。

（3）信息处理和信息存储的集成：在神经网络中，知识与信息都等势分布储存于网络内的各神经元，它分散地表示和存储于整个网络内的各神经元及其连线上，表现为神经元之间分布式的物理联系。作为神经元间连接键的突触，既是信号转换站，又是信息存储器。每个神经元及其连线只表示一部分信息，而不是一个完整具体概念。信息处理的结果反映在突触连接强度的变化上，神经网络只要求部分条件，甚至有节点断裂也不影响信息的完整性，具有鲁棒性（即健壮性）和容错性。

（4）具有联想存储功能：人的大脑是具有联想功能的。比如有人和你提起内蒙古，你就会联想起蓝天、白云和大草原。用人工神经网络的反馈网络就可以实现这种联想。神经网络能接收和处理模拟的、混沌的、模糊的和随机的信息。在处理自然语言理解、图像模式识别、景物理解、不完整信息的处理、智能机器人控制等方面具有优势。

（5）具有自组织自学习能力：人工神经网络可以根据外界环境输入信息，改变突触连接强度，重新安排神经元的相互关系，从而达到自适应于环境变化的目的。

（6）软件硬件的实现：人工神经网络不仅能够通过硬件而且可借助软件实现并行处理。近年来，一些超大规模集成电路的硬件实现已经问世，而且可从市场上买到，这使得神经网络具有快速和大规模处理能力的实现网络。许多软件都提供人工神经网络的工具箱（或软件包），如 Matlab、Scilab、R、SAS 等。

4.3.2　几种典型的人工神经网络模型

1. 反向传播（BP）神经网络

BP 网络是一种有监督的前馈运行的人工神经网络。它由输入层、隐含层、输出层及各层之间的节点的连接权所组成，这个学习过程的算法由信息的正向传播和误差的反向传播构成。在正向传播过程中，输入信息从输入层经隐含层逐层处理，并传向输出层，每一层神经元只影响下一层神经元的输出。如果不能在输出层得到期望的输出，则转入反向传播，运用链数求导法则将连接权关于误差函数的导数沿原来的连接通路返回，通过修改各层的权值使得误差函数减小。

2. Hopfield 神经网络

基本的 Hopfield 神经网络是一个由非线性元件构成的全连接型单层反馈系统。网络中的每一个神经元都将自己的输出通过连接权传送给所有其他神经元，同时又都接收所有其他神经元传递过来的信息。所以 Hopfield 神经网络是一个反馈型的网络。其状态变化可以用差分方程来表征。反馈型网络的一个重要特点就是它具有稳定状态。当网络达到稳定状态的时候，也就是它的能量函数达到最小的时候。能量函数是表征网络状态的变化趋势，并可以依据 Hopfield 工作运行规则不断进行状态变化，最终能够达到的某个极小值的目标函数。网络收敛就是指能量函数达到极小值。如果把一个最优化问题的目标函数转换成网络的能量函数，把问题的变量对应于网络的状态，那么 Hopfield 神经网络就能够用于解决优化组合问题。

Hopfield 工作时其各个神经元的连接权值是固定的，更新的只是神经元的输出状态。Hopfield 神经网络的运行规则为：首先从网络中随机选取一个神经元 u_i 进行加权求和，计算 u_i 的第 $t+1$ 时刻的输出值。除 u_i 以外的所有神经元的输出值保持不变，返回至第一步进行计算，直至网络进入稳定状态。

Hopfield 神经网络的能量函数是朝着梯度减小的方向变化的，但它仍然存在一个问题，那就是一旦能量函数陷入到局部极小值，它将不能自动跳出局部极小点而到达全局最小点，因而无法求得网络最优解，这可以通过模拟退火算法或遗传算法得以解决。

3. 随机型的神经网络

随机型的神经网络为求解全局最优解提供了有效的算法。模拟退火算法（Simulated Annealing）的思想最早是由 Metropolis 等人于 1953 年提出的。但把它用于组合优化和 VLSI 设计的则是在 1983 年由 S. Kirkpatrick 等人和 V. Cemy 分别提出的。模拟退火算法将组合优化问题与统计力学中的热平衡问题类比，开辟了求解组合优化问题的新途径。Boltzmann 机（Boltzmann Ma chine）模型采用模拟退火算法，使网络能够摆脱能量局部极小的束缚，最终达到期望的能量全局最小状态。但是这需要以花费较长时间的代价来得到。为了改善 Boltzmann 机求解速度慢的不足，最后出来的 Gaussion 机模型不但具备 HNN 模型的快速收敛特性，而且具有 Boltzmann 的"爬山"能力。Gaussion 机模型采用模拟退火算法和锐化技术，使之能够有效地求解优化及满足约束问题。

4. 自组织神经网络

神经网络在接收外界输入时，将会分成不同的区域，不同的区域对不同的模式具有不同的响应特征，即不同的神经元以最佳方式响应不同性质的信号激励，从而形成一种拓扑意义上的有序图。这种有序图也称为特征图，它实际上是一种非线性映射关系，它将信号空间中各模式的拓扑关系几乎不变地反映在这张图上，即各神经元的输出响应上。由于这种映射是通过无监督的自适应过程完成的，所以也称它为自组织神经网络。

自组织神经网络是以神经元自行组织以校正各种具体模式的概念为基础的，能够形成簇与簇之间的连续映射，起到矢量量化器的作用。在这种网络中，输出节点与其邻域其他节点广泛相连，并相互激励。输入节点和输出节点之间通过强度 $w_{ij}(t)$ 相连接。通过某种规则，不断地调整 $w_{ij}(t)$，使得在稳定时，每一邻域的所有节点对某种输入具有类似的输出，并且该聚类的概率分布与输入模式的概率分布相接近。

4.3.3　人工神经网络的发展方向

1. 人工神经网络模型的研究

利用神经生理与认知科学研究人类思维和智能机理，利用神经基础理论的研究成果，用数理方法探索功能更加完善、性能更加优越的神经网络模型，深入研究神经网络算法和性能。如：稳定性、收敛性、容错性、鲁棒性等；开发新的神经网络数理理论，如：神经网络动力学、非线性神经场等。

2. 人工神经计算和进化计算

要把基于链接主义的神经网络理论、基于符号主义的人工智能专家系统理论和基于进化论的人工生命这 3 大研究领域，自发而有机地结合起来，建立神经计算和进化计算的数学理论基础。"并行分布处理（PDP）"具有自学习、自适应和自组织的特点，这是一种提高计算性能的有效途径，是神经网络迫切需要增强的主要功能，必须加以重视，同时，还应寻找其他有效方法，建立具有计算复杂性、网络容错性和坚韧性的计算理论。进一步研究调节多层感知器的算法，使建立的模型和学习算法成为适应性神经网络的有力工具，构建多层感知器与自组织特征图级联想的复合网络，是增强网络解决实际问题能力的一个有效途径，重视链接的可编程性和通用性问题的研究，从而促进智能科学的发展。

3. 神经网络计算机的实现

神经网络结构和神经元芯片的作用将不断扩大。神经网络结构的研究是神经网络的实现及成功实现应用的前提，它体现了算法和结构的统一，是硬件和软件的混合体，未来的研究主要针对信息处理功能体，将系统、结构、电路、器件和材料等方面的知识有机地结合起来，构建有关的新概念和新技术，在硬件实现上，研究材料的结构和组织，使其具有自然地进行信息处理的能力。

4.3.4　人工神经网络的应用

人工神经网络经过多年的发展，应用研究也取得了突破性进展，范围正在不断扩大，其应用领域几乎包括各个方面。半个世纪以来，这门学科的理论和技术基础已达到了一定规模，就应用的技术领域而言有计算机视觉；语言的识别、理解与合成；优化计算；智能控制及复杂系统分析；模式识别；神经计算机研制；知识推理专家系统、人工智能等。涉及的学科有神经生理学、认识科学、数理科学、心理学、信息科学、计算机科学、微电子学、光学、动力学、生物电子学等。

下面介绍神经网络在一些领域中的应用现状。

1. 信息处理

在处理的许多问题中，信息来源既不完整，又包含假象，决策规则有时相互矛盾，有时无章可循，这给传统的信息处理方式带来了很大的困难，而神经网络却能很好地处理这些问题，并给出合理的识别与判断。

人工神经网络具有模仿或代替与人的思维有关的功能，可以实现自动诊断、问题求解，解决传统方法所不能或难以解决的问题。人工神经网络系统具有很高的容错性、鲁棒性及自组织性，即使连接线遭到很大程度的破坏，它仍能处在优化工作状态，这点在军事系统电子设备中得到广泛的应用。现有的智能信息系统有智能仪器、自动跟踪监测仪器系统、自动控制制导系统、自动故障诊断和报警系统等。

2. 模式识别

模式识别是通过对表征事物或现象的各种形式的信息进行处理和分析，来对事物或现象进行描述、辨认、分类和解释的过程。该技术以贝叶斯概率论和申农的信息论为理论基础，对信息的处理过程更接近于人类大脑的逻辑思维过程。现在有两种基本的模式识别方法，即统计模式识别方法和结构模式识别方法。人工神经网络是模式识别中的常用方法，近年发展起来的人工神经网络模式的识别方法逐渐取代传统的模式识别方法。经过多年的研究和发展，模式识别已成为当前比较先进的技术，被广泛应用到文字识别、语音识别、指纹识别、遥感图像识别、人脸识别、手写体字符的识别、工业故障检测、精确制导等方面。

3. 医学应用

由于人体和疾病的复杂性和不可预测性，在生物信号与信息的表现形式和变化规律（自身变化与医学干预后的变化）上，对其进行检测与信号表达，获取的数据及信息的分析、决策等诸多方面都存在非常复杂的非线性联系，适合人工神经网络的应用。目前的研究几乎涉及从基础医学到临床医学的各个方面，主要应用在生物信号的检测与自动分析、医学专家系统等。

传统的专家系统，是把专家的经验和知识以规则的形式存储在计算机中，建立知识库，用逻辑推理的方式进行医疗诊断。但是在实际应用中，随着数据库规模的增大，将导致知识"爆炸"，在知识获取途径中也存在"瓶颈"问题，致使工作效率很低。以非线性并行处理为基础的神经网络为专家系统的研究指明了新的发展方向，解决了专家系统中存在的问题，并提高了知识的推理、自组织、自学习能力，从而神经网络在医学专家系统中得到广泛的应用和发展。

在麻醉与危重医学等相关领域的研究中，涉及到多生理变量的分析与预测，在临床数据中存在着一些尚未发现或无确切证据的关系与现象、信号的处理、干扰信号的自动区分检测、各种临床状况的预测等，都可以应用到人工神经网络技术。

4. 市场价格预测

对商品价格变动的分析，可归结为对影响市场供求关系的诸多因素的综合分析。传统的统计经济学方法因其固有的局限性，难以对价格变动做出科学的预测，而人工神经网络容易处理不完整的、模糊不确定或规律性不明显的数据，所以用人工神经网络进行价格预测是有着传统方法无法比拟的优势。从市场价格的确定机制出发，依据影响商品价格的家庭户数、人均可支配收入、贷款利率、城市化水平等复杂、多变的因素，建立较为准确可靠的模型。该模型可以对商品价格的变动趋势进行科学预测，并得到准确客观的评价结果。

5. 心理学领域的应用

从神经网络模型的形成开始，它就与心理学有着密不可分的联系。神经网络抽象于神经元的信息处理功能，神经网络的训练则反映了感觉、记忆、学习等认知过程。人们通过不断的研究，变化着人工神经网络的结构模型和学习规则，从不同角度探讨神经网络的认知功能，为其在心理学的研究中奠定了坚实的基础。近年来，人工神经网络模型已经成为探讨社会认知、记忆、学习等高级心理过程机制的不可或缺的工具。人工神经网络模型还可以对脑损伤病人的认知缺陷进行研究，从而对传统的认知定位机制提出了挑战。

虽然人工神经网络已经取得了一定的进步，但是还存在许多缺陷，例如，应用的面不够宽阔、结果不够精确；现有模型算法的训练速度不够快；算法的集成度不够高。我们希望在理论上寻找新的突破点，建立新的通用模型和算法。因此，需进一步对生物神经元系统进行研究，不断丰富人们对人脑神经的认识。

4.4 深度学习

4.4.1 深度学习的定义

深度学习（Deep Learning）的概念并不新鲜，它已经存在好几年了。但是现在随着不断的商业炒作，深度学习越来越受到关注。我们先来了解深度学习的定义：深度学习是机器学习的一种，而机器学习是实现人工智能的必经路径。深度学习的概念源于人工神经网络的研究，含有多个隐藏层的多层感知器就是一种深度学习结构。深度学习通过组合低层特征形成更加抽象的高层表示属性类别或特征，以发现数据的分布式特征表示。研究深度学习的动机在于建立模拟人脑进行分析学习的神经网络，它模仿人脑的机制来解释数据，例如，图像、声音和文本等。

深度学习可以理解为"深度"和"学习"这两个名词的组合。"深度"体现在神经网络的层数上，一般来说，神经网络的层数越多，也就是越深，则学习效果越好；"学习"体现为神经网络可以通过不断地灌溉数据来自动校正权重偏置等参数，以拟合更好的学习效果。

深度学习的概念源于人工神经网络的研究。含有多个隐藏层的多层感知器就是一种深度学习结构。深度学习通过组合底层特征形成更加抽象的高层表示属性类别或特征，以发现数据的分布式特征表示。深度学习的概念由杰弗里·希尔顿等人于 2006 年提出。基于深度置信网络（Deep Belief Network，DBN）提出非监督贪心逐层训练算法，为解决深层结构相关的优化难题带来希望，随后提出多层自动编码器深层结构。此外 LeCun 等人提出的卷积神经网络也是第一个真正多层结构学习算法，它利用空间相对关系来减少参数数目以提高训练性能。

一般来说，典型的深度学习模型是指具有"多隐层"的神经网络，这里的"多隐层"代表有三个以上的隐藏层，深度学习模型通常有八九层甚至更多隐藏层。隐藏层多了，相应的神经元连接权、阈值等参数就会更多。这意味着深度学习模型可以自动提取很多复杂的特征。过去在设计复杂模型时会遇到训练效率低，易陷入过拟合的问题，但随着云计算、大数据时代的到来，海量的训练数据配合逐层预训练和误差逆传播微调的方法，让模型训练效率大幅提高，同时降低了过拟合的风险。相比而言，传统的机器学习算法很难对原始数据进行处理，通常需要人为地从原始数据中提取特征。这需要系统设计者对原始的数据有相当专业的认识。在获得了比较好的特征表示后就需要设计一个对应的分类器，使用相应的特征对问题进行分类。而深度学习是一种自动提取特征的学习算法，通过多层次的非线性变换，它可以将初始的"底层"特征表示转化为"高层"特征表示，之后用"简单模型"即可完成复杂的分类学习任务。深度神经网络示意图如图 4-11 所示。

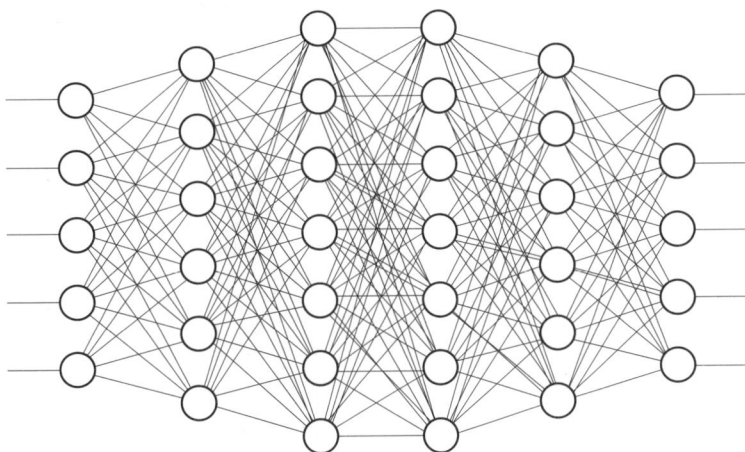

图 4-11　深度神经网络示意图

所以总结一下，深度学习和传统机器学习相比有以下 3 个优点。

（1）高效率：例如，用传统算法去评估一个棋局的优劣，可能需要专业的棋手花大量的时间去研究影响棋局的每一个因素，而且还不一定准确。而利用深度学习技术只要设计好网络框架，就不需要考虑烦琐的特征提取过程了。这也是 DeepMind 公司的 AlphaGo 能够强大到轻松击败专业的人类棋手的原因，它节省了大量的特征提取的时间，使得本来不可行的事情变为可行。

（2）可塑性：在利用传统算法去解决一个问题时，调整模型的代价可能是把代码重新写一遍，这使得改进的成本巨大。深度学习只需要调整参数，就能改变模型。这使得它具有很强的灵活性和成长性，一个程序可以持续改进，然后达到接近完美的程度。

（3）普适性：神经网络是通过学习来解决问题的，可以根据问题自动建立模型，所以能够适用于各种问题，而不是局限于某个固定的问题。

经过多年的发展，深度学习理论中包含了许多不同的深度网络模型，例如，经典的深层神经网络（Deep Neural Network，DNN）、深层置信网络、卷积神经网络（Convolutional Neural Network，CNN）、深层玻尔兹曼机（Deep Boltzmann Machines，DBM）、循环神经网络（Recurrent Neural Network）等，它们都属于人工神经网络。不同结构的网络适用于处理不同的数据类型，其中最出名的是卷积神经网络（CNN），适用于图像处理，循环神经网络适用于语音识别等。下面对卷积神经网络进行具体介绍。

4.4.2　卷积神经网络的结构

这几年深度学习快速发展，在图像识别、语音识别、物体识别等各种场景上取得了巨大的成功，例如，AlphaGo 击败世界围棋冠军，iPhone X 内置了人脸识别解锁功能，等等，很多 AI 产品在世界上引起了很大的轰动。在这场深度学习革命中，卷积神经网络（Convolutional Neural Networks，CNN）是推动这一切爆发的主力，在目前人工智能的发展中有着非常重要的地位。

卷积神经网络是一种前馈神经网络，它的人工神经元可以响应一部分覆盖范围内的周围单元，对于大型图像处理有出色表现。它包括输入层、卷积层、池化层、全连接层及输出层，如图 4-12 所示。

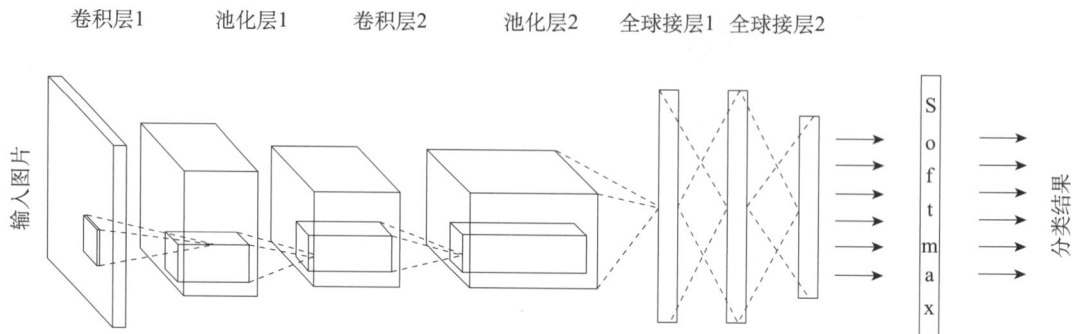

图 4-12　卷积神经网络

1. 输入层

输入层代表整个网络的输入，一般代表了一张图片的像素矩阵。图 4-12 中最左侧三维矩阵代表一张输入的图片，三维矩阵的长、宽代表了图像的大小，而三维矩阵的深度代表了图像的色彩通道（Channel）。黑白图片的深度为 1，RGB 色彩模式下，图片的深度为 3。

2. 卷积层

卷积层是 CNN 中最为重要的部分。与全连接层不同，卷积层中每一个节点的输入只是上一层神经网络中的一小块，这个小块常用的大小有 3×3 或者 5×5。一般来说，通过卷积层处理过的节点矩阵会变得更深。

3. 池化层（Pooling）

池化层不改变三维矩阵的深度，但是可以缩小矩阵的大小。池化操作可以认为是将一张分辨率高的图片转化为分辨率较低的图片。通过池化层，可以进一步缩小最后全连接层中节点的个数，从而达到减少整个神经网络参数的目的。池化层本身没有可以训练的参数。

4. 全连接层

最后一层激活函数使用 Softmax。

经过多轮卷积层和池化层的处理后，在 CNN 的最后一般由 1 到 2 个全连接层来给出最后的分类结果。经过几轮卷积和池化操作，可以认为图像中的信息已经被抽象成了信息含量更高的特征。我们可以将卷积和池化操作看成自动图像提取的过程，在特征提取完成后，仍然需要使用全连接层来完成分类任务。对于多分类问题，最后一层的激活函数可以选择 Softmax，这样我们可以得到样本属于各个类别的概率分布情况。

4.4.3　卷积神经网络的训练过程

卷积神经网络在图像识别中大放异彩，达到了前所未有的准确度，有着广泛的应用。接下来以图像识别为例介绍卷积神经网络的原理。

1. 问题引入

假设给定一张图（可能是字母 X 或者字母 O），通过 CNN 即可识别出它是 X 还是 O，如图 4-13 所示，那它是怎么做到的呢？

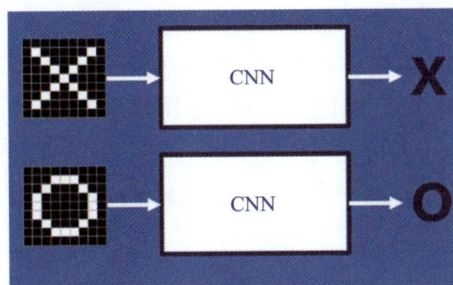

图 4-13　CNN 字符识别

2. 图像输入

如果采用经典的神经网络模型，则需要读取整幅图像作为神经网络模型的输入（即全连接的方式），当图像的尺寸越大时，其连接的参数将变得很多，从而导致计算量非常大。

而我们人类对外界的认知一般是从局部到全局的，先对局部有感知地认识，再逐步对全体进行认知，这是人类的认识模式。图像的空间联系也类似，局部范围内的像素之间联系较为紧密，而距离较远的像素则相关性较弱。因而，每个神经元其实没有必要对全局图像进行感知，只需要对局部进行感知，然后在更高层将局部的信息综合起来就得到了全局的信息。这种模式就是卷积神经网络中降低参数数目的重要神器：局部感受野，如图 4-14 所示。

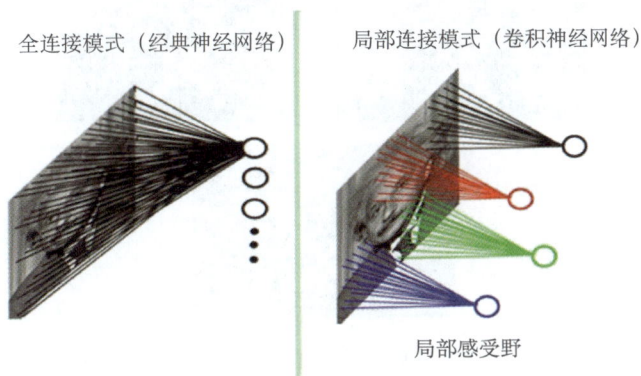

图 4-14　局部感受野

3. 特征提取

如果字母 X 和 O 是固定不变的，那么最简单的方式就是对图像之间的像素一一进行比对就行，但在现实生活中，字体都有着各个形态上的变化（例如，手写文字识别），例如，平移、缩放、旋转、微变形等，如图 4-15 所示。

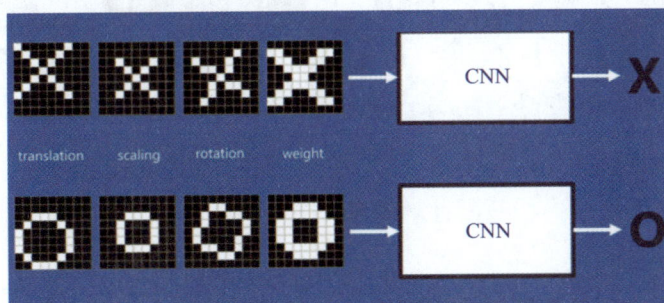

图 4-15　待识别字符的不同形态

我们的目标是对于各种形态变化的 X 和 O，都能通过 CNN 准确地识别出来，这就涉及到应该如何有效地提取特征，并作为识别的关键因子。

回想前面讲到的"局部感受野"模式，对于 CNN 来说，它是一小块一小块地来进行比对的，在两幅图像中大致相同的位置找到一些粗糙的特征（小块图像）进行匹配。相比起传统的整幅图逐一比对的方式，CNN 的这种小块匹配方式能够更好地比较两幅图像之间的相似性，如图 4-16 所示。

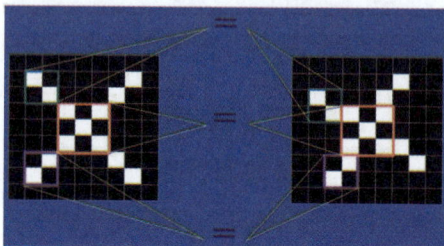

图 4-16　CNN 中图像特征匹配

以字母 X 为例，可以提取出三个重要特征（两个交叉线、一个对角线），如图 4-17 所示。

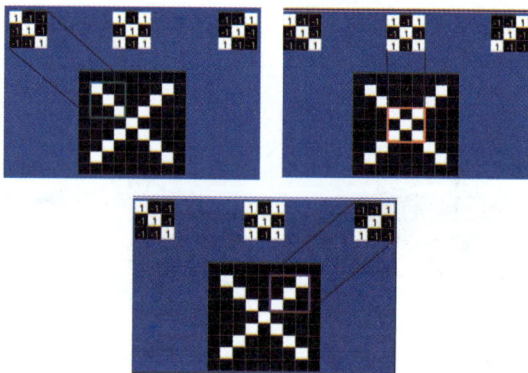

图 4-17　提取特征

假如以像素值"1"代表白色，像素值"–1"代表黑色，则字母 X 的三个重要特征如图 4-18 所示。

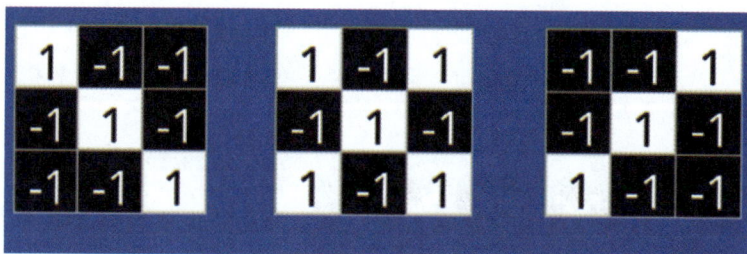

图 4-18　字符 X 的三个重要特征

那么这些特征又是怎么进行匹配计算的呢？

4. 卷积（Convolution）

这时就要请出今天的重要嘉宾：卷积。那什么是卷积呢？

当给定一张新图时，CNN 并不能准确地知道这些特征到底要匹配原图的哪些部分，所以它会在原图中把每一个可能的位置都进行尝试，相当于把这个 Feature（特征）变成了一个过滤器。这个用来匹配的过程就被称为卷积操作，这也是卷积神经网络名字的由来。

卷积的操作如图 4-19 所示。

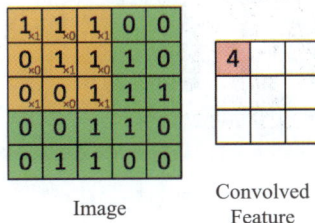

Image　　　Convolved Feature

图 4-19　卷积操作

是不是很像把毛巾沿着对角卷起来，图 4-20 形象地说明了为什么叫"卷"积。

图 4-20　卷毛巾操作

在本案例中，要计算一个 Feature（特征）和其在原图上对应的某一小块的结果，只需将两个小块内对应位置的像素值进行乘法运算，然后将整个小块内乘法运算的结果累加起来，最后再除以小块内像素点总个数即可（注：也可不除以总个数）。

如果两个像素点都为白色（值均为 1），那么 $1 \times 1 = 1$，如果均为黑色，那么 $(-1) \times (-1) = 1$，也就是说，每一对能够匹配上的像素，其相乘的结果均为 1。类似地，任何不匹配的像素相乘结果均为 -1。具体过程如图 4-21 所示（第一个、第二个、…、最后一个像素的匹配结果）。

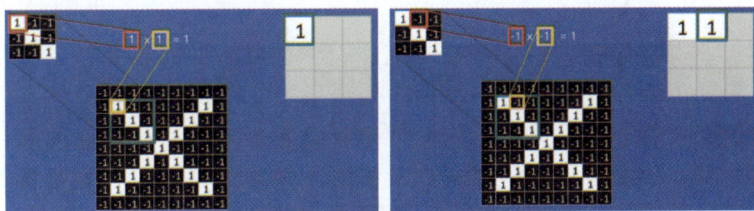

图 4-21　能够匹配上的像素相乘结果为 1

根据卷积的计算方式，第一块特征匹配后的卷积计算如图 4-22 所示，结果为 1。

对于其他位置的匹配，也是类似的。以此类推，对 3 个特征图像不断地重复上述过程，通过每一个 Feature（特征）的卷积操作，会得到一个新的二维数组，称为 Feature Map。其中的值，越接近 1 表示对应位置和 Feature 的匹配越完整，越接近 -1，表示对应位置和 Feature 的反面匹配越完整，而值接近 0 表示对应位置没有任何匹配或者说没有什么关联，如图 4-23 所示。

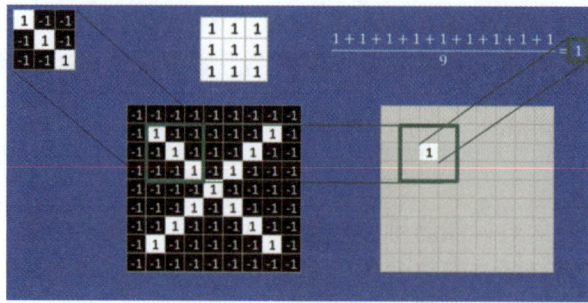

图 4-22　匹配后卷积计算结果

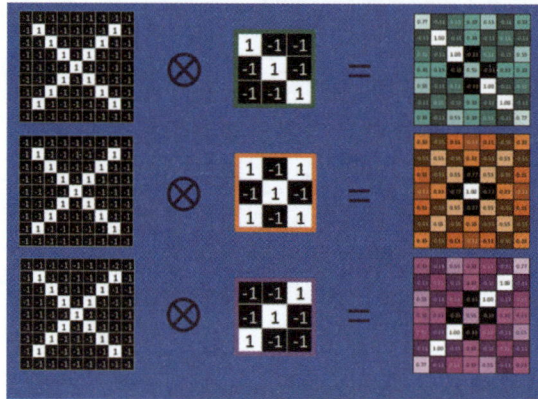

图 4-23　生成 Feature Map

可以看出，当图像尺寸增大时，其内部的加法、乘法和除法操作的次数会增加得很快，每一个 Filter 的大小和数目呈线性增长。由于有这么多因素的影响，很容易使得计算量变得相当庞大。

5. 池化（Pooling）

为了有效地减少计算量，CNN 使用的另一个有效的工具被称为"池化（Pooling）"。池化就是将输入图像进行缩小，减少像素信息，只保留重要信息。

池化的操作也很简单，通常情况下，池化区域的大小为 2×2，然后按一定规则转换成相应的值，例如，取这个池化区域内的最大值（max-pooling）、平均值（mean-pooling）等，以这个值作为结果的像素值。

图 4-24 显示了左上角 2×2 池化区域的 max-pooling 结果，取该区域的最大值 max（0.77，–0.11，–0.11，1.00），作为池化后的结果。

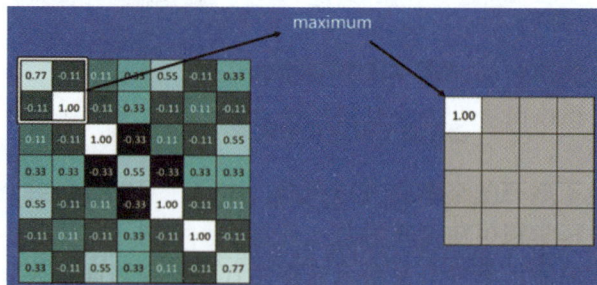

图 4-24　池化处理

池化区域往右，依次处理，最后池化处理结果如图 4-25 所示。

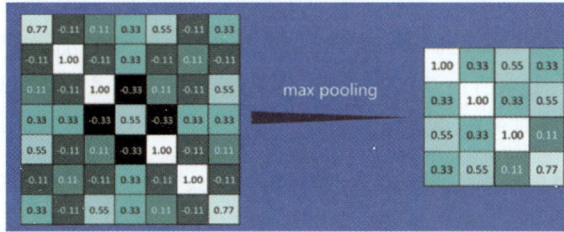

图 4-25　池化处理结果

对所有的 Feature Map 执行同样的操作，结果如图 4-26 所示。

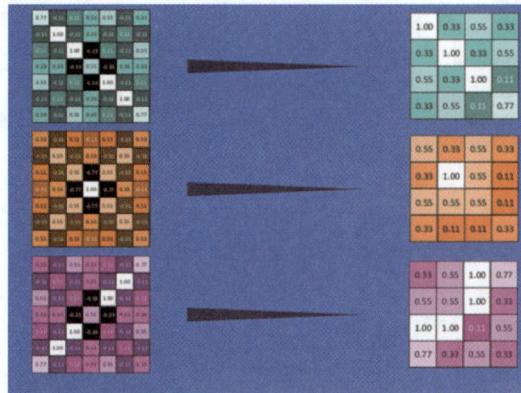

图 4-26　最终池化结果

最大池化（max-pooling）保留了每一小块内的最大值，也就是相当于保留了这一块最佳的匹配结果（因为值越接近 1 表示匹配越好）。也就是说，它不会具体关注窗口内到底是哪一个地方匹配了，而只关注是不是有某个地方匹配上了。通过加入池化层，图像缩小了，能很大程度上减少计算量，降低机器负载。

6. 激活函数 ReLU（Rectified Linear Units）

常用的激活函数有 Sigmoid、Tanh、ReLU 等，前两者 Sigmoid/Tanh 比较常见于全连接层，后者 ReLU 常见于卷积层。

回顾一下感知机，感知机在接收到各个输入后进行求和，再经过激活函数后进行输出，如图 4-27 所示。激活函数的作用是加入非线性因素，把卷积层输出结果做非线性映射。

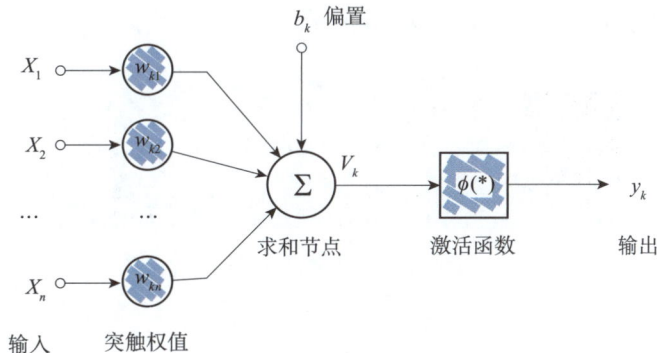

图 4-27　感知器结构图

在卷积神经网络中，激活函数一般使用 ReLU 来修正线性单元，它的特点是收敛快，求梯度简单。计算公式 max(0,T) 也很简单，即对于输入的负值，输出全为 0，对于正值，则原样输出。

下面看一下本案例的 ReLU 激活函数操作过程：第一个值，取 max(0,0.77)，结果为 0.77；第二个值，取 max(0,–0.11)，结果为 0，以此类推，经过 ReLU 激活函数后，第一个 Feature Map 处理结果，如图 4-28 所示。

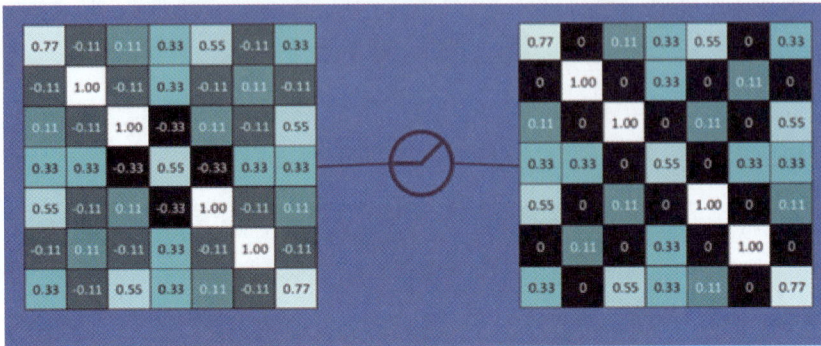

图 4-28　ReLU 激活函数处理结果

对所有的 Feature Map 执行 ReLU 激活函数操作，结果如图 4-29 所示。

图 4-29　所有 feature map 执行 ReLU 激活函数后处理结果

7. 深度神经网络

通过将上面所提到的卷积、激活函数、池化组合在一起，然后加大网络的深度，增加更多的层，就得到了深度神经网络，如图 4-30 所示。

图 4-30　深度神经网络

8. 全连接层（Fully Connected Layers）

全连接层在整个卷积神经网络中起到"分类器"的作用，即通过卷积、激活函数、池化等深度网络后，再经过全连接层对结果进行识别分类。

首先将经过卷积、激活函数、池化的深度网络后的结果串联起来，如图 4-31 所示。

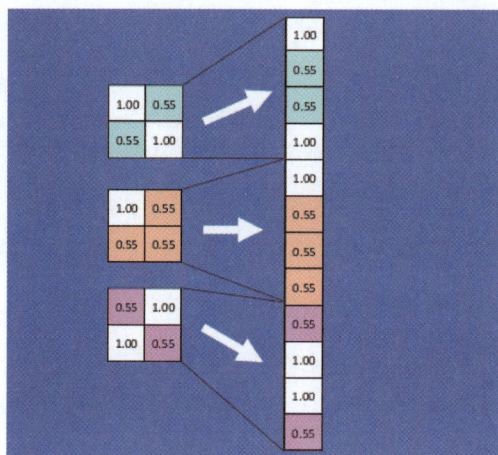

图 4-31 结果串联

由于神经网络属于监督学习，在模型训练时，根据训练样本对模型进行训练，从而得到全连接层的权重（如预测字母 X 的所有连接的权重），如图 4-32 所示。

图 4-32 训练权重

在利用该模型进行结果识别时，根据刚才提到的模型训练得出来的权重，以及经过前面的卷积、激活函数、池化等深度网络计算出来的结果，进行加权求和，得到各个结果的预测值，然后取值最大的作为识别的结果，如图 4-33 所示，最后计算出来字母 X 的识别值为 0.92，字母 O 的识别值为 0.51，则结果判定为 X。

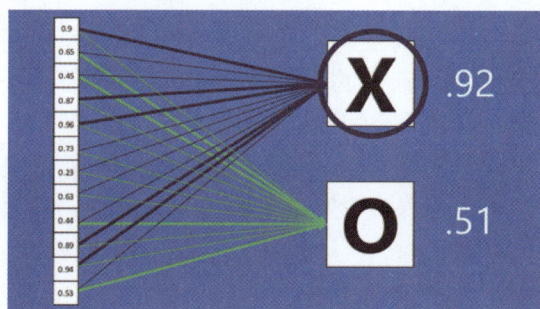

图 4-33 识别结果

9. 卷积神经网络（Convolutional Neural Networks）

将以上所有结果串起来后，就形成了一个"卷积神经网络"（CNN）结构，如图 4-34 所示。

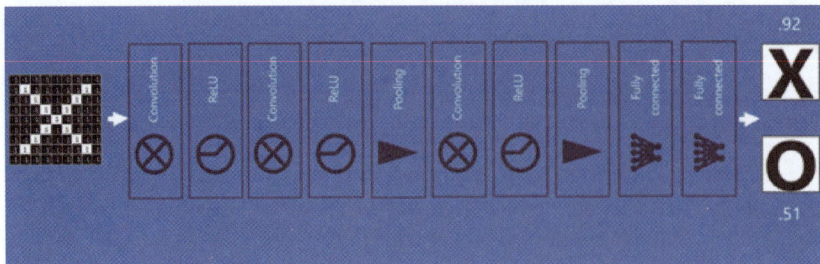

图 4-34 卷积神经网络（CNN）结构

最后，再回顾总结一下，卷积神经网络主要由两部分组成：一部分是特征提取（卷积、激活函数、池化），另一部分是分类识别（全连接层）。图 4-35 所示的便是著名的手写文字识别卷积神经网络结构图。

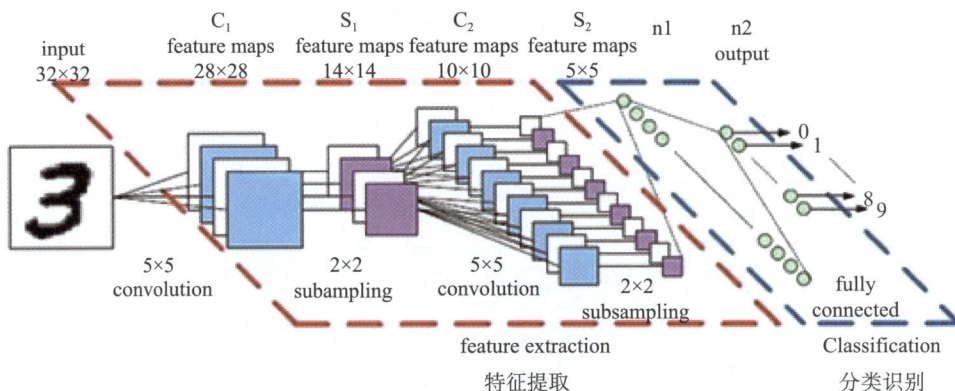

图 4-35　手写文字识别卷积神经网络结构图

4.4.4　深度学习的应用

深度学习的爆发使得人工智能得到进一步的发展，阿里、腾讯、百度先后建立了自己的 AI Labs，就连传统的厂商 OPPO、VIVO 都在筹备建立自己的人工智能研究所。

深度学习最典型最广泛的应用就是图像识别。此外，深度学习还可以应用于语音、自然语言等领域。

我们收集了一些深度学习方面的创意应用，虽然没有对每项应用进行详尽描述，但是希望你看过之后能对深度学习在生活中的应用潜力有更好的认识。

1. 给黑白照片自动上色

为黑白照片添加颜色又叫作图像着色。很久以来，这项工作都是由人工完成的，是一项颇为艰巨的任务。现在人们可以用深度学习技术利用物体及它们在照片里的环境来给图像着色，与人工完成的效果几无差别。

为了解决图像着色问题，要给 ImageNet（目前世界上图像识别最大的数据库）训练一个质量很高、规模很大的卷积神经网络。总之，就是采用了非常大的卷积神经网络和监督层

（Supervised Layers），为照片添上色彩，然后重建照片。

例如，芝加哥大学的技术人员发表研究成果称，用深度学习技术和英伟达 GPU 实现了为黑白照片自动上色，如图 4-36 所示。

图 4-36　每对图左为黑白照片，右为深度学习技术上色后的照片

2. 自动机器翻译

这种应用也就是能把一种语言的词汇、短语和句子自动翻译成另一种语言。其实这种自动机器翻译技术很久前就已得到应用了，但是深度学习可以在两个细分方面达到登峰造极的成果：自动翻译文本和自动翻译图片。

采用深度学习技术的文本翻译无须提前处理文字的序列，算法能够学习词汇和它们的映射之间的关系，然后翻译为另一种语言。大型 LSTM 循环神经网络中的堆叠网络（Stacked Networks）就可以用来完成这种翻译。

卷积神经网络也能用来识别有文字的照片，将照片中的文字转换为文本格式，然后翻译加工，最后照片会变为配有翻译后文字的照片，通常也称为即时视觉转译，如图 4-37 所示。

谷歌翻译应用就采用了深度学习技术，能够实现 27 种语言的即时视觉转译。

图 4-37　自动翻译照片

3. 自动对照片中的物体进行分类和检测

它就是将照片中的物体进行分类，归为人们已知的物体，如图 4-38 所示。大型卷积神经网络在这方面已经取得了瞩目的成就。例如，由神经网络专家 Alex Krizhevsky、Geoffrey Hinton 和 Ilya Sutskever 共同研发的 AlexNet 便是其中的佼佼者。

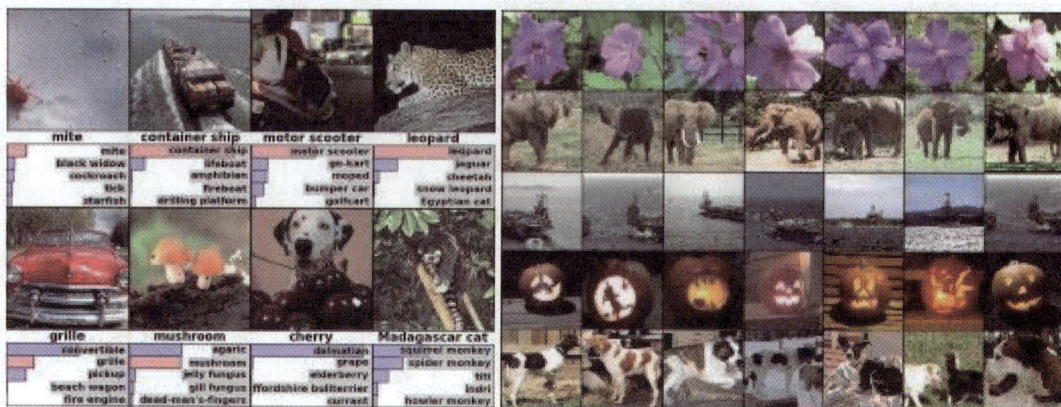

图 4-38　自动对照片中的物体进行分类

【学习与思考】

1. 深度学习技术为什么会取得如此大的成功？

2. 在深度学习领域，除了卷积神经网络，还有哪些深度学习网络，其应用的领域有哪些？

3. 理论上来讲，一个三层的 BP 神经网络就可以逼近一个任意给定的连续函数 f，为什么还需要多层的神经网络？

◎ 延伸阅读

1. 用卷积神经网络来拯救鲸鱼

国际上为了保护鲸鱼不被过度捕杀，于 1948 年成立了国际捕鲸委员会，日本于 1951 年加入，在 1986 年，委员会通过了《全球禁止捕鲸公约》，禁止缔约国从事商业捕鲸。

有着长久捕鲸文化的日本，屡次在公约的边缘试探。2018 年 12 月，日本宣布退出该组织，根据规定在 2019 年的 6 月 30 日之后，他们便不再受公约的限制。

在最近的报道中，他们在重启商业捕鲸之后的首次出航中，就捕杀了 233 头鲸鱼，捕获鲸肉 1430 吨……触目惊心的数字背后，不禁让人想起纪录片《海豚湾》里的血腥，如图 4-39 所示。

虽然是海洋中最大的动物，但鲸鱼在和捕杀者的较量中，依然是脆弱和不堪一击的。因为鲸鱼肉、油脂、皮、各种器官对人类的使用价值巨大，在利益面前，庞大的躯体不过是一件件商品。人类大规模的捕杀活动，一度致使许多种鲸鱼处于濒临灭绝的边缘。为了让这个庞大而脆弱的生物，能够在海里自由畅游，多种技术方法都被用在其中，AI 技术也正在这个方面贡献着一些力量。

图 4-39　鲸鱼捕杀

　　鲸鱼的数目和种群数量，难以进行完全的统计。它们的生活习性和迁徙方式，也是研究中的一个难点。但随着多项 AI 技术的应用，这些问题正在被一一化解。

　　海洋中鲸鱼的数量和种群的准确统计，有助于帮助科学家对鲸鱼进行研究，进一步对鲸鱼进行保护。但如何对鲸鱼进行识别和计数，在茫茫大海之上，却是不小的挑战。于是，一些研究者们，开始利用卫星和航空图像，借助深度学习等技术，对近海面的鲸鱼进行统计调查研究。在最近一篇发表在 Science Report 杂志上的文章中，西班牙的一群科学家们，就做了这样的研究工作。他们用卷积神经网络（CNN）搭建的模型，能够有效地帮助识别和确定鲸鱼的种群和数目，如图 4-40 所示。

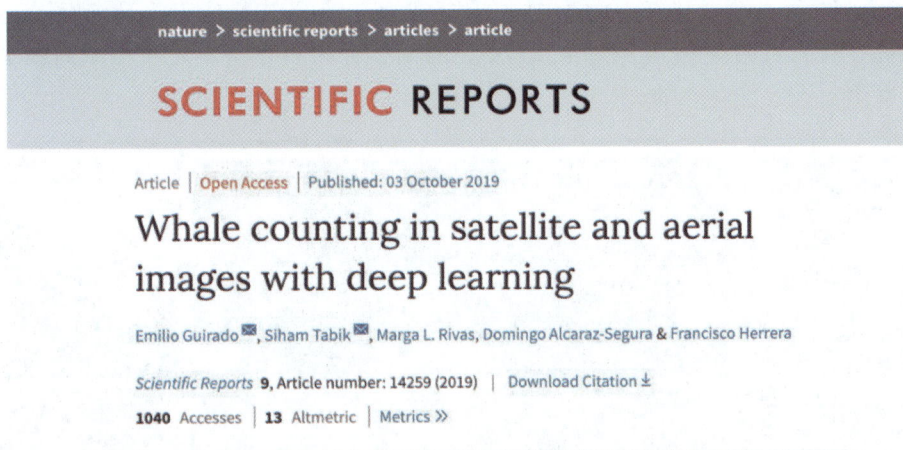

图 4-40　Science Report 杂志发表文章利用深度学习对鲸鱼统计研究

　　要在航拍或卫星图像中识别出鲸鱼，需要克服多重困难，比如数据集缺乏，船只、岩石、泡沫等混淆因素，鲸鱼在水面上的行为姿势，以及云雾、光线、水质等带来的干扰。

　　在这项研究里，科学家们基于 CNN，设计了一种两步式的深度学习模型，如图 4-41 所示，第一个 CNN 用于查找带有鲸鱼的输入图像，并排除船舶、岩石等干扰；第二个 CNN 用于定位并计数这些图像中的每条鲸鱼。

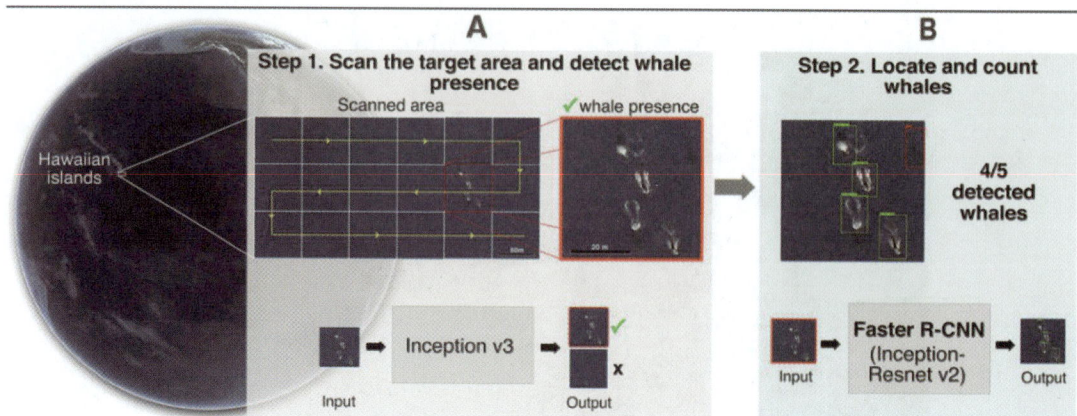

图 4-41　模型的两步式结构

为了让系统准确地对鲸鱼进行识别，他们利用开放的数据库，如 Google Earth、Arkive、NOAA 照片库等，建立了带注释的高质量数据集，使用了不同分辨率的卫星和航拍图像，用以检测鲸鱼的存在、计数鲸鱼的数量，以及测试和验证整个过程。

文中还使用了迁移学习和数据增强技术，以提高 CNN 训练的效率，并增加 CNN 的鲁棒性和泛化能力。第一步是建立图像分类模型，使用 GoogleNet Inception v3 CNN 体系结构的最新版本构建，并在 ImageNet 上进行了预训练，最终能够快速地判断出图像中的鲸鱼，并排除可能会被误认的杂物。第二步是构建鲸鱼计数模型，使用了基于 Inception-Resnet v2 CNN 架构的 Faster R-CNN，在 COCO 数据集上进行了预训练。模型仅分析那些存在鲸鱼的可能性高的单元，将每只鲸鱼定位在边界框中，并输出计数的个体数。

在概念验证中，模型使用 71m×71m 滑动窗口（约为蓝鲸的大小的两倍），分析了由 13348 个网格单元代表的全球 10 个鲸鱼出现热点区域，并输出每个单元中检测到鲸鱼的概率，如图 4-42 所示。

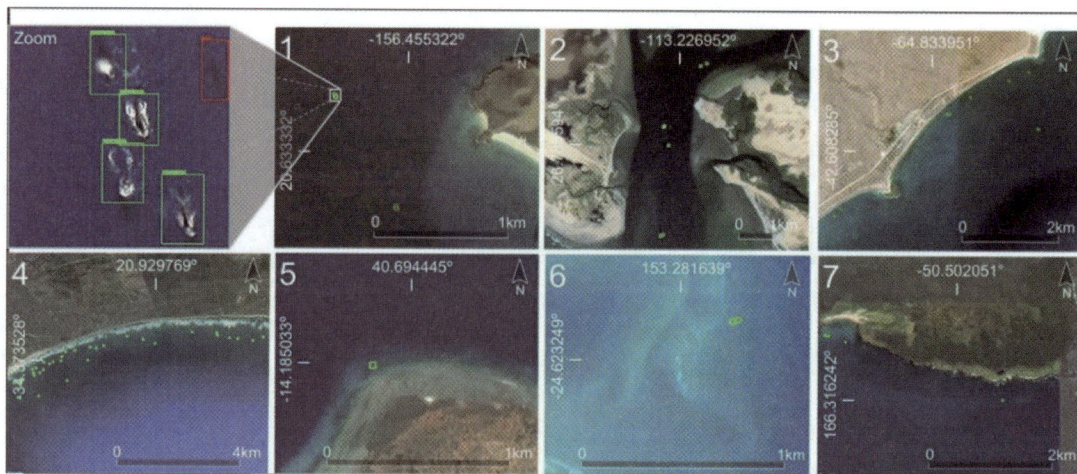

图 4-42　输出每个单元中检测到鲸鱼的概率

最终的结果表明，在 10 个观鲸热点上对 Google Earth 图像进行的系统测试中，其检测和计数鲸鱼方面，其性能（F1 度量）分别为 81% 和 94%。与单独的基线检测模型相比，该模型将准确性提高了 36%。

　　所幸的是，我们也看到越来越多的技术和团队，在保护鲸鱼上所做出的努力。但愿此类技术能够更多地涌现，不至于让我们的后代，只能在史料中看到鲸鱼。

（案例来源：文汇网）

2. 将大脑信号直接转换为可辨识的语音，帮助不能说话的人沟通外界

　　哥伦比亚大学神经工程师创造了一个系统，通过监控某人的大脑活动，将思想转化为可理解的、可识别的语音。该技术可以前所未有的清晰度重建一个人能听到的单词。这一突破利用了语音合成器和人工智能的强大功能，可以为计算机直接与大脑通信提供新的途径。它还为帮助不能说话的人（例如，那些患有肌萎缩侧索硬化或从脑卒中恢复过来的人）重新获得与外界沟通的能力奠定了基础。

　　数十年的研究表明，当人们说话，或者甚至想象说话时，他们的大脑就会出现明显的活动模式。当我们倾听某人说话或想象聆听时，也会出现明显（可识别）的信号模式。专家们试图记录和解码这些模式，可以看到，未来思维不需要隐藏在大脑内部，而可以随意翻译成口头语言。

　　但这一壮举的实现具有挑战性。尼玛·梅佳拉尼（Nima Mesgarani）博士及其他人早期解决脑部信号的工作主要集中在分析频谱图的简单计算机模型上，这些频谱图是声音频率的视觉表示。但由于这种方法未能产生任何类似于可理解语音的东西，梅佳拉尼博士的团队转而使用声码器，这是一种计算机算法，可以在人们说话的录音训练后合成语音，如图 4-43 所示。

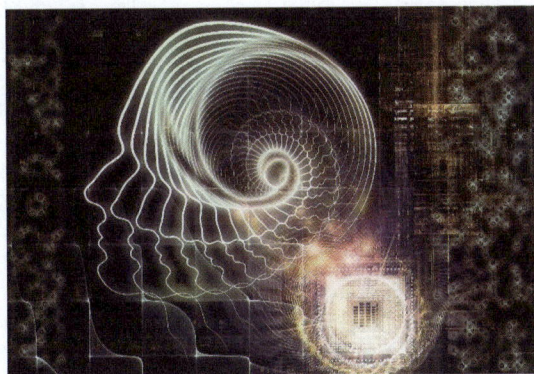

图 4-43　大脑信号语音合成

　　为了让声码器能解释大脑活动，梅佳拉尼博士与 Northwell Health PhysicianPartners 神经科学研究所的神经外科医生阿什西·D·梅塔（Ashesh D. Mehta）合作。梅塔博士负责治疗癫痫患者，其中一些人必须接受定期手术。"与梅塔博士合作，我们询问已经接受脑部手术的癫痫患者，听取不同人说的句子，同时我们测量了大脑活动的模式，"梅佳拉尼博士说，"这些神经模式训练了声码器"。接下来，研究人员要求这些患者听说话者复述 0 到 9 的数字，同时记录可以通过声码器运行的大脑信号。然后，再借助模仿生物大脑中神经元结构的人工智能神经网络，对声码器响应这些信号所产生的声音进行分析。

　　最终的结果是一个机器人发出声音朗读一系列数字，为了测试录音的准确性，梅佳拉尼博士和他的团队要求每个人听取录音并报告他们听到的内容。"我们发现人们可以在 75% 的时间内理解并重复这些声音，这远远超过以往任何尝试。"梅佳拉尼博士说。在将新纪录与早期基于频谱图的尝试进行比较时，可懂度的提高尤为明显。"敏感的声码器和强大的神经网络代表了患者最初听到的声音，具有惊人的准确性。"

梅佳拉尼博士和他的团队计划接下来测试更复杂的单词和句子，他们希望对一个人讲话或想象说话时发出的大脑信号进行相同的测试。最终，他们希望他们的系统可以成为植入物的一部分，类似于一些癫痫患者所使用的植入物，将佩戴者的思想直接转化为文字。"在这种情况下，如果佩戴者认为'我需要一杯水'，我们的系统可以接受这种想法产生的大脑信号，并将它们转化为合成的口头语言。"梅佳拉尼博士说，"这将改变游戏规则。它会让任何失去讲话能力的人，无论是受伤的还是身患疾病的，能够重新获得与周围世界联系的机会。"

（案例来源：百度百家号）

【查阅与思考】

1. 查阅相关文献资料，设想一下未来十年人工神经网络的发展。
2. 未来的人工神经网络将会怎样改变我们的生活？

◎ 延伸阅读二

在经历了蛮荒的 PC 互联网时代、混战的移动互联网时代，到现今最火的人工智能时代，大数据、云计算、机器学习的技术应用，已经使得 IT 从业者的门槛越来越高。套用一句樊登读书会的宣传口号"keep learning"，保持对新鲜技术的好奇心，保持对技术应用的责任心，持续关注、学习是每个 IT 从业者的必备技能。

1. 机器学习：一种实现人工智能的方法

机器学习（Machine Learning，ML）是一门多领域交叉学科，涉及概率论、统计学、逼近论、凸分析、算法复杂度理论等多门学科。

机器学习是人工智能的核心，是使计算机具有智能的根本途径，其应用遍及人工智能的各个领域。

机器学习最基本的做法是使用算法来解析数据、从中学习，然后对真实世界中的事件做出决策和预测。

与传统的为解决特定任务、硬编码的软件程序不同，机器学习用大量的数据来"训练"，通过各种算法从数据中学习如何完成任务。

机器学习最成功的应用领域是计算机视觉，虽然也还是需要大量的手工编码来完成工作。人们需要手工编写分类器、边缘检测滤波器，以便让程序能识别物体从哪里开始，到哪里结束；写形状检测程序来判断检测对象是不是有八条边；写分类器来识别字母"STOP"。使用以上这些手工编写的分类器，人们总算可以开发算法来感知图像，判断图像是不是一个停止标志牌。

2. 深度学习：一种实现机器学习的技术

值得一提的是，机器学习与深度学习之间还是有所区别的，机器学习是指计算机的算法能够像人一样，从数据中找到信息，从而学习一些规律。虽然深度学习是机器学习的一种，但深度学习利用深度的神经网络，将模型处理得更为复杂，从而使模型对数据的理解更加深入。

深度学习是机器学习中的一种基于对数据进行表征学习的方法。深度学习是机器学习研究中的一个新的领域，其动机在于建立、模拟人脑进行分析学习的神经网络，它模仿人脑的机制来解释数据，例如，图像，声音和文本。

同机器学习方法一样，深度学习方法也有监督学习与无监督学习之分。不同的学习框架下建立的学习模型也很不同，例如，卷积神经网络（Convolutional Neural Networks，CNNs）就是一种深度的监督学习下的机器学习模型，而深度置信网（Deep Belief Nets，DBNs）就是一种无监督学习下的机器学习模型。

3. 神经网络：一种机器学习的算法

人工神经网络（Artificial Neural Networks）是早期机器学习中的一个重要的算法，历经数十年风风雨雨。神经网络的原理受我们大脑的生理结构——互相交叉相连的神经元所启发。但与大脑中一个神经元可以连接一定距离内的任意神经元不同，人工神经网络具有离散的层、连接和数据传播的方向。例如，我们可以把一幅图像切分成图像块，输入到神经网络的第一层。在第一层的每一个神经元都把数据传递到第二层。第二层的神经元也完成类似的工作，把数据传递到第三层，以此类推，直到最后一层，然后生成结果。

每一个神经元都为它的输入分配权重，这个权重的正确与否与其执行的任务直接相关。最终的输出由这些权重加总来决定。

我们以"停止（Stop）标志牌"为例，将一个停止标志牌图像的所有元素都打碎，然后用神经元进行"检查"：八边形的外形、消防车般的红颜色、鲜明突出的字母、交通标志的典型尺寸和静止不动运动特性等。神经网络的任务就是给出结论，它到底是不是一个停止标志牌。神经网络会根据所有权重，给出一个经过深思熟虑的猜测——"概率向量"。

回过头来看这个停止标志识别的例子。神经网络是调制、训练出来的，因此很容易出错。它最需要的，就是训练。需要成百上千甚至几百万张图像来训练，直到神经元的输入的权值都被调制得十分精确，无论是否有雾、晴天还是雨天，每次都能得到正确的结果。

只有这个时候，我们才可以说神经网络成功地自学习到一个停止标志的样子；或者在Facebook 的应用里，神经网络自学习了你妈妈的脸；又或者是 2012 年吴恩达（Andrew Ng）教授在 Google 上实现了神经网络学习到猫的样子等。

吴教授的突破在于，把这些神经网络从基础上显著地增大了。层数非常多，神经元也非常多，然后给系统输入海量的数据来训练网络。在吴教授这里，数据是一千万个 YouTube 视频中的图像。吴教授为深度学习（Deep Learning）加入了"深度"（Deep）。这里的"深度"就是神经网络中众多的层。

现在，经过深度学习训练的图像识别，在一些场景中甚至可以比人做得更好：从识别猫，到辨别血液中癌症的早期成分，到识别核磁共振成像中的肿瘤。Google 的 AlphaGo 先是学会了如何下围棋，然后与它自己进行下棋训练。它训练自己神经网络的方法，就是不断地与自己下棋，反复地下，永不停歇。

人工智能是最早出现的；其次是机器学习，稍晚一点；最内侧，是深度学习，当今人工智能大爆炸的核心驱动，如图 4-44 所示。

图 4-44　关系图

5. 智能客服

现在，许多网站在站内导航页面中都提供了在线客服聊天的选项。然而，并不是每个网站都有一个真实的客服代表来回答你的问题的。在大多数情况下，你会和聊天机器人交谈，这些机器人倾向于从网站上提取信息并将其呈现给客户。与此同时，聊天机器人也会随着聊天的深入变得更人性化，它们倾向于更好地理解用户查询，并为他们提供更好的答案，这均是由于其底层的机器学习算法驱动的，如图 4-45 所示。

6. 商品推荐

几天前你在网上买了一个商品，然后你会不断收到关于购物建议的电子邮件；有时购物网站或应用程序会向你推荐一些符合你口味的商品。当然，这可以改善购物体验，但你知道这背后是机器学习的推荐算法吗？

根据你对网站 / 应用程序的行为、过去购买的商品、喜欢或添加到购物车的商品、品牌偏好等，算法会针对每个消费者提出购买建议。

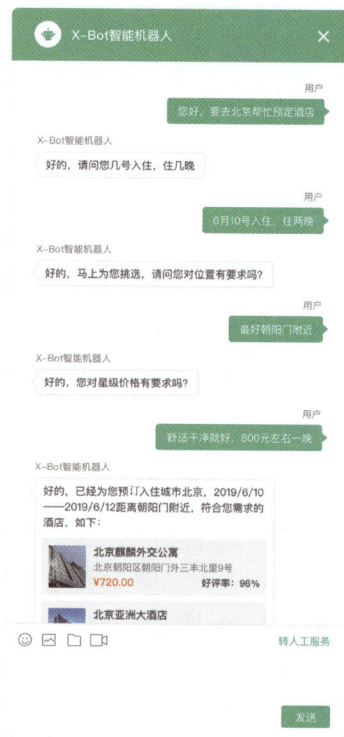

图 4-45　智能聊天机器人

【查阅与思考】

1．谈一谈你还知道机器学习在我们生活中有哪些应用。

2．请思考机器学习未来将如何影响我们的生活，又有哪些隐患。

第5章 智能识别

◎ 案例导读

智能识别，随处可见

受新冠肺炎疫情影响，在北京、上海、广州等大城市，巨大的人流量给疫情防控检测造成了巨大的压力。使用传统手持检测设备，在密集人流情况下有着非常明显的缺陷——通过速度慢，感染风险大。对此，专家表示，智能识别产品有望在城市疫情防控中起到重要作用。

旷视科技针对此次疫情开发出了 AI 测温创新解决方案—— "人体识别＋人像识别＋红外／可见光双传感"，通过前端红外相机识别高温人员，再通过 AI 技术，辅助工作人员快速筛查体温异常者，提升了公共场所内疫情检测的通行效率与可控度，如图 5-1 所示。

图 5-1 旷视 AI 测温系统

旷视科技相关负责人介绍，该系统针对戴口罩遮挡进行了专项模型优化，即便在口罩和帽子大面积遮挡人脸的情况下，系统也能帮助工作人员快速筛查通行人群，识别误差±0.3℃，大众无须摘下防护也无须排队聚集，大大提升公共空间的安全性和检测效率。系统另外的一大特点是支持大于 3 米的非接触远距离测温，一旦有疑似发热人员出现就会自动报警，并帮助工作人员快速筛查发热人员位置线索。同时，该系统的智能疑似高热报警带宽可达到 1 秒 15 人，一套系统可以部署 16 个通道，仅需 1 名工作人员就能够管控现场，从而降低一线工作人员被感染的风险。

案例二 复工复学防疫神器——中亿睿人脸识别测温一体机

如今各地复工的人数越来越多，人们在进出企业、学校、社区、工业园区或事业单位等场所主出入口的时候都要进行测温。常见的手持红外测温仪，测温距离通常几厘米，而且不准确、精度不高。

中亿睿的人脸识别测温一体机（见图5-2）采用阵列式红外测温传感器，无须精确对准，系统自动识别到人脸并开始对人脸区域测温，可在0.5～1.0米实现毫秒级真正远距离非接触测温，集脱机人脸识别、体温检测、口罩识别、身份核验、现场人脸采集、黑名单预警、人过留影、活体检测等功能为一体，采用宽动态高清人脸识别摄像头，完全适应强光、逆光、弱光等苛刻环境，具有识别速度快、准确率高、名单库容量大等特点。

此外，中亿睿人脸识别测温一体机可搭配人脸工地实名制管理系统、人脸门禁考勤管理系统、访宾管理系统等应用管理系统使用，完美适用于社区、校园、景区、酒店、商场、企业办公写字楼、公共服务场所、建筑工地等需要进行身份识别和门禁通行控制的复杂应用场景。在疫情防控方面，有效降低了测温时大面积接触人体带来的潜在风险，缩短人体测温时间，提高测温效率。同时集中化的管理，为筛查追溯疑似患者、流动人员提供了实时数据支持，为上述场景下的管理提供了强有力的安全保障。

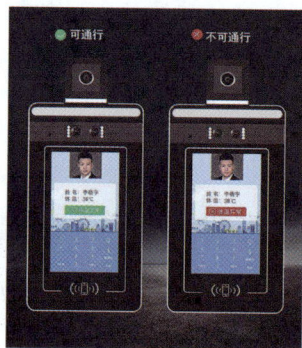

图5-2 中亿睿人脸识别测温一体机

案例三 讯飞输入法——语音输入带你飞

讯飞输入法是由中文语音产业领导者科大讯飞推出的一款输入软件，集语音、手写、拼音、笔画、双拼等多种输入方式于一体，又可以在同一界面实现多种输入方式平滑切换，符合用户使用习惯，大大提升输入速度。它支持Android、iOS、Windows等平台。讯飞输入法的界面如图5-3所示。

图5-3 讯飞输入法界面

讯飞输入法具有以下特点：语音输入速度达 1 分钟 400 字，通用语音识别率高达 98%；率先推出方言语音输入，支持粤语、四川话、闽南语等 23 种方言，语音识别毫无压力；英、日、韩、俄等实时语音互译，外语沟通，也能轻松搞定；行书、草书、生僻字、数字、符号，所写即所得，即便龙飞凤舞的字体，也能迅速"读心"。

【查阅与思考】

1. 探寻一个智能识别的应用实例。
2. 查一查智能识别正在解决生活中的什么问题。

5.1　计算机视觉

计算机视觉是一门研究如何使机器"看"的科学，是指用摄影机和计算机代替人眼对目标进行识别、跟踪和测量等机器视觉，并进一步做图形处理，使计算机处理成为更适合人眼观察或传送给仪器检测的图像。作为一门科学学科，计算机视觉研究相关的理论和技术，试图建立能够从图像或者多维数据中获取"信息"的人工智能系统。这里所指的信息指美国科学家香农（Shannon）所定义的，可以用来帮助做一个"决定"的信息。因为感知可以看作是从感官信号中提取信息，所以计算机视觉也可以看作是研究如何使人工系统从图像或多维数据中"感知"的科学。

计算机视觉技术涉及诸多领域，包含图像处理、人工智能、神经学、计算机科学、模式识别等，是一门交叉学科。其始于 20 世纪 60 年代，计算机与图形技术的结合，使得计算机视觉研究成为可能。早期因为硬件设备和软件技术的限制，发展相对缓慢，到 80 年代初，在英国科学家莫尔（D·Marr）计算视觉理论的指导下，有了迅速的发展，逐步成为热门学科。90 年代，随着各类新设备和新技术的迅速发展，计算机视觉在工农业中被普遍使用。

视觉是制造业、检验、文档分析、医疗诊断和军事等各个领域中各种智能/自主系统不可分割的一部分。计算机视觉与其他领域的关系如图 5-4 所示。由于它的重要性，一些先进国家，例如，美国把对计算机视觉的研究列为对经济和科学有广泛影响的科学和工程中的重大基本问题，即所谓的重大挑战（Grand Challenge）。计算机视觉的挑战是要为计算机和机器人开发具有与人类水平相当的视觉能力。机器视觉需要图像信号、纹理和颜色建模、几何处理和推理，以及物体建模。一个有能力的视觉系统应该把所有这些处理都紧密地集成在一起。计算机视觉与人类视觉密切相关，对人类视觉有一个正确的认识将对计算机视觉的研究非常有益。

计算机视觉就是用各种成像系统代替视觉器官作为输入敏感手段，由计算机来代替大脑完成处理和解释。计算机视觉的最终研究目标就是使计算机能像人那样通过视觉观察和理解世界，具有自主适应环境的能力。因此，在实现最终目标以前，人们努力的中期目标是建立一种视觉系统，这个系统能依据视觉敏感和反馈的某种程度的智能完成一定的任务。例如，计算机视觉的一个重要应用领域就是自主车辆的视觉导航。因此，人们努力的研究目标是实现在高速公路上具有道路跟踪能力，可避免与前方车辆碰撞的视觉辅助驾驶系统。

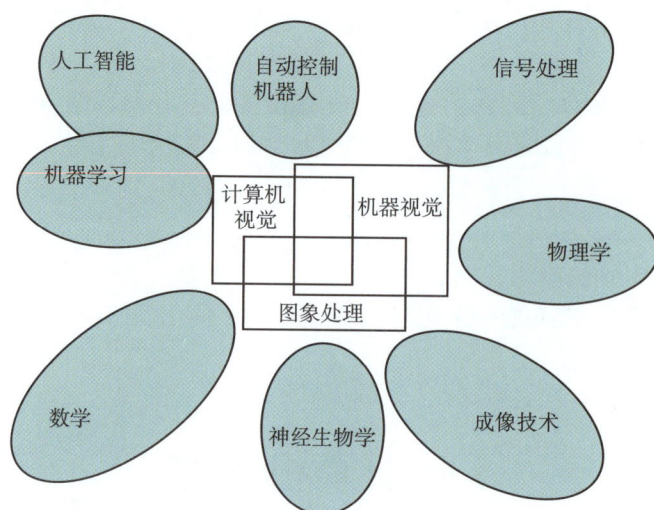

图 5-4　计算机视觉与其他领域的关系

这里要指出的一点是，在计算机视觉系统中计算机起到代替人脑的作用，但并不意味着计算机必须按人类视觉的方法完成视觉信息的处理。计算机视觉可以而且应该根据计算机系统的特点来进行视觉信息的处理。

人类视觉系统是迄今为止，人们所知道的功能最强大和完善的视觉系统。对人类视觉处理机制的研究将给计算机视觉的研究提供启发和指导。因此，用计算机处理信息的方法研究人类视觉的机理，建立人类视觉的计算理论，也是一个非常重要和让人感兴趣的研究领域。这方面的研究被称为计算视觉（Computational Vision）。计算视觉被认为是计算机视觉中的一个研究领域。

计算机视觉的最大特点是不与待测物体直接接触，产品就不会产生物理损伤，适用于在环境恶劣地方替代人工识别。

另外，人不能长时间地观察对象，并且分级质量与人的个体差异有很大关系，但机器识别并不会随时间的改变而下降。计算机视觉也比人工有着更高的分辨率和观察速度，广泛应用于产品质量检测、产品分类、交通安全、身份识别、航天、航空卫星遥感系统、对地面目标进行自动识别、理解和分类等。典型的应用领域主要有：

（1）图像处理分析。如航空、卫星照片、医学影像分析、文字识别、模糊图像处理、雷达图像等的自动识别和处理。

（2）人机交互应用。人脸识别、汽车自主导航和辅助驾驶、身体语言识别、敌我识别等，可实现通过了解人的愿望和要求来执行相应的任务，广泛应用于安全通行、安全支付、人员检测验放、军事自动化等。

（3）工业应用。在工业产品检测分类、缺陷检验和判定、生产流水线监控、工业机器人操控等都有广泛的应用。

5.2　图像识别

图像识别，是指利用计算机对图像进行处理、分析和理解，以识别各种不同模式的目标和对象的技术，是应用深度学习算法的一种实践应用。现阶段图像识别技术一般分为人脸识别与商品识别，人脸识别主要运用在安全检查、身份核验与移动支付中；商品识别主要运用在商品流通过程中，特别是无人货架、智能零售柜等无人零售领域。

图像的传统识别流程分为 4 个步骤：图像采集→图像预处理→特征提取→图像识别。图像识别软件国外代表有康耐视等，国内代表有图智能、海深科技等。

图像识别是以图像的主要特征为基础的。每个图像都有它的特征，如字母 A 有个尖，字母 P 有个圈，而字母 Y 的中心有个锐角等。对图像识别时眼动的研究表明，视线总是集中在图像的主要特征上，也就是集中在图像轮廓曲度最大或轮廓方向突然改变的地方，这些地方的信息量最大。而且眼睛的扫描路线也总是依次从一个特征转到另一个特征上的。由此可见，在图像识别过程中，知觉机制必须排除输入的多余信息，抽出关键的信息。同时，在大脑里必定有一个负责整合信息的机制，它能把分阶段获得的信息整理成一个完整的知觉映象。

在人类图像识别系统中，对复杂图像的识别往往要通过不同层次的信息加工才能实现。对于熟悉的图形，由于掌握了它的主要特征，就会把它当作一个单元来识别，而不再注意它的细节了。这种由孤立的单元材料组成的整体单位叫作组块，每一个组块是同时被感知的。在文字材料的识别中，人们不仅可以把一个汉字的笔画或偏旁等单元组成一个组块，而且能把经常在一起出现的字或词组成一个组块来加以识别。

在计算机视觉识别系统中，图像内容通常用图像特征进行描述。事实上，基于计算机视觉的图像检索也可以分为类似文本搜索引擎的三个步骤：提取特征、创建索引及查询。

图像识别是人工智能的一个重要领域。为了编制模拟人类图像识别活动的计算机程序，人们提出了不同的图像识别模型，例如，模板匹配模型。这种模型认为，识别某个图像，必须在过去的经验中有这个图像的记忆模式，又叫模板。当前的刺激如果能与大脑中的模板相匹配，这个图像也就被识别了。例如，有一个字母 A，如果在大脑中有个 A 模板，字母 A 的大小、方位、形状都与这个 A 模板完全一致，字母 A 就被识别了。这个模型简单明了，也容易得到实际应用。但这种模型强调图像必须与大脑中的模板完全符合才能加以识别，而事实上人不仅能识别与大脑中的模板完全一致的图像，也能识别与模板不完全一致的图像。例如，人们不仅能识别某一个具体的字母 A，也能识别印刷体的、手写体的、方向不正的、大小不同的各种字母 A。同时，人能识别的图像是大量的，如果所识别的每一个图像在大脑中都有一个相应的模板，也是不可能的。

为了解决模板匹配模型存在的问题，格式塔心理学家又提出了一个原型匹配模型。这种模型认为，在长时记忆中存储的并不是所要识别的无数个模板，而是图像的某些"相似性"。从图像中抽象出来的"相似性"就可作为原型，拿它来检验所要识别的图像。如果能找到一个相似的原型，这个图像也就被识别了。这种模型从神经和记忆探寻的过程上来看，都比模板匹配模型更适宜，而且还能说明对一些不规则的但某些方面与原型相似的图像的识别。但是，这种模型没有说明人是怎样对相似的刺激进行辨别和加工的，它也难以在计算机程序中得到实现。因此又有人提出了一个更复杂的模型，即"泛魔"识别模型。

一般工业上采用工业相机拍摄图片，然后利用软件根据图片灰阶差做处理后识别出有用信息。

图像识别的发展经历了三个阶段：文字识别、数字图像处理和识别、物体识别。文字识别的研究是从 1950 年开始的，一般是识别字母、数字和符号，从印刷文字识别到手写文字识别，应用非常广泛。

数字图像处理和识别的研究开始于 1965 年。数字图像与模拟图像相比具有存储、传输方便可压缩、传输过程中不易失真、处理方便等巨大优势，这些都为图像识别技术的发展提供了强大的动力。

物体识别主要指的是对三维世界的客体及环境的感知和认识，属于高级的计算机视觉范畴。它以数字图像处理与识别为基础并结合了人工智能、系统学等学科知识，其研究成果被广泛应用在各种工业及探测机器人上。现代图像识别技术的一个不足就是自适应性能差，一旦目标图像被较强的噪声污染或是目标图像有较大残缺往往就得不出理想的结果。

图像识别问题的数学本质属于模式空间到类别空间的映射问题。

目前，在图像识别的发展中，主要有三种识别方法：统计模式识别、结构模式识别、模糊模式识别。图像分割是图像处理中的一项关键技术，自 20 世纪 70 年代，其研究已经有几十年的历史，一直受到人们的高度重视，至今借助于各种理论提出了数以千计的分割算法，而且这方面的研究仍然在积极地进行着。

现有的图像分割的方法有许多种，如阈值分割方法、边缘检测方法、区域提取方法、结合特定理论工具的分割方法等。从图像的类型来分有：灰度图像分割、彩色图像分割和纹理图像分割等。

早在 1965 年就有人提出了检测边缘算法，使得边缘检测产生了不少经典算法。但在近 20 年间，随着基于直方图和小波变换的图像分割方法的研究计算技术和 VLSI 技术的迅速发展，有关图像处理方面的研究取得了很大的进展。

图像分割方法结合了一些特定理论、方法和工具，如基于数学形态学的图像分割、基于小波变换的分割、基于遗传算法的分割等。

5.3　模式识别

5.3.1　模式识别概述

要想知道什么叫作模式识别，那就要先了解什么叫作模式。

何谓模式？广义地说，存在于时间和空间中可观察的物体，如果我们可以区别它们是否相同或是否相似，都可以称为模式。模式所指的不是事物本身，而是从事物获得的信息，因此，模式往往表现为具有时间和空间分布的信息。

模式识别（Pattern Recognition）是指对表征事物或现象的各种形式的（数值的、文字的和逻辑关系的）信息进行处理和分析，以对事物或现象进行描述、辨认、分类和解释的过程，是信息科学和人工智能的重要组成部分。模式识别的作用和目的在于利用计算机对物理对象进行分类，在错误概率小的条件下，使识别的结果尽量与客观物体相符合。

一个模式识别问题一般要经过数据获取、预处理、特征选择与特征提取、模式分类 4 个过程，如图 5-5 所示。

下面对各部分内容作简要介绍。

- 数据获取：用计算机可以运算的符号来表示所研究的对象。
- 预处理：去除所获取信息中的噪声，增强有用的信息，及一切必要的使信息纯化的处理过程。
- 特征选择与特征提取：对所获取的信息实现从测量空间到特征空间的转换。
- 分类器设计：将该特征空间划分成由各类占据的子空间，确定相应的决策分界和判决规则，使按此类判决规则分类时，错误率最低。把这些判决规则建成标准库。
- 分类决策：分类器在分界形式及其具体参数都确定后，用相应的决策分界对待分类样本进行分类决策的过程。
- 训练过程：对作为训练样本的测量数据进行特征选择与特征提取，得到它们在特征空间上的发布，依据这些分布决定分类器的具体参数，也就是设计分类器的过程。
- 识别过程：分类决策的过程，是在特征空间中用统计方法把被识别对象归为某一类别。

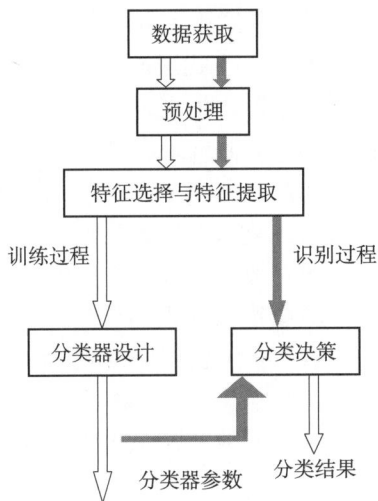

图 5-5　模式识别过程

模式识别系统由两大模块组成，即学习模块和识别模块，如图 5-6 所示。

模式识别可用于文字和语音识别、遥感和医学诊断等方面。

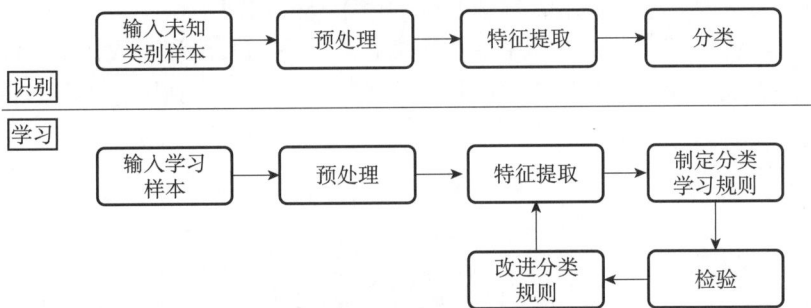

图 5-6　模式识别系统组成示意图

5.3.2　模式识别的基本方法

目前主要的模式识别方法有：统计模式识别、句法模式识别、模糊模式识别、人工神经网络法、人工智能方法。

1. 统计模式识别

这类识别技术理论较完善，方法也很多，通常较为有效，现已形成了一个完整的体系。它主要基于用概率统计模型得到各类别的特征向量分布，以取得分类的功能。因此，这是一种监督学习的模式识别方法。如果将分类器设计得有效，它将可以处理新的样本集。

统计模式识别有很多具体的方法，它们取决于是否采用一个已知的、参数型的分布模型。

2. 句法模式识别

句法模式识别也称为结构模式识别。在许多情况下，对于较复杂的对象仅用一些数值特征已不能较充分地进行描述，这时可采用句法识别技术。

句法识别技术将对象分解为若干个基本单元，这些基本单元称为基元；用这些基元及它们的结构关系来描述对象，基元及这些基元的结构关系可以用字符串或图来表示；然后运用形式语言理论进行句法分析，根据其是否符合某一类的文法而决定其类别。

3. 模糊模式识别

这类技术运用模糊数学的理论和方法解决模式识别问题，适用于分类识别对象本身或要求的识别结果具有模糊性的场合。

目前，模糊模式识别方法较多。这类方法的有效性主要在于对象类的隶属函数是否良好。

4. 人工神经网络法

人工神经网络是由大量简单的基本单元——神经元（Neuron）相互连接而构成的非线性动态系统，每个神经元结构和功能比较简单，而由其组成的系统却可以非常复杂，具有生物神经网络的某些特性，在自学习、自组织、联想及容错方面具有较强的能力，能用于联想、识别和决策。

在模式识别方面，与前述方法显著不同的特点之一是在学习过程中具有自动提取特征的能力。

5. 人工智能方法

众所周知，人类具有极完善的分类识别能力，人工智能是研究如何使机器具有人脑功能的理论和方法，模式识别从本质上讲就是如何根据对象的特征进行类别的判断，因此，可以将人工智能中有关学习、知识表示、推理等技术用于模式识别。

上述五类方法各有其特点及应用范围，现在来看，它们不能相互取代，只能共存，相互促进、借鉴、渗透及融合。一个较完善的识别系统很可能是综合利用上述各类识别方法的观点、概念和技术而形成的。

5.4 语音识别

语音识别是一门交叉学科。近 20 年来，语音识别技术取得显著进步，开始从实验室走向市场。人们预计，未来 10 年内，语音识别技术将进入工业、家电、通信、汽车电子、医疗、家庭服务、消费电子产品等各个领域。语音识别听写机在一些领域的应用被美国新闻界评为 1997 年计算机发展十件大事之一。很多专家都认为语音识别技术是 2000 年至 2010 年间信息技术领域十大重要的科技发展技术之一。语音识别技术所涉及的领域包括：信号处理、模式识别、概率论和信息论、发声机理和听觉机理、人工智能等。

在过去的几十年中，语音技术在人工智能的推动下，有了长足的发展。语音识别系统在相对安静的环境中，说话人语音清晰的情况下，能够实现很高的识别率和准确率。通过语音作为人机交互的入口已经成为可能，并且被各大主流互联网公司商用化。语音识别问题也从原先的小词汇量的数字语音识别，发展到中等词汇量的命令和控制式的语音识别，现如今已发展到大词汇语音听写任务、自然发音理解和实时语音翻译的崭新阶段。随着互联网的高速发展，尤其最近的 5G 技术的商用及未来的民用，在未来人机交互将越来越智能化，应用的场景也将越来越宽广，这对语音识别作为人机接口也提出了更大的挑战。

噪声干扰是阻碍语音系统在实际应用中的最大障碍之一。虽然通过大量的带噪数据基于深度学习的方式可以解决一部分噪声鲁棒性问题，但是在极低信噪比的复杂场景中，非平稳噪声干扰对于语音识别系统仍然是一个很大挑战。因此想让机器能够像人们日常交流一样，无障碍地识别出目标说话人的语音还需要有很长的路要走。

机器进行语音交流，让机器明白你说什么，这是人们长期以来梦寐以求的事情。中国物联网校企联盟形象地把语音识别比作"机器的听觉系统"。语音识别技术就是让机器通过识别和理解过程把语音信号转变为相应的文本或命令的高技术。语音识别技术主要包括特征提取技术、模式匹配准则及模型训练技术三个方面。语音识别的实现，如图 5-7 所示。语音识别技术在车联网中也得到了充分的应用，例如在翼卡车联网中，只需按"一键通"，客服人员通过口述即可设置目的地直接导航，又安全又便捷。

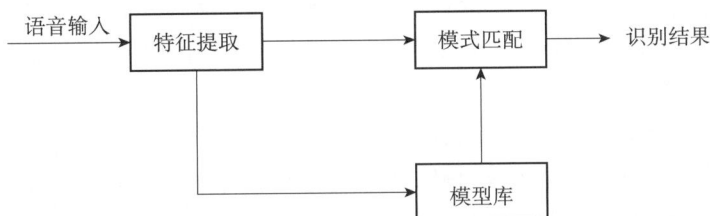

图 5-7　语音识别的实现

根据识别的对象不同，语音识别任务大体可分为 3 类，即孤立词识别（Isolated Word Recognition）、关键词识别（或称关键词检测，Keyword Spotting）和连续语音识别。其中，孤立词识别的任务是识别事先已知的孤立的词，如"开机""关机"等；连续语音识别的任务则是识别任意的连续语音，如一个句子或一段话；连续语音流中的关键词检测针对的是连续语音，但它并不识别全部文字，而只是检测已知的若干关键词在何处出现，如在一段话中检测"计算机""世界"这两个词。

根据所针对的发音人，可以把语音识别技术分为特定人语音识别和非特定人语音识别，前者只能识别一个或几个人的语音，而后者则可以被任何人使用。显然，非特定人语音识别系统更符合实际需要，但它要比针对特定人的识别困难得多。

另外，根据语音设备和通道，语音识别可以分为桌面（PC）语音识别、电话语音识别和嵌入式设备（手机、PDA 等）语音识别。不同的采集通道会使人的发音的声学特性发生变形，因此需要构造各自的识别系统。

语音识别的应用领域非常广泛，常见的应用系统有：①语音输入系统，相对于键盘输入方法，它更符合人的日常习惯，也更自然、更高效；②语音控制系统，即用语音来控制设备的运行，相对于手动控制其更加快捷、方便，可以用在诸如工业控制、语音拨号系统、智能家电、声控智能玩具等许多领域；③智能对话查询系统，根据客户的语音进行操作，为用户提供自然、友好的数据库检索服务，例如，家庭服务、宾馆服务、旅行社服务系统、订票系统、医疗服务、银行服务、股票查询服务等。

语音识别方法主要是模式匹配法。在训练阶段，用户将词汇表中的每一词依次说一遍，并且将其特征矢量作为模板存入模板库。在识别阶段，将输入语音的特征矢量依次与模板库中的每个模板进行相似度比较，将相似度最高者作为识别结果输出。

语音识别以语音为研究对象，通过语音信号处理和模式识别让机器自动识别和理解人类口述的语言。为了便于研究，科学家根据不同的研究目的将语音识别划分为多个领域，经典的划分方式主要有以下几种：

（1）根据词汇量的大小可分为大、中、小词汇量。一般而言大词汇量至少包含 500 个以上的词条，中等词汇量大约有 100～500 个词条，而小词汇量有 10～100 个词条。一般情况下，语音识别的准确率会随着词汇量的增加而下降。

（2）根据发音方式，语音识别可以分为孤立词识别、连接词识别、连续语音识别和关键词识别。孤立词识别是对一个孤立的音节、字或词进行识别，所以输入的语音也必须是一个音节、字或词。连续语音识别是对连续的自然语音进行识别，比较复杂，计算量也比较大，对硬件设备要求较高。而关键词识别介于孤立词识别和连续词识别之间。对于关键词识别，则是从一段连续的语音中识别出能够匹配模板库中的关键词，而摒弃其他语音的一种识别方式。

（3）根据说话人识别方式可以分为基于特定人的语音识别系统和基于非特定人语音识别系统。前者必须对大量的特定人语音进行训练识别，这种方式只能识别特定的某一个人，常用于特定人的语音识别系统。而后者通过采集大量的来自不同人的语音进行训练，提取共同的语音特征进行匹配识别。因此这种方式能够识别任意人的语音，应用范围广，但是由于不同人的发音方式、语速、语音强度等都不尽相同，其识别难度也最大。然而随着语音识别技术的快速发展，语音识别所面临的任务也越来越接近真实的世界，越来越复杂。当今的实际需求划分的语音识别如图 5-8 所示。

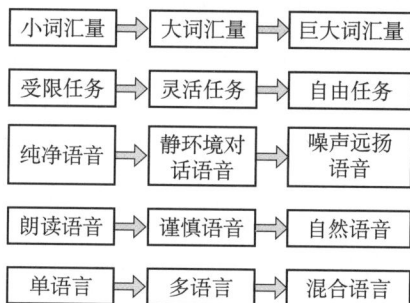

图 5-8　实际需求划分的语音识别

在语音识别系统中，最简单的依然是基于特定人的孤立词、小词汇量识别系统，而最复杂最难的已经变成了基于非特定人、巨大词汇量、自由任务、噪声远扬语音、自然语音、混合语言的语音识别系统，这比过去要解决的任务要难得多。

下面介绍语音识别系统的主要流程。语音识别系统本质上是一种模式识别系统，它包含预处理、特征处理、训练模板库、模式匹配和后处理 5 个部分。语音识别流程如图 5-9 所示。

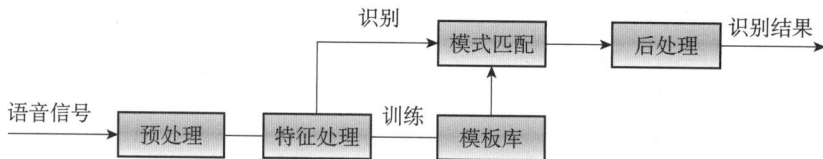

图 5-9　语音识别流程

5.5　生物特征识别

生物特征识别（Biometrics）技术，是指通过计算机利用人体所固有的生理特征（指纹、虹膜、面相、DNA 等）或行为特征（步态、击键习惯等）来进行个人身份鉴定的技术。

在当今信息化时代，如何准确鉴定一个人的身份、保护信息安全，已成为一个必须解决的关键社会问题。传统的身份认证由于极易伪造和丢失，越来越难以满足社会的需求，目前最为便捷与安全的解决方案无疑就是生物识别技术。它不但简洁快速，而且利用它进行身份的认定，安全、可靠、准确。同时更易于配合计算机和安全、监控、管理系统整合，实现自动化管理。由于其广阔的应用前景、巨大的社会效益和经济效益，已引起各国的广泛关注和高度重视。

生物识别技术（Biometric Identification Technology）是指利用人体生物特征进行身份认证的一种技术。具体地说，生物识别技术就是通过计算机与光学、声学、生物传感器和生物统计学原理等高科技手段密切结合，利用人体固有的生理特性和行为特征来进行个人身份的鉴定。

生物识别系统是对生物特征进行取样，提取其唯一的特征并且转化成数字代码，并进一步将这些代码组合而成的特征模板。人们同生物识别系统交互进行身份认证时，生物识别系统获取其特征并与数据库中的特征模板进行比对，以确定是否匹配，从而决定接受或拒绝该人。

在目前的研究与应用领域中，生物特征识别主要关系到计算机视觉、图像处理与模式识别、计算机听觉、语音处理、多传感器技术、虚拟现实、计算机图形学、可视化技术、计算机辅助设计、智能机器人感知系统等其他相关的研究。已被用于生物识别的生物特征有手形、指纹、脸形、虹膜、视网膜、脉搏、耳廓等，行为特征有签字、声音、按键力度等。基于这些特征，生物识别技术已经在过去的几年中取得了长足的进展。

1. 指纹识别

指纹识别已被全球大部分国家所接受与认可，已广泛地应用到政府、军队、银行、社会福利保障、电子商务和安全防卫等领域。在我国，北大高科等对指纹识别技术的研究开发已达到可与国际先进技术抗衡，中科院的汉王科技公司在一对多指纹识别算法上取得重大进展，达到的性能指标中拒识率小于 0.1%，误识率小于 0.0001%，居国际先进水平；指纹识别技术在我国已经得到较广泛的应用，随着网络的更加普及，指纹识别的应用将更加广泛。

指纹示例图如图 5-10 所示。

图 5-10　指纹示例图

2. 人脸识别

人脸识别的实现包括面部识别（多采用"多重对照人脸识别法"，即先从拍摄到的人像中找到人脸，从人脸中找出对比最明显的眼睛，最终判断包括两眼在内的领域是不是想要识别的面孔）和面部认证（为提高认证性能已开发了"摄动空间法"，即利用三维技术对人脸侧面及灯光发生变化时的人脸进行准确预测，以及"适应领域混合对照法"，使得对部分伪装的人脸也能进行识别）两方面，基本实现了快速而高精度的身份认证。由于其属于非接触型认证，仅仅看到脸部就可以实现很多应用，因而可被应用在：证件中的身份认证；重要场所中的安全检测和监控；智能卡中的身份认证；计算机登录等网络安全控制等多种不同的安全领域。随着网络技术和视频的广泛采用，以及电子商务等网络资源的利用对身份验证提出了新的要求，依托于图像理解、模式识别、计算机视觉和神经网络等技术的人脸识别技术在一定应用范围内已获得了成功。目前国内该项识别技术在警用等安全领域用得比较多。这项技术也被用在一些中高档相机的辅助拍摄方面（如人脸识别拍摄）。

3. 皮肤芯片

这种方法通过把红外光照进一小块皮肤并通过测定的反射光波长来确认人的身份。其理论基础是每个具有不同皮肤厚度和皮下层的人类皮肤，都有其特有的标记。由于皮肤、皮层和不同结构具有个性和专一特性，这些都会影响光的不同波长，目前 Lumidigm 公司开发了一种包含银币大小的两种电子芯片的系统。第一个芯片用光反射二极管照明皮肤的一片斑块，然后收集反射回来的射线，第二个芯片处理由照射产生的"光印"（Light Print）标志信号。相对于指纹（Finger Printing）和面认（Face Recognition）所采用的采集原始形象并仔细处理大量数据来从中抽提出需要特征的生物统计学方法，光印不依赖于形象处理，使得设备只需较少的计算能力即可。

4. 步态识别

步态识别技术目前还处在初期阶段，其发展还面临许多艰难的挑战。其理论是每个人以相同的方式生活，都有自己专一的信号或指纹，每个人也有自己专一的走路步伐。其技巧是收集人体语言并把它转化为计算机能识别的数字。

一种方法是通过每个人建立"运动信号"来识别。他们从拍摄人走路或跑步的方法开始研究每个人的运动信号，再利用计算机上的模拟照相机捕捉和储存这一运动行为。之后只要一个人把他的整个走路过程拍摄下来，指令计算机就能根据储存的形象来确定这个人的身份。通过系统很好地归纳所有不同的步伐后，据称现已经获得 90% ~ 95% 的正确匹配。

另一种方法则是使用结构分析方法去测定一个人的跨步和腿伸展特性。

这两种技术迄今所有的数据库形象是两维的，并在很大程度上取决于照相机的角度。当一个系统企图采用不同的角度去比较同一个人两个镜头时，就会出现问题。这也很大程度上直接限制了它的发展！

5. 虹膜识别

虹膜识别技术是基于眼睛中的虹膜进行的身份识别，如图 5-11 所示，应用于安防设备（如门禁等），以及有高度保密需求的场所。

人的眼睛结构由巩膜、虹膜、瞳孔、晶状体、视网膜等部分组成。虹膜是位于黑色瞳孔和白色巩膜之间的圆环状部分，其包含有很多相互交错的斑点、细丝、冠状、条纹、隐窝等的细节特征。

个体的虹膜结构独一无二、不具遗传性（即使是同卵双胞胎，虹膜也各不相同），而且

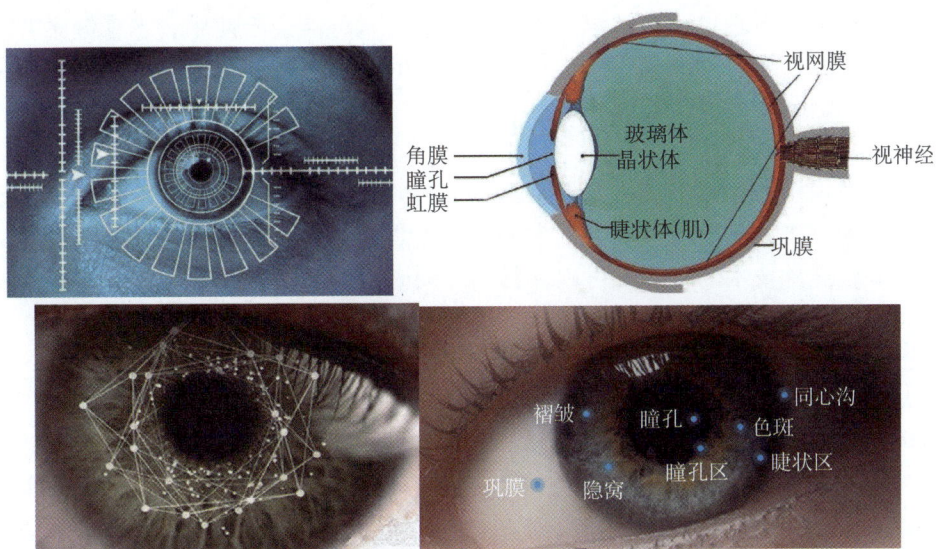

图 5-11　虹膜识别技术

虹膜在胎儿发育阶段形成后，在整个生命历程中将是保持不变的。这些特征决定了虹膜特征的唯一性，同时也决定了身份识别的唯一性。因此，可以将眼睛的虹膜特征作为每个人的身份识别对象。有统计表明，到目前为止，虹膜识别的错误率是各种生物特征识别中最低的。目前，国际上掌握虹膜识别核心技术的仅有我国中科模识科技有限公司和另一家美国公司，并且我国已经获得了"虹膜图像采集装置"和"基于虹膜识别的身份鉴定方法与装置"等多项专利。

此外应用广泛的还有笔迹识别、语音识别、红外温谱图等其他特征识别方式。

6. 静脉识别

静脉识别系统就是首先通过静脉识别仪取得个人静脉分布图，从静脉分布图依据专用比对算法提取特征值，通过红外线 CMOS 摄像头获取手指静脉、手掌静脉、手背静脉的图像，将静脉的数字图像存储在计算机系统中，将特征值存储起来，如图 5-12 所示。静脉比对时，实时采取静脉图，提取特征值，运用先进的滤波、图像二值化、细化手段对数字图像提取特征，同存储在主机中的静脉特征值进行比对，再采用复杂的匹配算法对静脉特征进行匹配，从而对个人身份进行鉴定，确认身份。

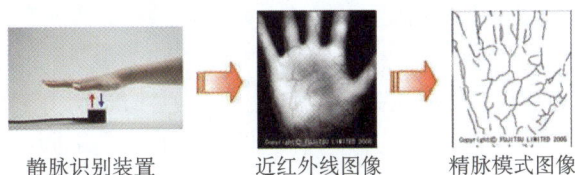

静脉识别装置　　　　近红外线图像　　　　精脉模式图像

图 5-12　静脉识别技术

7. 视网膜识别

视网膜是眼睛底部的血液细胞层。视网膜扫描是采用低密度的红外线去捕捉视网膜的独特特征，血液细胞的唯一模式就因此被捕捉下来。视网膜识别的优点就在于它是一种极其固定的生物特征，因为它是"隐藏"的，故而不可能受到磨损、老化等影响；使用者也无须和设备进行直接的接触；同时它是一个最难欺骗的系统，因为视网膜是不可见的，故而不会被伪造。然而，视网膜识别也存在缺陷，如：视网膜技术可能会给使用者带来健康的损坏，这需要进一步的研究；设备投入较为昂贵，识别过程的要求也较高，因此视网膜识别在普遍推广应用上具有一定的难度。

8. 手掌几何学识别

手掌几何学识别通过测量使用者的手掌和手指的物理特征来进行识别，高级的产品还可以识别三维图像。作为一种已经确立的方法，手掌几何学识别不仅性能好，而且使用比较方便。如果需要，这种技术的准确性可以非常高，同时可以灵活地调整性能以适应相当广泛的使用要求。手形读取器使用的范围很广，且很容易集成到其他系统中，因此成为许多生物特征识别项目中的首选技术。

9. DNA 识别

人体内的 DNA 在整个人类范围内具有唯一性（除了同卵双胞胎可能具有同样结构的 DNA 外）和永久性。因此，除了对同卵双胞胎个体的鉴别可能失去它应有的功能，这种方法具有绝对的权威性和准确性。DNA 鉴别方法主要根据人体细胞中 DNA 分子的结构因人而异的特点进行身份鉴别。这种方法的准确性优于其他任何身份鉴别方法，同时有较好的防伪性。然而，DNA 的获取和鉴别方法（DNA 鉴别必须在一定的化学环境下进行）限制了 DNA 鉴别技术的实时性；另外，某些特殊疾病可能改变人体 DNA 的结构组成，系统无法正确地对这类人群进行鉴别。

10. 声音和签字识别

声音和签字识别属于行为识别的范畴。声音识别主要是利用人的声音特点进行的身份识别。声音识别的优点在于它是一种非接触识别技术，容易为公众所接受。但声音会随音量、音速和音质的变化而影响。比如，一个人感冒时说话和平时说话就会有明显差异。再者，一个人也可能有意识地对自己的声音进行伪装和控制，从而给鉴别带来一定困难。签字是一种传统身份认证手段。现代签字识别技术，主要透过测量签字者的字形及不同笔画间的速度、顺序和压力特征，对签字者的身份进行鉴别。签字与声音识别一样，也是一种行为测定，因此，同样会受人为因素的影响。

11. 亲子鉴定

由于人体大约有 30 亿个核苷酸构成整个染色体系统，而且在生殖细胞形成前的互换和组合是随机的，所以世界上没有任何两个人具有完全相同的 30 亿个核苷酸的组成序列，这就是人的遗传多态性。尽管遗传多态性的存在，但每一个人的染色体必然也只能来自其父母，这就是 DNA 亲子鉴定的理论基础。

12. 手形识别

手形指的是手的外部轮廓所构成的几何图形。大量生物学研究表明，人的手形在一个相当长的时期内具有良好的稳定性，并且，两个不同人的手形是不同的，即手形特征具有唯一性。此外，手形特征也具有普遍性、易采集性等特点，满足成为生物特征的所有要求，因此可以利用手形来对人的身份进行认证。

手形研究多采用人手指的三维轮廓特征作为手形特征，但是，由于三维点采集起来比较复杂，目前，有越来越多的研究者把目光转向了二维手形识别方法的研究，并且取得了一定的进展。

13. 签名识别

个人手写签名虽然不是一种固有生理特征的外在表现，但是由于签名基本上是一种自在的手腕运动，个人签名时在握笔姿势、运笔习惯、用力轻重等方面都有自己的特点。J.J. Denier，VGon 和 J. Thuring 等认为手写签名是一种"弹道运动"，是个人无意识的习惯动作。手写签名认证就是根据个人书写的特点来比较当前签名与预先存储的签名样本或模板之间的相似程度，通过相似程度来判断签名的真伪并相应地判别当前签名者身份的真伪。

签名认证与其他生物特征认证方法相比，最明显的特点就是传统手写签名的身份鉴别形式在人们日常生活中经常使用，同时文字书写也是人们普遍具有和使用的技能，因而容易被人们接受。随着传感器技术和计算机技术的发展，支持手写功能的计算机和电子设备（手写板、个人数字助理、智能手机等）日渐普及，这也为手写签名认证的应用提供了极大的便利。

综上所述，生物识别技术是目前最为方便与安全的识别技术，它不需要记住复杂的密码，也不需随身携带钥匙、智能卡之类的东西。生物识别技术认定的是人本身，这就直接决定了这种认证方式更安全、更方便了。由于每个人的生物特征具有与其他人不同的唯一性和在一定时期内不变的稳定性，不易伪造和假冒，所以利用生物识别技术进行身份认定，安全、可靠、准确。

目前，生物识别技术在生活方面主要有三大应用方向：

（1）作为刑侦鉴定的重要手段。

（2）满足企业安全、管理上的需求（例如，物理门禁、逻辑门禁、考勤、巡更等系统，已经全面引入生物识别技术）。

（3）自助式政府服务、出入境管理、金融服务、电子商务、信息安全（个人隐私保护）等方面。

生物识别应用之发展潜力和背景，在现阶段的中国，主要体现在以下几个方面：首先，巨大的人口基数，以及越来越频繁的流动性。这其中不论静态管理还是动态控制，身份识别当然是首要因素。其次，在经济全球化背景下，中国数量庞大、规模超凡的工厂的安全和管理，也是生物识别的用武之地。再次，经济全球化带来更直接的影响，是频繁的个人身份认证的需求。最后，电子商务和电子政务的演变和普及中的生物识别，是现阶段及可预见的将来最佳的解决方案。

【学习与思考】

1. 查阅相关文献资料，简述智能识别的主要应用。
2. 查阅相关文献资料，简述智能识别的种类。

◎　延伸阅读

人工智能识别技术助力刑侦破案

昆明恐怖袭击事件发生后，经历 40 余小时，罪犯全部落网。公安部的公告中提到了侦破、追捕过程中运用的两大科技手段：DNA 鉴定和指纹对比。这两项技术是目前世界范围内应用最广也是最为成熟的犯罪侦查技术之一。在抓捕过程中，政府通过对犯罪现场的侦查获得罪犯指纹，然后在追捕过程中通过不断收集嫌疑人指纹并进行核对，以此判断罪犯的行踪，确保追捕方向的准确性。

追捕过程中的另一项重要应用是利用声纹识别＋通信追踪来抓捕罪犯。恐怖分子在逃亡过程中，通常会与组织、同伙保持联系。此时通过通信追踪＋声纹识别，可以为侦查追捕提供最新的罪犯位置和身份信息。通过监听已抓获罪犯的通信信息，判断与其联系的人员身份，然后进行定位，可以快速地抓获漏网成员。声纹与指纹一样，是稳定且唯一的生物特征。尽管每个人的语音声学特征可以因生理、病理、心理和模拟、伪装等原因产生变异，但其声纹图谱仍具有相当的稳定性。现代的声纹技术，已经可以对录音和经过处理的声音进行解析和还原，以确定发言人的真实身份。

美国中央情报局就曾一直使用语音识别系统对本·拉登的录音进行鉴识。本·拉登的音像信息每一次公布，美国情报部门都会通过语音鉴识技术来辨别其真伪，2010 年，正是本·拉登的信使艾哈迈德在一次电话通信中被情报部门锁定，致使本·拉登的行踪暴露。目前的语音鉴识技术已经相当成熟。实际上，早在 20 世纪 70 年代，美国情报部门就开始使用这一技术监测苏联领导人。

声纹识别除了可以用于识别说话人，还可以进行语意的判断，以此掌握恐怖组织的具体行动部署。当然，这种应用对技术有更高的要求。通常除了理解表层的话语主题，还需要对话语的深层信息包括特定对象的语言风格进行鉴识，语言风格实际上就是个人长期形成的语言应用特点系列。2002 年 11 月，本·拉登的一段录音在卡塔尔半岛电视台播放。当月18 日，美国白宫发言人斯科特·麦克莱伦称，"我们的情报专家已经确认，那盘录音带是真的"。麦克莱伦披露，美国中央情报局和国家安全局情报专家、语言学家将此录音与本·拉登此前的录音进行了比对。不久，美联社详细报道了对本·拉登语言风格的鉴识结果："讲话者在此次录音中使用了和以往本·拉登录音带中相似的语言，包括寻章摘句的修辞风格与柔和的语音语调。"

【查阅与思考】

1. 查阅相关文献资料，谈一谈智能识别在我们的生活中是如何大展身手的。
2. 查阅相关文献资料，谈一谈智能识别是否会取代人类的相关生活和工作。

第6章 自然语言处理

◎ **案例导读**

案例一 智能客服——"店小蜜"

"店小蜜"是阿里巴巴集团客户体验事业群专为商家提供的人工智能客服虚拟机器人。店小蜜的功能示意图如图6-1所示。2019年天猫"6·18"购物节期间，消费者通过咨询机器人带来的成交金额高达112亿元，相比2018年增长了14倍。上百个国内外品牌成交超2018年"双11"时的成交量，最高增长超40倍，超过110家品牌成交过亿元，实现了销量与咨询量的大增长。根据阿里客服数据显示，"6·18"期间店小蜜共覆盖150万商家，帮助节省近3万人力，整体响应速度提升7%，显示出在咨询量暴涨的情况下，减轻了商家的服务压力。

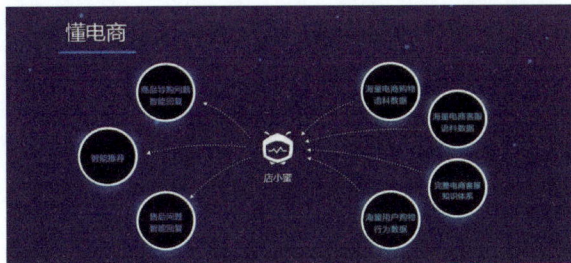

图6-1 "店小蜜"的功能示意图

在过去的一年里，AI客服机器人"店小蜜"帮助商家打造24小时不间断、售前到售后全链路的智能服务，不仅保障服务响应速度，更可以让商家合理规划人力投入。仅在2018年天猫"双11"期间，商家智能助手"店小蜜"承载了3.5亿次对话，相当于58.6万名客服的工作量，成本节省8亿元、助力成交112亿元，这一系列降本增效数据的背后凸显了智能化服务的价值。然而智能客服的核心技术就是自然语言处理（Natural Language Processing，NLP）。

案例二 巴别塔

《圣经》里有一个故事，讲的是巴比伦人想建造一座塔直通天堂。建塔的人都说着同一种语言，心意相通、齐心协力。上帝看到人类竟然敢做这种事情，就让他们的语言变得不一样。因为人们听不懂对方在讲什么，于是大家整天吵吵闹闹，无法继续建塔。后来人们把这座塔叫作"巴别塔"，而"巴别"的意思就是"分歧"。

虽然巴别塔没有建成，但让全世界拥有相通的语言一直是萦绕在人们心中的梦想。人工智能技术实现了用机器翻译不同的语言，从最初只能翻译单词到现在可以整句或通篇翻译，近几年用语音就可以直接进行翻译。有了它，你可以行走到世界上的任何一个国家，即使看不懂文字，听不懂语言，也能够借助机器翻译与他人进行交流和沟通，不必再为相互不能理解而困扰，机器翻译的核心就是自然语言处理。

【查阅与思考】

1. 查阅相关文献资料，设想一下未来十年自然语言处理的发展趋势。
2. 了解一下你日常生活中遇到过哪些自然语言处理的实际应用。

6.1 自然语言处理概述

自然语言是指我们日常生活中使用的语言，如汉语、英语等，它是相对于人造语言而言的，如 C 语言、Java 语言等计算机语言。语言是思维的载体，是人际交流的工具，人类历史上以语言文字形式记载和流传的知识占到知识总量的 80% 以上。自然语言处理旨在设计算法使计算机像人一样理解和处理自然语言，是互联网和大数据时代的必然。自然语言处理涉及许多领域，包括词汇、句法、语义和语用分析、文本分类、情感分析、自动摘要、机器翻译和社会计算等。随着通信和计算机相关技术的发展，自然语言处理的应用需求也越来越大。

语言既是精确的，也是模糊的，它是独一无二的。在文学艺术中，它又可以有意地以"艺术"的方式（例如，诗歌或小说）使用。作为交流的一种形式，书面尤其是口语，许多时候可能是含糊不清的。

目前，在许多系统中，机器执行与语言相关的功能（口语和文字 / 互动），甚至让人类都难以区分究竟是与人类还是与机器进行互动。这些系统既让人感到沮丧，又让人感到印象深刻，这是非常常见的。对一些简单的决定，我们不得不与机器进行交互，让它转发呼叫，这让我们感到沮丧。但是，有时机器似乎有能力做出人才可能做出的决定，这又让我们感到印象深刻。

今天，旅客可以使用智能手机的语音功能来预订并查询他们的出行计划，这些智能设备可以提供很多以前只有人类才能提供的服务。

汽车语音智能导航取得了显著进步，这个系统可以为驾驶员提供文字和语音的提醒，帮助其到达想要去的目的地，诸如加油站、餐馆、银行等。现在这些语音智能导航系统能够为人类提供非常便捷的服务，同时这些智能系统的价格已经非常便宜。

视频搜索公司通过使用语音技术，捕获音轨中的单词，为网络上的视频提供搜索服务。

正如我们所知，搜索引擎公司百度、Google 等公司可以执行快速的信息检索服务。它们还可以执行跨语言的信息检索和翻译服务，人们可以使用母语进行查询，搜索引擎可以将母语翻译成其他语言进行查询，搜索引擎找到相关页面后，再翻译成用户的母语。

大型出版社和教育考试机构开发了自动化系统，可以分析成千上万篇的学生论文，可以对这些论文进行分级和评分，所得到的结论与人类评分者不分伯仲。

交互式虚拟智能体模拟动画人物，可以作为孩子学习阅读的辅导员，帮助孩子进行有效的学习。

除了在信息检索方面的巨大进步，文本分析也取得了很大进展，通过文本分析，已经能够做到自动评估意见、重要性、偏好和态度。

人类的语言是非常复杂的，口语和书面语在表达上是有差别的，语言为我们提供了众多进行详细交流的机会，也带来了产生很大误解的机会！

口语使我们能够与一个或多个人进行交互式交流，口语是人类之间最常见、最古老的语言交流形式。语言很容易让我们变得更具表现力，最重要的是，也可以让我们彼此倾听。虽然语言有其精确性，但是很少有人可以非常精确地使用语言。双方或多方说的不是同一种语言，不同的人对语言有不同的解释，对相同的词语有不同的理解，声音有时候会变得模糊或很含糊，又或者受到地方方言的影响，在这些情况下，口语就会导致误解。最重要的是口语几乎没有任何官方记录。

文本语言可以提供记录（无论是书、文档、电子邮件还是其他形式），这是明显的优势，但是文本语言缺乏口语所能提供的自发性、流动性和交互性。

6.1.1　自然语言处理的基本概念

自然语言处理（Natural Language Understanding，NLU）是使用自然语言同计算机进行通信的技术，也称为计算语言学（Computational Linguistics）。

自然语言处理是计算机科学领域与人工智能领域中的一个重要方向。它研究能实现人与计算机之间用自然语言进行有效通信的各种理论和方法。自然语言处理是一门融语言学、计算机科学、数学于一体的科学。因此，这一领域的研究将涉及自然语言，即人们日常使用的语言，所以它与语言学的研究有着密切的联系，但又有重要的区别。自然语言处理并不是一般地研究自然语言，而在于研制能有效地实现自然语言通信的计算机系统，特别是其中的软件系统。因而它是计算机科学的一部分。

自然语言处理属于计算机科学、人工智能、语言学所关注的计算机与人类自然语言之间的相互作用的领域。

自然语言处理俗称人机对话，是人工智能的分支学科，研究用计算机模拟人的语言交际过程，使计算机能理解和运用人类社会的自然语言如汉语、英语等，实现人机之间的自然语言通信，以代替人的部分脑力劳动，包括查询资料、解答问题、摘录文献、汇编资料及一切有关自然语言信息的加工处理。自然语言处理在当前新技术革命的浪潮中占有十分重要的地位。研制第 5 代计算机的主要目标之一，就是使计算机具有理解和运用自然语言的功能。

自然语言处理是一门新兴的边缘学科，内容涉及语言学、心理学、逻辑学、声学、数学和计算机科学，而以语言学为基础。自然语言处理的研究，综合应用了现代语音学、音系学、语法学、语义学、语用学的知识，同时向现代语言学提出了一系列的问题和要求。本学科需要解决的中心问题是：语言究竟是怎样组织起来并传输信息的？人又是怎样从一连串的语言符号中获取信息的？

语言是人类区别于其他动物的本质特性。人类的多种智能都与语言有着密切的关系。人类的逻辑思维以语言为形式，人类的绝大部分知识也是以语言文字的形式记载和流传下来的。因而，它也是人工智能的一个重要，甚至核心部分。

用自然语言与计算机进行通信，这是人们长期以来所追求的。因为它既有明显的实际意义，同时有重要的理论意义：人们可以用自己最习惯的语言来使用计算机，而无须再花大量的时间和精力去学习不很自然和习惯的各种计算机语言；人们也可通过它进一步了解人类的语言能力和智能机制。

6.1.2　自然语言处理的发展

自然语言处理经历了从逻辑规则到统计模型的发展之路。图 6-2 列出了历史上几个重要的时间段。

图 6-2　自然语言处理发展历史

20 世纪 50 年代是人工智能与自然语言处理的萌芽期，出现了许多奠基性的工作。1949 年，美国人威弗首先提出了机器翻译设计方案。20 世纪 60 年代，国外对机器翻译曾有大规模的研究工作，耗费了巨额费用，但人们当时显然是低估了自然语言的复杂性，语言处理的理论和技术均不成熟，所以进展不大。主要的做法是存储两种语言的单词、短语对应译法的大辞典，翻译时一一对应，技术上只是调整语言的同条顺序。但日常生活中语言的翻译远不是如此简单，很多时候还要参考某句话前后的意思。其中最具代表性的是数学家阿兰·图灵在论文 *Computing Machinery and Intelligence* 提出的人工智能的充分条件——图灵测试，以及语言学家乔姆斯基的句法结构——认为句子是按某种与语境无关的普遍语法规则生成的，乔姆斯基的"普遍语法规则"因为对语义的忽视而备受争议，并在后续理论中做了相应修正。无论是人工智能还是自然语言处理，都是任重道远的课题。

20 世纪 80 年代之前的主流方法都是基于规则的形式语言理论，根据数学中的公理化方法研究自然语言，采用代数和集合论把形式语言定义为符号序列，由专家手工编写领域相关的规则集。那时候计算机和计算机语言刚刚发明，从事编程的都是精英学者，他们雄心勃勃地认为只要通过编程就能赋予计算机智能。代表性工作有 MIT AI 实验室的 Baseball 及 Sun 公司（2009 年被甲骨文公司收购）的 Lunar，分别专门回答北美棒球赛事的问题和阿波罗探月带回来的岩石样本问题。这一时期还有很多类似的问答系统，都是主要依赖手写规则的专家系统。

以 Baseball 为例，其中的词性标注模块是这样判断 score 的词性的："如果句子中不含其他动词，则 score 是一个动词，否则是名词。"接着该系统依靠词性上的规则合并名词短语、介词短语及副词短语。语法模块则根据"若最后一个动词是主要动词并位于 to be 之后"之类的规则判断被动句、主语和谓语。然后该系统利用词典上的规则来将这些信息转化为"属性名＝属性值"或"属性名＝？"的键值对，用来表示知识库中的文档及问句。最后利用类似"若除了问号之外所有属性名都匹配，则输出该文档中问句所求的属性"的规则来匹配问句与答案。如此僵硬、严格的规则导致该系统只能处理固定的问句，无法处理与或非逻辑、比较级与时间段。于是，这些规则系统被称为"玩具"。为了方便表述这样的规则逻辑，

1972 年人们还特意发明了 Prolog（Programming in Logic）语言来构建知识库及专家系统。

　　20 世纪 80 年代之后，统计模型给人工智能和自然语言处理领域带来了革命性的进展，人们开始标注语料库用于开发和测试 NLP 模块：1988 年隐马尔可夫模型被用于词性标注，1990 年 IBM 公布了第一个统计机器翻译系统，1995 年出现第一个健壮的句法分析器（基于统计）。为了追求更高的准确率，人们继续标注更大的语料库（TREC 问答语料库、CoNLL 命名实体识别、语义角色标注与依存句法语料库）。而更大的语料库与硬件的发展又吸引人们应用更复杂的模型。到了 2000 年，大量机器学习模型被广泛使用，比如感知机和条件随机场。人们不再依赖死板的规则系统，而是期望机器自动学习语言规律。要提高系统的准确率，要么换用更高级的模型，要么多标注一些语料。从此 NLP 系统可以健壮地拓展，而不再依赖专家们手写的规则。但专家们依然有用武之地，根据语言学知识为统计模型设计特征模板（将语料表示为方便计算机理解的形式）成为立竿见影的方法，这道工序被称为"特征工程"。2010 年，基于 SVM 的 Turbo 依存句法分析器在英语宾州树库（Penn Treebank）上取得了 92.3% 的准确率，是当时最先进的系统。本章将着重介绍一些实用的统计模型及实现，它们并非是高不可攀的技术，是完全可以实现的，且在普通的硬件资源下就能运行起来。

　　2010 年之后，语料库规模、硬件计算力都得到了很大提升，为神经网络的复兴创造了条件。但随着标注数据的增加，传统模型的准确率提升越来越不明显，人们需要更复杂的模型，于是深层的神经网络重新回归研究者的视野。神经网络依然是统计模型的一种，其理论奠基于 20 世纪 50 年代左右。1951 年，Marvin Lee Minsky 设计了首台模拟神经网络的机器。1958 年，Rosenblatt 首次提出能够模拟人类感知能力的神经网络模型——著名的感知机。1989 年，Yann LeCun 在贝尔实验室利用美国邮政数据集训练了首个深度卷积神经网络，用于识别手写数字。只不过限于计算力和数据量，神经网络一直到 2010 年前后才被广泛应用，并被冠以"深度学习"的新术语，以区别于之前的浅层模型。深度学习的魅力在于，它不再依赖专家制定的特征模板，而能够自动学习原始数据的抽象表示，所以它主要用于表示学习。

6.1.3　自然语言处理的难点

　　自然语言处理的困难关键在于消除歧义问题，如词法分析、句法分析、语义分析等过程中存在的歧义问题，简称为消歧。而正确的消歧需要大量的知识，包括语言学知识（如词法、句法、语义、上下文等）和世界知识（与语言无关）。由于歧义的存在给自然语言处理带来两个主要困难。

　　首先，当语言中充满了大量的歧义，分词难度很大，同一种语言形式可能具有多种含义。特别是在处理中文单词的过程中，由于中文词与词之间缺少天然的分隔符，因此文字处理比英文等西方语言多一步确定词边界的工序，即"中文自动分词"任务。通俗地说就是要由计算机在词与词之间自动加上分隔符，从而将中文文本切分为独立的单词。例如"昨天有沙尘暴"这句话带有分隔符的切分文本是"昨天 | 有 | 沙尘暴"。自动分词处于中文自然语言处理的底层，意味着它是理解语言的第一道工序，但正确的单词切分又取决于对文本语义的正确理解。这形成了一个"鸡生蛋、蛋生鸡"的问题，成为自然语言处理的第一只拦路虎。

除了在单个词级别分词和理解存在难度，在短语和句子级别也容易存在歧义。例如"出口冰箱"可以理解为动宾关系（从国内出口了一批冰箱），也可以理解为偏正关系（从国内出口的冰箱）；又如在句子级别，"做化疗的是她的妈妈"可以理解为她妈妈生病了需要做化疗，也可以理解为她妈妈是医生，帮别人做化疗。

其次，消除歧义所需要的知识在获取、表达及运用上存在困难。由于语言处理的复杂性，合适的语言处理方法和模型难以设计。

在试图理解一句话的时候，即使不存在歧义问题，我们也往往需要考虑上下文的影响。所谓"上下文"指的是当前所说这句话所处的语言环境，包括说话人所处的环境，或者是这句话的前几句话或者后几句话等。以"小 A 打了小 B，因此我惩罚了他"为例，在其中的第二句话中的"他"是指代"小 A"还是"小 B"呢？要正确理解这句话，我们就要理解上句话"小 A 打了小 B"意味着"小 A"做得不对，因此第二句中的"他"应当指代的是"小 A"。由于上下文对于当前句子的暗示形式是多种多样的，因此如何考虑上下文影响问题是自然语言处理中的主要困难之一。

此外，正确理解人类语言还要有足够的背景知识，特别是对于成语和歇后语的理解。比如在英语中"The spirit is willing but the flesh is weak."是一句成语，意思是"心有余而力不足"。但是曾经某个机器翻译系统将这句英文翻译为俄语，然后再翻译回英语的时候，却变成了"The Voltka is strong but the meat is rotten."，意思是"伏特加酒是浓的，但肉却腐烂了"。导致翻译偏差的根本问题在于，机器翻译系统对于英语成语并不了解，仅仅从字面上进行翻译，结果失之毫厘，谬之千里。

自然语言处理就是用人工智能来处理、理解及运用人类语言。它在生活中具有广泛的应用，今天在一些领域（比如机器翻译）其处理准确率已经超过 90%，但要达到人类水平，仍然存在较大难度。

消除歧义是目前自然语言处理的最大困难，它的根源是人类语言的复杂性和语言描述的外部世界的复杂性。人类语言承担着人类表达情感、交流思想、传播知识等重要功能，因此需要具备强大的灵活性和表达能力，而理解语言所需要的知识又是无止境的。自然语言处理一直是一个艰深的课题。虽然语言只是人工智能的一部分（人工智能还包括计算机视觉等），但它非常独特。这个星球上有许多生物拥有超过人类的视觉系统，但只有人类才拥有这么高级的语言。自然语言处理的目标是让计算机处理或"理解"自然语言，以完成有意义的任务，比如订机票、购物或同声传译等。完全理解和表达语言是极其困难的，完美的语言理解等价于实现人工智能。

6.2　自然语言处理过程的层次任务

语言的分析和理解过程是一个层次化的过程。按照处理对象的颗粒度，自然语言处理大致可以分为如图 6-3 所示的几个层次。

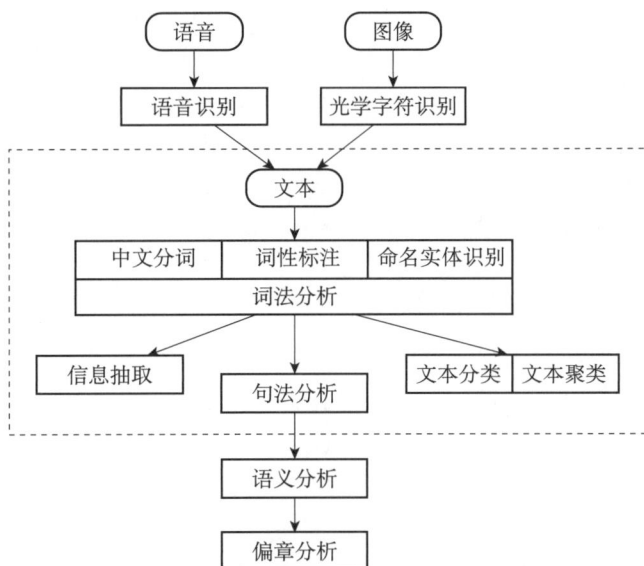

图 6-3　自然语言处理的层次

1. 数据输入源

自然语言处理系统的输入源一共有 3 种，即语音、图像和文本。其中，语音和图像虽然正引起越来越多的关注，但受制于存储容量和传输速度，它们的信息总量还是没有文本多。另外，这两种形式一般经过识别后会转化为文本，再进行接下来的处理，分别称为语音识别（Speech Recognition）和光学字符识别（Optical Character Recognition）。一旦转化为文本，就可以进行后续的 NLP 任务。所以，文本处理是重中之重。

2. 词法分析

中文分词、词性标注和命名实体识别这 3 个任务都是围绕词语进行的分析，所以统称词法分析。词法分析的主要任务是将文本分隔为有意义的词语（中文分词），确定每个词语的类别和浅层的歧义消除（词性标注），并且识别出一些较长的专有名词（命名实体识别）。对中文而言，词法分析常常是后续高级任务的基础。在流水线式的系统中，如果词法分析出错，则会波及后续任务。所幸的是，中文词法分析已经比较成熟，基本达到了工业使用的水准。

以句子"警察正在详细调查事故原因"为例，分词后的结果为：

警察 / 正在 / 详细 / 调查 / 事故 / 原因

进行词性标注后的结果如下：

警察 /nn 正在 / ad 详细 /ad 调查 /vv 事故 /nn 原因 /nn

其中，nn 表示名词，ad 表示形容词或副词（直接作状语的形容词），vv 表示动词。

3. 信息抽取

词法分析之后，文本已经呈现出部分结构化的趋势。至少，计算机看到的不再是一个超长的字符串，而是有意义的单词列表，并且每个单词还附有自己的词性及其他标签。

根据这些单词与标签，我们可以抽取出一部分有用的信息，从简单的高频词到高级算法提取出的关键词，从公司名称到专业术语，其中抽取的词语级别的信息已经不少。我们还可以根据词语之间的统计学信息抽取出关键短语乃至句子，更大颗粒度的文本对用户更加友好。

4. 句法分析

句法分析的基本任务是确定句子的语法结构或句子中词汇之间的依存关系。句法分析不是一个自然语言处理任务的最终目标，但它往往是实现最终目标的关键环节。句法分析分为句法结构分析和依存关系分析两种。以获取整个句子的句法结构为目的的语法分析称为完全句法分析，而以获得局部成分为目的的语法分析称为局部分析，依存关系分析简称依存分析。

一般而言，句法分析的任务有以下三个：

（1）判断输出的字符串是否属于某种语言。

（2）消除输入句子中词法和结构等方面的歧义。

（3）分析输入句子的内部结构，如成分构成、上下文关系等。

第（2）、（3）任务一般是句法分析的主要任务。一般来说，构造一个句法分析器需要考虑两部分工作：一部分是语法的形式化表示和词条信息描述问题，形式化的语法规则构成了规则库，词条信息等由词典或同义词表等提供，规则库与词典或同义词表构成了句法分析的知识库；另一部分就是基于知识库的解析算法了。

在自然语言处理中，我们有时不需要或者不仅仅需要整个句子的短语结构树，而要知道句子中词与词之间的依存关系。用词与词之间的依存关系来描述语言结构的框架成为依存语法。利用依存语法进行句法分析也是自然语言理解的重要手段之一。有一种理论认为一切结构语法现象可以概括为关联、组合和转位这三大核心。句法关联建立起词与词之间的从属关系，这种从属关系由支配词和从属词联结而成，谓语中的动词是句子的中心并支配别的成分，它本身不受其他任何成分的支配。

依存语法的本质是一种结构语法，它主要研究以谓词为中心而构句时由深层语义结构表现为表层语法结构的状况及条件、谓词与体词之间的同现关系，并据此划分谓词的词类。下面以"北京是中国的首都"为例演示常用的依存语法结构图，如图 6-4 所示。

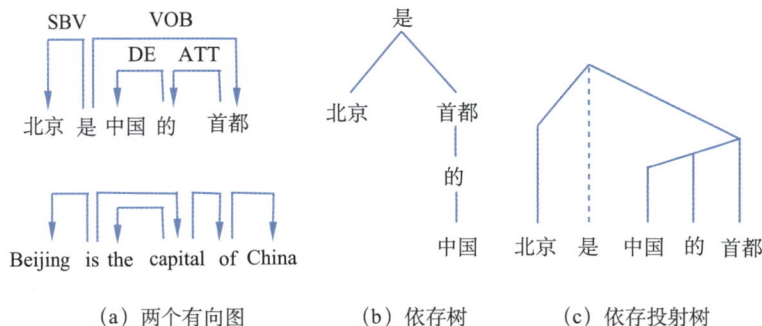

(a) 两个有向图 (b) 依存树 (c) 依存投射树

图 6-4　依存语法结构图

5. 语义分析

语义分析，指运用各种机器学习方法，挖掘与学习文本、图片等的深层次概念，具体来说又分为文本分类、情感分析、意图识别等内容。下面以情感分析为例介绍语义分析。

情感分析是自然语言处理中常见的场景，比如淘宝商品评价、饿了么外卖评价等，对于指导产品更新迭代具有关键性的作用。通过情感分析，可以挖掘产品在各维度上的优劣，从而明确如何改进产品。比如外卖评价，可以分析菜品口味、送达时间、送餐态度、菜品丰富度等多个维度的用户情感指数，从而从各维度上改进外卖服务。情感分析可以采用基于情感词典的传统方法，也可以采用基于机器学习的方法。情感分析包含以下三要素。

（1）基于词典的情感分类步骤。基于词典的情感方法，先对文本进行分词和停用词处理等预处理，再利用先构建好的情感词典，对文本进行字符串匹配，从而挖掘正面和负面信息。具体流程如图 6-5 所示。

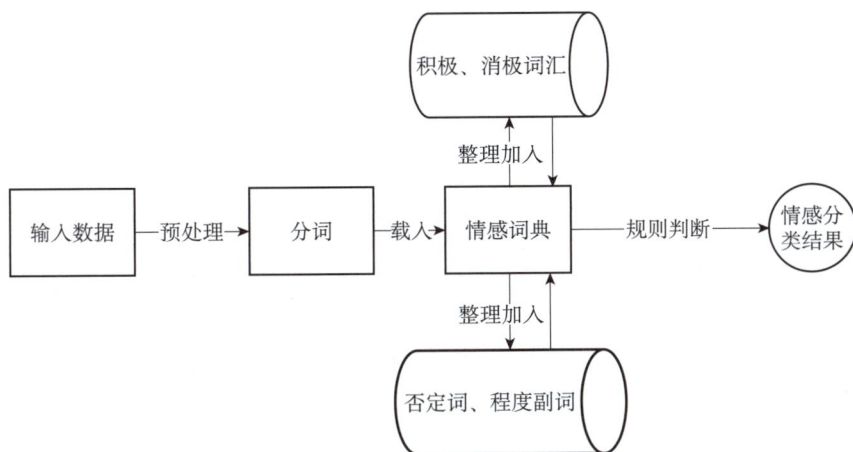

图 6-5　情感分类操作流程

（2）情感词典。情感词典包含积极情感词典（又称正面词语词典）、消极情感词典（又称负面词语词典）、否定词语词典、程度副词词典四部分，如图 6-6 所示。一般词典包含两部分：词语和权重。情感词典在整个情感分析中至关重要，所幸现在有很多开源的情感词典，当然也可以通过语料来自己训练情感词典。

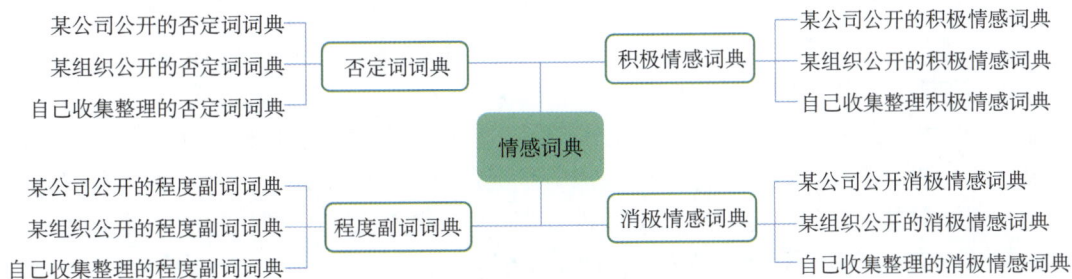

图 6-6　情感词典

（3）情感词典文本匹配算法。基于词典的文本匹配算法相对比较简单，逐个遍历分词后的语句中的词语，如果词语命中词典，则进行相应权重的处理。积极情感词权重为加法，消极情感词权重为减法，否定词权重取相反数，程度副词权重则与它修饰的词语权重相乘。

根据图 6-7 所示的流程进行处理后，利用最终输出的权重值，就可以区分是积极、消极还是中性情感了。

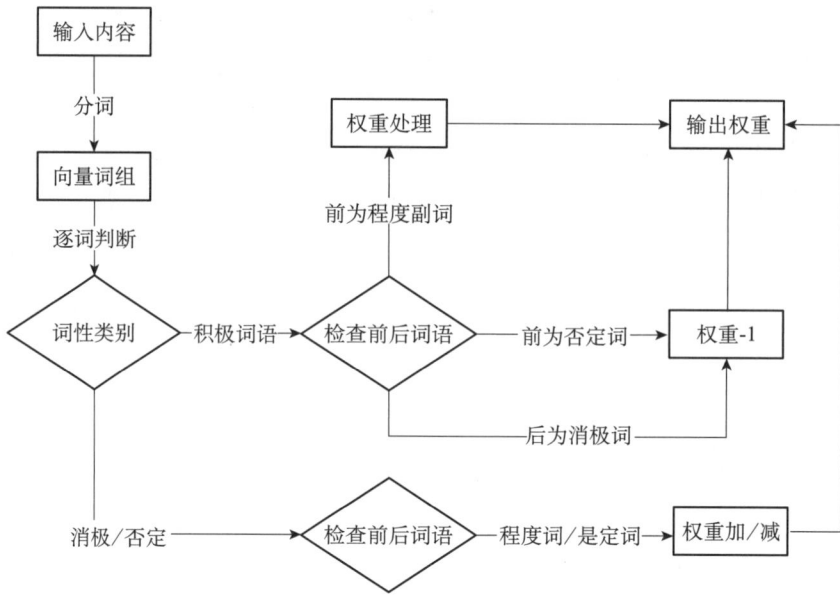

图 6-7 基于情感词典的情感语义分析流程

6.3 自然语言处理中的几种不同方法

6.3.1 基于规则的专家系统

规则，指的是由专家手工制定的确定性流程。小到程序员日常使用的正则表达式，大到飞机的自动驾驶仪，都是固定的规则系统。

在自然语言处理的语境下，比较成功的案例有波特词干算法（Porter Stemming Algorithm），它由马丁·波特在 1980 年提出，广泛用于英文词干提取。该算法由多条规则构成，每个规则都是一系列固定的 if then 条件分支。当词语满足条件则执行固定的工序，输出固定的结果。摘录其中一部分规则为例，收录于表 6-1 中。

表 6-1 波特词干算法部分规则

编号	如果后缀为	并且	则将后缀替换为	例子
1	eed	辅音＋元音同时出现	ee	feed->feed,agreed->agree
2	ed	含有辅音	空白	plastered->plaster,bled->bled
3	ing	含有辅音	空白	eating->eat,sing->sing

专家系统要求设计者对所处理的问题具备深入的理解，并且尽量以人力全面考虑所有可能的情况。它最大的弱点是难以拓展。当规则数量增加或者多个专家维护同一个系统时，就容易出现冲突。比如表 6-1 中这个仅有 3 条规则的简单系统，规则 1 和规则 2 其实有冲突，类似 feed 这样的单词会同时满足这两个规则的条件，从而引起矛盾。此时，专家系统通常依

靠规则的优先级来解决。比如定义规则 1 优先于规则 2,当满足规则 1 的条件时,则忽略其他规则。几十条规则尚可接受,随着规则数量与团队人数的增加,需要考虑的兼容问题也越来越多、越来越复杂,系统维护成本也越来越高,无法拓展。

大多数语言现象比英文词干复杂得多,这些语言现象没有必然遵循的规则,也在时刻发生变化,使得规则系统显得僵硬、死板与不稳定。

6.3.2 基于统计的学习方法

为了降低对专家的依赖,自适应灵活的语言问题,人们使用统计方法让计算机自动学习语言。所谓"统计",指的是在语料库上进行的统计。所谓语料库,指的是人工标注的结构化文本,我们会在接下来的小节中详细阐述。

由于自然语言灵活多变,即便是语言学专家,也无法总结出完整的规则。哪怕真的存在完美的规则集,也难以随着语言的不停发展而逐步升级。由于无法用程序语言描述自然语言,因此聪明的人们决定以举例子的方式让机器自动学习这些规律。然后机器将这些规律应用到新的、未知的例子上去。在自然语言处理的语境下,"举例子"就是"制作语料库"。

统计学习方法其实是机器学习的别称,而机器学习则是当代实现人工智能的主流途径。机器学习在自然语言处理中的重要性非常之大,可以说自然语言处理只是机器学习的一种应用。

纯粹的规则系统已经日渐式微,除了一些简单的任务,专家系统已经落伍了。20 世纪70 年代,美国工程院院士贾里尼克在 IBM 实验室开发语音识别系统时,曾经评论道:"我每开除一名语言学家,我的语音识别系统的准确率就提高一点。"这句广为流传的快人快语未免有些刻薄,但公正地讲,随着机器学习的日渐成熟,领域专家的作用越来越小了。

实际工程中,语言学知识的作用有两方面:一是帮助我们设计更简洁、高效的特征模板,二是在语料库建设中发挥作用。事实上,实际运行的系统在预处理和后处理的部分依然会用到一些手写规则。当然,也存在一些特殊案例更方便用规则进行特殊处理。

6.3.3 基于深度学习的方法

深度学习在自然语言处理领域中的基础任务上作用并不突出,从表 6-2 收录的《华尔街日报》语料库上的词性标注任务的前沿准确率来看,词性标注的准确率并不算太高。

截至 2015 年,除了 Bi-LSTM-CRF,其他系统都是传统模型,最高准确率为 97.36%,而Bi-LSTM-CRF 深度学习模型为 97.55%,仅仅提高了 0.19%。2016 年,传统系统 NLP4J 通过使用额外数据与动态特征提取算法,准确率可以达到 97.64%。

表 6-2 词性标注准确率

系统名称	算法模型	论文	准确率
TnT	隐马尔可夫模型	Brants(2000)	96.46%
Averaged Perceptron	平均感知机序列标模型	Collins(2002)	97.11%
SVMTool	支持向量机序列标注模型	Gimenez and Marquez(2004)	97.16%
Stanford Tagger 2.0	最大熵模型	Manning(2011)	97.29%
structReg	条件随机场	Sun(2014)	97.36%

续表

系统名称	算法模型	论文	准确率
Bi-LSTM-CRF	双向长短时记忆网络与 CRF 层	Huang et al.（2015）	97.55%
NLP4J	线性模型与动态特征提取	Choi（2016）	97.64%

类似的情形也在句法分析任务上重演，以斯坦福标准下宾州树库的准确率为例，如表 6-3 所示。

表 6-3　句法分析准确率

系统名称	算法模型	论文	准确率（UAS)
MaltParser	支持向量机	Nivre（2006）	89.8%
MSTParser	最大生成树 +MIRA	McDonald（2006）	91.4%
TurboParser	ILP	Martins（2013）	92.3%
C&M2014	神经网络	Chen（2014）	92.0%
Weiss2015	神经网络 + 结构化感知机	Weiss（2015）	94.0%
SyntaxNet	神经网络 +CRF	Andor（2016）	94.6%
Deep BiAffine	深度 BiAffine Attention	Dozat（2017）	95.7%

2014 年首个神经网络驱动的句法分析器还不如传统系统 TurboParser 准确，经过几年的发展准确率终于达到 95.7%，比传统算法提高 3.4%。这个成绩在学术界是非常显著的，但在实际使用中并不明显。

另一方面，深度学习涉及大量矩阵运算，需要特殊计算硬件（GPU、TPU 等）的助力。目前，一台入门级塔式服务器的价格在 3000 元左右，一台虚拟服务器每月仅需 50 元左右，但仅一块入门级计算显卡就需要 5000 元。从性价比来看，反而是传统的机器学习方法更适合中小企业。

此外，从传统方法到深度学习的迁移不可能一蹴而就。两者是基础和进阶的关系，许多基础知识和基本概念用传统方法讲解会更简单、易懂，它们也会在深度学习中反复用到（比如 CRF 与神经网络的结合）。无论是传统模型还是神经网络，它们都属于机器学习的范畴。掌握传统方法，不仅可以解决计算资源受限时的工程问题，还可以为将来挑战深度学习打下坚实的基础。

6.4　中文语料库

语料库作为自然语言处理领域中的数据集，是我们教机器理解语言不可或缺的习题集。在这一节中，我们来了解一下中文处理中的常见语料库，以及语料库建设的话题。

1. 分词语料库

语料，即语言材料。语料是语言学研究的内容。语料是构成语料库的基本单元。通常，人们简单地用文本作为替代，并把文本中的上下文关系作为现实世界中语言的上下文关系的替代品。我们把一个文本集合称为语料库（Corpus），当有几个这样的文本集合的时候，我们称为语料库集合（Corpora）。

语料库包含大量的文本，具有既定格式与标记，其具备三个显著的特点：

（1）语料库中存放的是在语言的实际使用中真实出现过的语言材料。

（2）语料库以电子计算机为载体承载语言知识的基础资源，但并不等于语言知识。

（3）真实语料需要经过加工（分析和处理），才能成为有用的资源。

语料库是为一个或者多个应用目标而专门收集的、有一定结构的、有代表的、可被计算机程序检索的、具有一定规模的语料集合。本质上讲，语料库实际上是通过对自然语言运用的随机抽样，以一定大小的语言样本来代表某一研究中所确定的语言运用的总体。

中文分词语料库指的是由人工正确切分后的句子集合。比较有名的中文分词语料库有：

- 清华大学现代汉语语料库加工规范——词语切分与词性标注。
- 作为分词和词性标记的依据标准的 Stanford 团队开源工具 Stanford Word Segmenter。
- 中科院张华平博士研究团队开发的中科院汉语分词系统 ICTCLAS。
- 最受 Python 开发者欢迎的开源的 jieba（结巴）分词。

2. 词性标注语料库

它指的是切分并为每个词语指定一个词性的语料。当前最大的汉语词性标注语料库是汉语词性标注语料库，它是对《人民日报》1998 年全文（约 2600 万字）进行了人工词性标注的语料库。

目前词性的标记集里除了有 26 个基本词类标记（名词 n、时间词 t、处所词 s、方位词 f、数词 m、量词 q、区别词 b、代词 r、动词 v、形容词 a、状态词 z、副词 d、介词 p、连词 c、助词 u、语气词 y、叹词 e、拟声词 o、成语 i、习惯用语 l、简称 j、前接成分 h、后接成分 k、语素 g、非语素字 x、标点符号 w），从语料库应用的角度，还增加了专有名词（人名 nr、地名 ns、机构名称 nt、其他专有名词 nz）等其他标记，总共使用了 39 个标记，主要分为三大类。

（1）专有名词：人名、地名、团体机关单位名称、其他专有名词。

（2）语素的子类标记：名语素、动语素、形容语素、时间语素、副语素。

（3）动词和形容词细分：动词的名词用法、动词的副词用法、形容词的名词用法、形容词的副词用法。

现已完成的标注语料库的正确率为 99.5%。

以"向世界各国的朋友们，致以诚挚的问候和良好的祝愿！"这句话，演示词性标准后的结果为：

> 向 /p 世界 /n 各国 /r 的 /u 朋友 /n 们 /k ，/w 致以 /v 诚挚 /a 的 /u 问候 /vn 和 /c 良好 /a 的 /u 祝愿 /vn ！/w

3. 句法分析语料库

汉语中常用的句法分析语料库主要是汉语树库，树库大体上可以分为两类：短语结构树库和依存结构树库。

短语结构树库顾名思义，可以用来提取短语，目的是分析句子的产生过程，一般采用句子的结构成分描述句子的结构。

依存结构树库是根据句子的依存结构而建立的树库。依存结构描述的是句子中词与词之间直接的句法关系，相应的树结构也称为依存树。比如哈尔滨工业大学汉语依存树库中的一个例子，如图 6-8 所示。

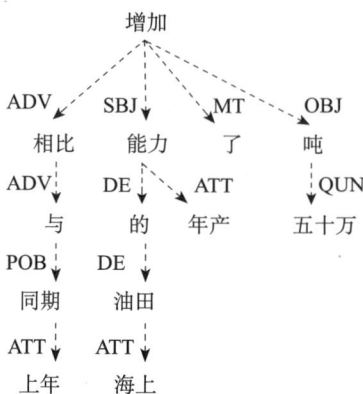

图 6-8　哈尔滨工业大学汉语依存树库句法分析结果

这棵树看起来有些凌乱，事实上，它可以投射（Projective）为正常的线性句子"与上年同期相比，海上油田的年产能力增加了五十万吨"。依存结构树库的目的并不是探讨"句子如何产生"这样宏伟的命题，而是研究"已产生的句子"内部的依存关系。每个句子都经过了分词、词性标注和句法标注。下面再看一个清华大学语义依存网络语料对"世界第八大奇迹出现"句法分析后的结果如图 6-9 所示。

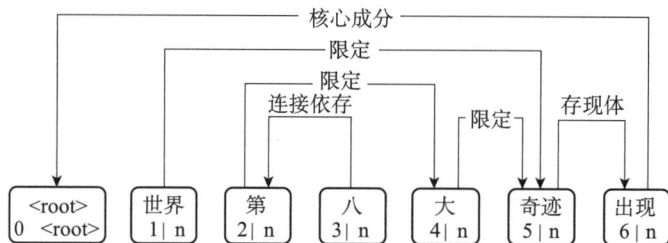

图 6-9　清华大学语义依存网络语料句法分析结果

图 6-9 中，中文单词下面的英文标签表示词性，而箭头表示有语法联系的两个单词，具体是何种联系由箭头上的标签表示。

4. 文本分类语料库

它指的是人工标注了所属分类的文章构成的语料库。相较于上面介绍的语料库，文本分类语料库的数据量明显要大很多。以著名的搜狗文本分类语料库为例，一共包含汽车、财经、IT、健康、体育、旅游、教育、招聘、文化、军事 10 个类别，每个类别下含有 8000 篇新闻，每篇新闻大约数百字。

另外，一些新闻网站上的栏目经过了编辑的手工整理，相互之间的区分度较高，也可作为文本分类语料库使用。情感分类语料库则是文本分类语料库的一个子集，无非是类别限定为"正面""负面"等而已。

如果这些语料库中的类目、规模不满足实际需求，我们还可以按需自行标注。标注的过程实际上就是把许多文档整理后放到不同的文件夹中。

5. 语料库建设

语料库建设指的是构建一份语料库的过程，分为规范制定、人员培训与人工标注这 3 个阶段。下面看一下"汉语词性标注语料库"的整个建设过程，分为以下 5 个步骤：

（1）制作《现代汉语语料库加工规范》（下简称《规范》）。

（2）以《规范》为基准，开发"词语切分与词性标注"工具软件。

（3）从试作的人民日报一天标注语料中，整理出正确例子和典型的错例。以《规范》为基准，制定《现代汉语语料库加工手册》（下简称《手册》）。

（4）以《规范》和《手册》为教材，对参加工作的人员进行培训。

（5）至少 3 人校对。

6.5 自然语言处理的应用

将自然语言处理与实际相结合解决现实中存在的问题，可以在很大程度上解放人力，节省物力，节约成本。目前较好的应用领域有以下几类。

1. 指令系统

比如智能家居，你下达指令，让它开灯关灯；车载环境下，不方便用手时，只能用嘴去下达指令，你可能会说"给我妈打个电话"，或是"把刚刚收到的微信信息读一下"。当前市场上绝大多数智能设备上都有语音助手功能，比如小米公司的小爱同学、苹果公司的 Siri 等，语音助手越来越像人类了，与人类之间的交流不再是简单的你问我答，不少语音助手甚至能与人类进行深度交谈。这也是归功于人工智能中自然语言处理的进步，使得机器能够理解人的语言指令，然后完成一系列的功能。

2. 问答系统

利用计算机自动回答用户所提出的问题以满足用户知识需求的任务，在回答用户问题时，首先要正确理解用户所提出的问题，抽取其中关键的信息，在已有的语料库或者知识库中进行检索、匹配，将获取的答案反馈给用户。比如：客服机器人，会根据知识库中的内容进行有效的答复，能够大大地减少客服人员的数量，减少客户等待时间，提高企业的效益。

3. 信息分析与提取

信息分析与提取就是利用 NLP 技术对以前积累的数据和知识进行分析与处理，比如文本构成的知识库，像卷宗、病历等，利用自然语言处理系统去分析它，尝试挖掘一些规则的知识。又如金融市场中的许多重要决策正日益脱离人类的监督和控制。算法交易正变得越来越流行，这是一种完全由技术控制的金融投资形式。但是，这些财务决策中的许多都受到新闻的影响。因此，自然语言处理的一个主要任务是获取这些明文公告，并以一种可被纳入算法交易决策的格式提取相关信息。例如，公司之间合并的消息可能会对交易决策产生重大影响，将合并细节（包括参与者、收购价格）纳入到交易算法中，这或将带来数百万美元的利润影响。

4. 机器翻译

随着通信技术与互联网技术的飞速发展、信息的急剧增加及国际联系越加紧密，让世界上所有人都能跨越语言障碍获取信息的挑战，已经超出了人类翻译的能力范围。机器翻译因其效率高、成本低满足了全球各国多语言信息快速翻译的需求。机器翻译属于自然语言信息处理的一个分支，能够将一种自然语言自动生成另一种自然语言又无须人类帮助的计算机系统，如图 6-10 所示。

图 6-10 不同国家的人利用"机器翻译"进行交流

目前，百度翻译、搜狗翻译等人工智能行业巨头推出的翻译平台逐渐凭借其翻译过程的高效性和准确性占据了翻译行业的主导地位。科大讯飞等公司推出的人工智能语音翻译机可以对世界上大多数国家的语言进行翻译。

5. 个性化推荐

自然语言处理可以依据大数据和历史行为记录，学习分析出用户的兴趣爱好，预测出用户对给定物品的评分或偏好，实现对用户意图的精准理解，同时对语言进行匹配计算，实现精准匹配。例如，新浪公司的微博 App 可以通过用户阅读的内容、时长、评论等偏好等，综合分析用户所关注的信息源及核心词汇，进行专业的细化分析，从而进行新闻推送，实现新闻的个人定制服务，最终提升用户黏性。阿里巴巴公司根据用户在其网站的搜索记录和购买记录来判定用户的喜好，进而有的放矢地进行商品推荐。

【学习与思考】

1. 用自己的语言描述一下你对自然语言处理的理解。
2. 自然语言处理过程有哪几个层次任务？
3. 简述自然语言处理中的统计方法。
4. 常见的语音识别技术有哪些？
5. 常见的应用场景有哪些？

◎ **延伸阅读 1**

机器翻译"走红"凭实力

2019 年 7 月，第四届机器翻译论坛在杭州召开，与会者分享了机器翻译前沿的研究和应用成果，探讨机器翻译技术发展机遇与挑战，人工智能和翻译的融合又成为市场关注的热点。

数据显示，目前全球语言服务市场潜力很大，机器翻译更是市场上的"红人"，2018 年机器在线翻译量每日高达 8000 亿至 1 万亿个词语。同时，我国机器翻译市场需求与日俱增，主要集中于企业用户，涉及石化、机电、交通运输、金融、旅游等多个垂直领域。"传统翻译服务模式为劳动密集型，机器翻译则在前期就辅助产业链上的各环节，提高了效率。"人工智能机器翻译服务商"新译科技"首席执行官田亮说。

田亮认为，目前机器翻译的前沿应用主要体现在三方面：首先，机器翻译模式进展迅速，以神经网络为基础的翻译模型准确度不断提升，已带给专业译员至少 30% 的效率提升；其次，交互式机器翻译概念开始被业界接受，人机协作模式正加速落地；第三，语音翻译应用越来越多，从翻译机到翻译耳机，再到各类智能机器人都是语音翻译的相关应用。语音翻译模式也由原先的语音识别、机器翻译、语音合成"三部曲"，升级至"语音—语音"训练模式。

"这三类应用展现出人工智能和翻译产业融合的独特魅力。机器翻译，本质上属于自然语言处理技术，技术进步需要产业界和学术界不断研究攻关，这一过程也会将人工智能的语言识别能力提升到更高层次。"田亮说。

不过，有些问题也亟待解决。课堂派首席运营官、DD 翻译官独立董事刘昊认为："很多产业对接人工智能的前提是实现了标准化和数据化，但语言很难做到标准化。"在机器思维里，语言的复杂多义性导致难以实现标准化和一致性。因此，人工智能介入翻译产业比较简单，但做好做精却很不易。

最常见的瓶颈是语言歧义性。田亮举了个例子："若让机器翻译如下句子，机器根本无法准确翻译。比如，'你刚才说的是什么意思？我没什么意思，就是意思意思'。"田亮认为，机器翻译还会出现遗漏翻译和过度翻译，虽然有多种方法可以解决这类问题，但没有一种方法能做到百分之百纠错。

广东外语外贸大学南国商学院教授王毅认为，在日常交流和科技领域，机器翻译会以便捷和高效得到广泛应用，但在人文领域翻译中，人脑对特定语境中语言文字的把握对机器来讲很难逾越。"所以不难看出，机器翻译还有很大的成长空间。未来需要新的算法和语义层面的综合性突破，促进机器翻译产品的迭代和产业全面升级。"田亮说。

（案例来源：央广网，记者：梁剑箫）

◎ 延伸阅读 2

机器翻译的梦想与现实

如何突破语言障碍，让机器完成不同语言之间的自动翻译，最终实现任意时间、任意地点、任意语言之间的无障碍自由通信，是人类长期以来的梦想。机器翻译如图 6-11 所示。

近年来，随着计算机性能的提高，云计算、大数据和机器学习等相关技术迅速发展，人工智能再度崛起，机器翻译重新成为人们关注的焦点。一时间，机器翻译系统如雨后春笋般涌现，各种报道随之呈井喷式爆发，"机器翻译将取代人类"的说法也时有耳闻。然而，机器翻译的真实水平如何，梦想与现实的距离到底有多远？

图 6-11 机器翻译（图片来源：光明图片 / 视觉中国）

1. 从低迷到兴盛

机器翻译概念于 1947 年被提出，随后成为人工智能研究的核心问题。在 70 多年的发展历程中，机器翻译研究经历了几个不同的历史阶段：

从概念提出到 1954 年美国乔治敦大学（Georgetown University）在 IBM 公司的帮助下实现第一个机器翻译演示系统，可以认为是机器翻译的初创时期。

1966 年，美国国家科学院语言自动处理咨询委员会（Automatic Language Processing Advisory Committee，ALPAC）发布题为《语言与机器》的报告，宣称"目前给机器翻译研究以大力支持没有太多的理由"，"机器翻译遇到了难以克服的语义障碍"，从而导致机器翻译研究在世界范围内走向低迷。

20 世纪 70 年代中后期至 80 年代前期，部分机器翻译系统在特定领域得到初步应用（如加拿大蒙特利尔大学研制的天气预报翻译系统 TAUM-METEO）。欧洲共同体实施的欧洲翻译体系（European Translation System）计划和日本对第五代计算机的研究都对机器翻译研究给予了支持，机器翻译研究开始复苏。

20 世纪 80 年代末期，IBM 公司实现了基于噪声信道模型的统计机器翻译系统，并在美国国防部高级研究计划署（ARPA）组织的评测中取得了较好成绩，推动了机器翻译技术的快速发展。尤其进入 2000 年之后，GIZA++、Pharaoh、Moses 等一批开源工具相继发布，2006 年，谷歌翻译正式上线运行，2011 年，百度翻译上线。各大公司陆续推出了自己的翻译系统，整个机器翻译领域呈现出蓬勃发展、遍地开花的大好局面。

2013 年，基于神经网络模型的机器翻译（简称"神经机器翻译"）方法被提出，机器译文的质量得到大幅提升，并且很多开源工具被相继公布，机器翻译技术研究和系统推广应用均出现前所未有的盛况。统计机器翻译和神经机器翻译的基本原理都是基于已有的大规模句子级双语对照语料进行模型训练，建立最优的翻译模型，最终实现从一种语言到另一种语言的翻译。通常情况下，用于训练模型的语料规模越大，模型性能表现就越好。

2. 被夸大的技术

机器翻译技术的进步和系统性能的提升在为人们日常生活和工作带来更多便利的同时，也为该技术的产业化发展带来了更多商机。这种空前局面不仅让人们看到了梦想成真的希望，也点燃了部分人心中按捺不住的欲望。从传统媒体到新媒体，对机器翻译技术夸大宣传的声音不绝于耳，但一个不可否认的事实却是，目前的机器翻译技术尚不成熟，无论是文本翻译，还是口语翻译，机器翻译的质量远没有达到令人满意的水平。

当前所有的商用文本机器翻译系统普遍存在的问题如下。

一是错翻、漏翻和重复翻译比比皆是，尤其对成语、缩略语、专业术语和人名、地名、组织机构名称等的翻译更是错误百出。

二是难以实现篇章范围内的指代消解，常常张冠李戴，例如，前面说的是美国与伊朗之间的事情，后面翻译"美伊两国"时却译成了美国与伊拉克。

三是缺乏足够的在线优化能力，无法从译员修改译文的过程中自动学习和更新翻译知识，即使译员对系统给出的某个错误译文反复修改，系统依然照错不误。

四是对口语而言，说话人的语气、重音、语调，甚至肢体语言无法得到充分利用，尤其当说话人的口音较重、用词过于生僻、话语主题超出先验知识范围时，译文的质量无法保障。

3. 高端翻译不可取代

我们并不否认机器翻译技术的进步，正如前面所述，机器译文的质量已有显著改善。在日常口语对话中，对于资源较为充分的语言（如英汉、日汉等），在说话场景不是非常复杂、口音基本标准、语速基本正常、使用词汇和句型不是非常生僻的情况下，口语翻译的性能基本可满足正常交流的需要。专业领域的文本机器翻译在训练语料较为充分时，译文准确率可达到 80% 以上。而对于资源匮乏的语言之间的翻译（如波斯语或达利语等与汉语之间的翻译），译文质量还十分有限。

毋庸置疑，机器翻译可能替代那些任务重复性较大、翻译难度较低的低端翻译人员，如天气预报查询、旅馆预订服务、交通信息咨询等翻译，但不可能取代高端翻译（如重要文献、伟人著作、文学名著等翻译）人员，更不可能消除翻译职业。"信、达、雅"是翻译的终极目标，我们可以预期，未来的机器翻译系统能够辅助高端翻译人员提高翻译效率，但要实现无须人工干预的高质量全自动翻译恐怕还是一个愿望。

不得不说的是，任何负责任的科学家和企业界都有责任和义务把技术或产品的真实水平和性能告知公众，而不是一味地宣扬，甚至为了利益而故弄玄虚。实事求是是一种态度，也是一种品格。

（原载《光明日报》2019 年 3 月 16 日 12 版，作者：宗成庆，系中国科学院自动化研究所研究员）

【查阅与思考】

1. 有人说，因为有了机器翻译，因此要全面取代外语教育，你认为正确吗？机器翻译可以完全取代人工翻译吗？

2. 查阅资料，回答问题：从机器翻译看人工智能，说明人工智能技术的利与弊，人工智能技术能否完全取代人类思维和技能。

第7章 专家系统

◎ 案例导读

AI 系统经过近 70 多年的发展，积累了浩如烟海的知识和成果，得到了广泛的应用。其中专家系统是人工智能领域中发展最为迅速、应用最为广泛的一个技术方向。专家系统将社会专家的专业领域知识进行了充分的整理和浓缩，成为人工智能在产品实际应用中最具实用价值的人工智能技术之一。

案例一 农业专家系统

在农业生产中，病虫害一直是农业生产面临的重要问题，病虫害的发生引起农产品质量下降、食品安全性降低、环境恶化等问题，病虫害的及时有效防治是保证作物正常生长发育获得高产的重要因素，是提高农民收入的前提条件，基于农业物联网技术，结合农产品生产加工基地实际情况开发的实时双向专家远程监控咨询诊断系统，实现了多人实时在线辅导答疑、技术咨询、病虫害诊断等功能，提高了服务效率，节省了培训费用，提高了科技转化的服务能力。

农业专家系统可以像农业专家一样来解决农业生产者的各种问题，随时为农业生产者提供各种建议和指导，使农业生产者可以进行更为有效的农业生产。同时农业专家系统可以执行常规性的日常任务并减少解决农业生产领域中问题的时间，这样可以将农业领域专家从繁重的工作中解脱出来，以便进行更为重要的问题的研究。农业物联平台系统结构图如图 7-1 所示。

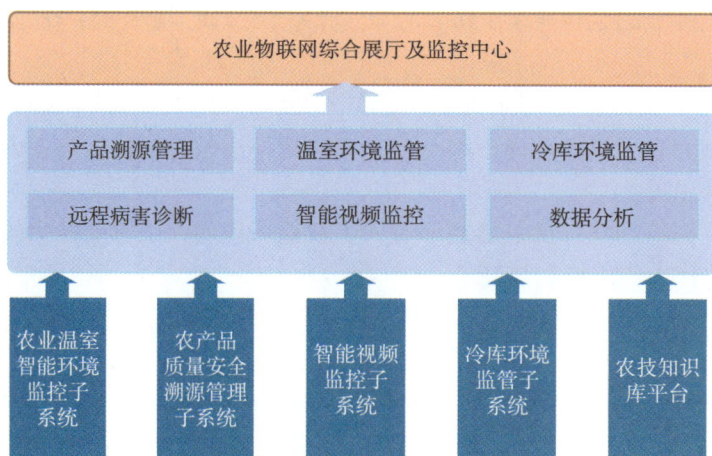

图 7-1 农业物联平台系统结构图

针对各类农产品常见病虫害的远程诊断和咨询，主要提供病虫害的多媒体信息查询、病虫害专家诊断、提供植保专家在线实时诊断和咨询、非实时咨询等功能，通过将专家系统技术、多媒体技术、网络技术有机集成在一起，解决病虫害远程诊断和咨询问题，将专家系统诊断和农民需求有机结合在一起，通过网络运行，支持手机短信应用。农业专家系统平台界面如图 7-2 所示。

图 7-2　农业专家系统平台界面

农业专家系统功能如下。

- 实时远程技术咨询：为农民提供实时的技术答疑、技术咨询。
- 病虫害远程诊断：提供图片共享、文件共享等功能，农民可以把田间病虫害样本实物图样传给农业专家系统，农业专家系统根据实际病症予以诊断。
- 疫病远程监控：可以将远程摄像头安装在农作物种植基地、温室大棚等生产第一线，农业专家系统通过远程访问可随时查看情况，及时方便地给予技术指导。
- 远程工作会议：通过各远程站点提供高质量的音/视频效果，可用于大面积的远程诊断工作会议和信息发布。

农业专家系统开发平台是一种用来实现农业专家系统快速开发的工具，以其为基础进行二次开发，可以大大减少农业专家系统开发的工作量和技术难度。农业专家系统开发平台帮助研究人员获取知识、表示知识、运用知识；帮助系统设计人员进行农业专家系统结构设计；提供一个内部的软件环境，提高系统内部的通信能力。

农业专家系统平台把分散的、局部的单项农业技术综合集成起来，经过智能化信息处理，针对不同的土壤和气候等环境条件，给出系统性和应变性强的各类农业问题的解决方案。

农业专家系统比一般的计算机信息系统更突出专门农业知识与推理判断的作用，具有针对性更强的决策咨询能力，比农业专家拥有综合性知识和高速的知识处理本领，不受时间、空间的限制和人类情感的影响。农业专家系统汇集高水平的农业知识，克服农村地区交通信息不便的障碍，实地指导农业生产，缓解农技人员不足及水平参差不齐的矛盾。农业专家系统汇集当地的农业知识，固化农业专家和种田能手的宝贵经验，构成本地农业生产技术数据库集和农业环境数据库集。农业专家系统在农业生产中时效性很强，随时处理农民生产过程中遇到的问题，大大减少了解决问题的时滞。

（案例来源：鑫芯物联）

案例二　医学专家系统

医疗专家系统是专家系统的一个重要应用领域。医学专家系统可以解决的问题一般包括解释、预测、诊断、提供治疗方案等。医学专家系统如图7-3所示。

图7-3　医学专家系统

早在1971年就由斯坦福大学的Shortiffe等研制了血液感染病医疗诊断系统MYCIN，它已成为成功的专家系统的一个典型。

MYCIN系统研制发起人Shortiffe是哈佛大学数学系毕业生。他获得了斯坦福大学医学计算机应用方面的奖学金，到斯坦福大学当研究生。他在计算机科学和医学之间的边缘领域——医疗诊断的研究中，进行了开创性的工作。当他在1971年完成MYCIN系统时，他只是一名研究生，到了1979年成为斯坦福大学的内科副教授。1980年召开第二届医疗中的人工智能（AIM）学术会议时，他成为大会的组织委员会主席。

MYCIN是有关传染病诊断和治疗的咨询系统。它能教会不擅长诊治传染病的医生，怎样从患者症状出发，确定病的种类及相应的治疗方法。

我们知道，传染病种类繁多，与其相应的抗生素种类也不少。要在限定的时间内确定病症，选择出恰当的治疗方法，绝非易事。似乎这就是开发MYCIN系统的着眼点。

MYCIN系统存放有大量传染病专家长期积累的知识，它们是肖特利夫与许多著名的传染病专家交谈、推理和总结得到的，他把这些知识归纳成200多条规则（后扩充至500多条）存放在计算机中，这些规则具有"如果…那么…"这种形式，称为产生式规则。这是目前专家系统使用得最广泛的推理方式之一。当系统获得一个数据且与某个"如果…"相一致时（称为匹配），则相应的"那么…"就代替了该数据，再继续搜寻是否存在与这个新数据匹配的"如果…"，这样一个过程含有"产生""做出"的含义，因此获得"产生式"的名字。

当使用MYCIN进行医疗诊断时，医生通过计算机的人机交互接口，将病人数据送入计算机，MYCIN系统将外来数据不断与内部知识进行匹配，直到获得最终结果。

此外，世界上比较著名的医疗专家系统还有青光眼医疗诊断系统CASNET、内科病医疗诊断系统INTERNIST、肾病医疗诊断系统PIP、处理精神病的系统PARRY等。

我国的研究者根据我国的特点，在中医专家系统方面做了大量的工作，有一些已投入实际应用，也促使更多高性能的医学专家系统从学术研究开始进入临床应用研究。随着人工智能整体水平的提高，医学专家系统也将获得发展，正在开发的新一代专家系统有分布式专家系统和协同式专家系统等，其在医学领域的应用将更有利于临床疾病诊断与治疗水平的提高。

（案例来源：搜狐网）

【查阅与思考】

1. 人类专家和机器专家有什么异同？

2. 根据你的观察和了解，有哪些领域有比较成熟的专家系统？对人们的生活有什么重要影响？

7.1　专家系统概述

专家系统（Expert System，ES）是人工智能应用研究的主要领域。正如专家系统的先驱费根鲍姆（Feigenbaum）所说：专家系统的力量是从它处理的知识中产生的。这正符合一句名言：知识就是力量。

专家系统实质上为一计算机程序，它能够以人类专家的水平完成特别困难的某一专家领域的任务。在设计专家系统时，知识工程师的任务就是使计算机尽可能模拟人类专家解决某些实际问题的决策和工作过程，即模仿人类专家如何运用他们的知识和经验来解决所面临问题的方法、技巧和步骤。

1. 专家系统的定义

由于专家系统的先进性，因此专家系统存在不同的定义。

专家系统是一个智能计算机程序，其内部含有大量的某个领域专家水平的知识与经验，从而能够利用人类专家的知识和解决问题的方法来解决只有专家才能解决的问题。也就是说，专家系统是一个具有大量的专门知识与经验的程序系统，它应用人工智能技术和计算机技术，根据某领域一个或多个专家提供的知识和经验，进行推理和判断，模拟人类专家的决策过程，可以解决传统程序设计难以解决的复杂问题。简而言之，专家系统是一种模拟人类专家解决领域问题的计算机程序系统。

韦斯（Weiss）和库利柯夫斯基（Kulikowski）对专家系统的界定为：专家系统使用人类专家推理的计算机模型来处理现实世界中需要专家做出解释的复杂问题，并得出与专家相同的结论。

2. 专家系统的类型

（1）解释型专家系统（Expert System for Interpretation）。根据已知符号数据，进行分析以得到相应的解释。这一类系统能从不完全的信息中得出解释，并能对所得到的数据进行一定的假设，如系统监视、语音理解、化学结构分析及信号解释等。Prospector、Dendral 是此类专家系统的代表。

（2）预测型专家系统（Expert System for Prediction）。根据过去和现在所取得的信息加以分析，来推测未来可能发生的状况。此类系统需要一定的适应过程和时间变化的动态模型，常用于天气预报、地震预测、军事预测、人口预测等。

（3）诊断型专家系统（Expert System for Diagnosis）。根据获取的信息推断系统是否有故障，找出故障的原因，并找出解决故障的方案。此系统能够了解被诊断对象各组成部分的特性及联系，区分一种现象掩盖的另一种现象，常用于机械故障诊断、医疗诊断等。MYCIN、

PUFF、DART 是此类专家系统的代表。

（4）设计型专家系统（Expert System for Design）。根据给定的目标进行设计，此系统能从多种要求中得到符合条件的设计，常用于电路设计、工程设计机械设计等。XCON（计算机配置系统）、KBVLSI（VLSI 电路设计专家系统）是此类专家系统的代表。

（5）监视专家系统（Expert System for Monitoring）。对系统、对象或者过程进行实时监测，并把所观察到的数据进行相应的分析和处理，以发现异常情况，尽快反应，及时处理。REACTOR（帮助操作人员监测和处理核反应堆事故的专家系统）和黏虫测报专家系统是此类系统的代表。

（6）教学型专家系统（Expert System for Instruction）。主要用于辅助教学，它具有良好的人机界面和较强的解释功能，并能根据学生学习过程中产生的问题进行分析、评价，找出错误原因，有针对性地确定教学内容或采取其他有效的教学手段，常用于程序设计语言和物理智能计算机辅助教学系统等。

（7）控制型专家系统（Expert System for Control）。根据具体情况，自适应地管理一个受控对象或客体的全面行为，使其满足预期要求。控制型专家系统具有解释、诊断、规划和执行等多种功能。控制型专家系统需具备实施控制功能。YES/MAVS 是帮助监控和控制 MVS 操作系统的专家系统。

（8）规划型专家系统（Expert System for Planning）。根据给定目标拟定总体规划、行动计划、运筹优化等。规划型专家系统在一定约束下能以较小的代价达到给定目标，常用于机器人动作规划专家系统、汽车和火车运行调度专家系统、制定最佳行车路线、安排宇航员在空间活动、NOAH（机器人规划系统）、SECS（帮助化学家制定有机合成规划的专家系统）、TATR（帮助空军制定攻击敌方机场计划的专家系统）。

（9）维修型专家系统（Expert System for Repair）。针对发生故障的对象制定排除故障的规划和方案并实施，使其恢复正常工作，常用于电话和有线电视维护修理系统。

（10）调试型专家系统（Expert System for Debugging）。根据相应的标准检测被调试对象存在的错误，并能从多种纠错方案中选出最佳方案，排除错误，常用于计算机系统的辅助调试功能。

3. 专家系统的特点

当人们考虑建立专家系统时，思考的第一个问题是领域和问题是否合适。国外学者提出了人们在开始建立专家系统之前应该思考的一系列问题。

（1）"在这个领域，传统编程可以有效地解决问题吗？"如果答案为"是"，那么专家系统可能不是最佳选择。那些没有有效算法、结构不好的问题最适合构建专家系统。

（2）"领域的界限明确吗？"如果领域中的问题需要利用其他领域的专业知识，那么最好定义一个明确的领域是最适合的。例如，比起宇航员对外层空间的了解，宇航员对任务的了解必须更多，如飞行技术、营养、计算机控制、电气系统等。

（3）"我们有使用专家系统的需求和愿望吗？"系统必须有用户（市场），专家也必须赞成创建系统。

（4）"是否至少有一个愿意合作的人类专家？"没有人类专家，肯定不可能创建这个系统。人类专家必须支持建设系统，愿意投入大量的时间来建设专家系统。人类专家必须意识到必需的合作和所需的时间。

（5）"人类专家是否可以解释知识，这样知识工程师就可以理解知识了？"这是一种决定性的试验。两个人可以一起工作吗？人类专家是否可以足够清晰地解释所使用的技术术语，是否可以让知识工程师可以理解这些术语，并将它们转化为计算机代码吗？

（6）"解决问题的知识主要是启发式的并且不确定吗？"基于知识和经验及上面描述的"专有技术"，这样的领域特别适用专家系统。

注意，专家系统偏重处理不确定性和不精确的知识。也就是说，它们可能在一部分时间内正确工作，有时专家系统甚至只是给出一些答案，甚至不是最佳答案。虽然起初这看起来可能让人惊讶，也许令人不安，但是通过进一步的思考，这种表现与专家系统的概念是一致的。

4. 专家系统和传统程序区别

专家系统本身是一个程序，但它与传统程序又有所不同，主要体现在以下 6 个方面。

（1）从编程思想来说，传统程序是依据某一确定的算法和数据结构来求解某一确定的问题，而专家系统是依据知识和推理来求解问题的，这是专家系统与传统程序的最大区别，即

> 传统程序 = 数据结构 + 算法
>
> 专家系统 = 知识 + 推理

（2）传统程序把关于问题求解的知识隐含于程序中，而专家系统则将知识与运用知识的过程即推理机分离，这种分离使专家系统具有更大的灵活性，使系统易于修改。

（3）从处理对象来看，传统程序主要面向数值计算和数据处理，而专家系统则面向符号处理。传统程序处理的数据多是精确的，对数据的检索是基于模式的布尔匹配，而专家系统处理的数据和知识大多是不精确的、模糊的，知识的模式匹配也多是不精确的。

（4）传统程序一般不具有解释功能，而专家系统一般具有解释机构，可对自己的行为做出解释。

（5）传统程序因为是根据算法来求解问题的，所以每次都能产生正确的答案，而专家系统则像人类专家那样工作，通常产生正确的答案，但有时也会产生错误的答案，这也是专家系统存在的问题之一。但专家系统有能力从错误中吸取教训，改进对某一问题求解的能力。

（6）从系统的体系结构来看，传统程序与专家系统具有不同的结构。

7.2　专家系统的基本结构与工作原理

1. 专家系统的基本结构

专家系统通常由人机交互界面、知识库、推理机、解释器、综合数据库、知识获取等 6 个部分构成。

2. 专家系统的工作原理

专家知识库是专家系统的核心之一，知识库是问题求解所需要的领域知识的集合，包括基本事实、规则和其他有关信息。其主要功能是存储和管理专家系统中的知识，主要包括来自书本上的知识和各领域专家在长期的工作实践中所获得的经验知识。专家系统的知识库是

专家系统极其重要的组成部分，知识库的质量好坏直接影响专家系统的质量好坏。从知识的本身来看，它可分为两种类型：一种是基础原理和理论，另一种是基于直接和间接经验积累的专门知识。专家的知识并不都是从经验中得到的，如果缺乏坚实的理论基础，就很难做好经验的积累工作，也就不可能对一个复杂的问题给予正确的解。因此，我们认为，一个好的专家系统不仅要具有某一领域的专门知识，更重要的还要具有能够处理复杂问题所需的基本理论的深层知识。

专家系统中的知识库是人类专家头脑中知识的电子记录，而知识库主要通过知识工程师与人类专家进行沟通得到。在人类专家知识的基础上建立专家系统的过程称为知识工程（Knowledge Engineering）。这个过程由知识工程师来完成。知识工程师从人类专家获得知识，并把它们编码到专家系统中，如图7-4所示。

知识表示是用计算机能够接受并进行处理的符号和方式来完成的。不同的表示方法会大大地影响系统的工作效率。因此，知识表示是研制专家系统的重要问题，这就需要研究如何把知识形式化，并转移给机器。常用的知识表示有产生式系统、框架结构、语义网络、一阶谓词逻辑。

图 7-4　知识工程

推理机是实施问题求解的核心执行机构，它实际上是对知识进行解释的程序，根据知识的语义，对按一定策略找到的知识进行解释执行，并把结果记录到动态库的适当空间中。推理机的程序与知识库的具体内容无关，即推理机和知识库是分离的，这是专家系统的重要特征。它的优点是对知识库的修改无须改动推理机，但是纯粹的形式推理会降低问题求解的效率。将推理机和知识库相结合也不失为一种可选方法。

知识获取负责建立、修改和扩充知识库，是专家系统中把问题求解的各种专门知识从人类专家的头脑中或其他知识源那里转换到知识库中的一个重要机构。知识获取可以是手工的，也可以采用半自动知识获取方法或自动知识获取方法。

人机界面是系统与用户进行交流时的界面。通过该界面，用户输入基本信息、回答系统提出的相关问题。系统输出推理结果及相关的解释也是通过人机交互界面来实现的。

综合数据库也称为动态库或工作存储器，是反映当前问题求解状态的集合，用于存放系统运行过程中所产生的所有信息，以及所需要的原始数据，包括用户输入的信息、推理的中间结果、推理过程的记录等。综合数据库中由各种事实、命题和关系组成的状态，既是推理机选用知识的依据，也是解释机制获得推理路径的来源。

解释器用于对求解过程做出说明，并回答用户的提问。两个最基本的问题是"why"和"how"。解释机制涉及程序的透明性，它让用户理解程序正在做什么和为什么这样做，向用户提供了关于系统的一个认识窗口。在很多情况下，解释机制是非常重要的。为了回答"为什么"得到某个结论的询问，系统通常需要反向跟踪动态库中保存的推理路径，并把它翻译成用户能接受的自然语言表达方式。

3. 知识获取

知识获取就是把用于问题求解的专门知识从某些知识源中提炼出来，将之转换成计算机内可执行代码的过程，是知识工程的关键工序。知识的来源不同，获取的方式也不一样。知识源包括专家、书本、相关数据库、实例研究和个人经验等，对于专家系统来说，其主要知识源主要来自领域专家，所以知识获取过程需要专家、知识工程师通过反复交互、共同合作完

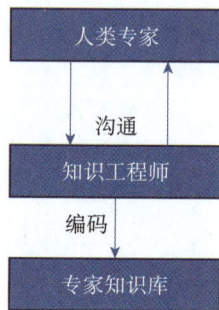

成。知识获取示意图如图 7-5 所示。

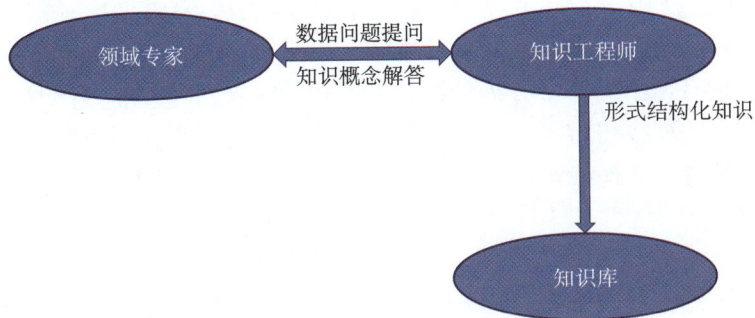

图 7-5　知识获取示意图

人类知识来源的复杂性决定了知识获取过程的复杂性，可将知识获取的一般过程分成几个阶段，研究各阶段所包含的内容及它们之间的相互关系，知识获取过程可大体分以下三个步骤。

（1）识别领域知识的基本结构，寻找适当的知识表示方法。

无论是否使用知识获取工具，知识工程师无法逃避该阶段的任务。本阶段主要包括：

- 对问题的认识阶段。本阶段的工作是抓住问题的各方面的主要特征，确定获取知识的目标和手段。
- 知识的整理吸收阶段。本阶段主要将前一阶段提炼的知识进行整理、归纳并加以分析组合，为今后进一步的知识细化做好充分的准备。

（2）抽取细节知识并转换成机器可识别的代码。

（3）调试精练知识库。

7.3　专家系统的开发工具

专家系统的研制和开发是一件复杂、困难、费时的工作。为了提高专家系统设计和开发的效率，缩短研制周期，就需要使用专家系统开发工具，以便提供系统设计和开发的计算机辅助手段和环境，提高专家系统开发的产量、质量和自动化程度。

专家系统开发工具是用来简化专家系统工作的程序系统。从目前已有的开发工具来看，专家系统可分为以下 4 种主要的类型：用于开发专家系统的程序设计语言；骨架系统；通用型知识表达语言；专家系统开发环境。

用于开发专家系统的程序设计语言有两类：一类是面向问题的语言，如 FORTRAN、Pascal、C 等，这一类语言是为某些特定的问题类型设计的。例如，FORTRAN 具有能方便地进行代数运算的特点，因此最适合科学、数学和统计问题领域；另一类为符号处理语言，这是专门为人工智能应用而设计的，所以称为面向 AI 的语言。最常用的是 LISP 语言和

PROLOG 语言。

LISP 语言是最广泛用于专家系统开发的程序设计语言。MYCIN 系统和 Prospector 系统都是用 LISP 语言开发的。LISP 语言之所以能成功，主要因为它具有如下特点：

① LISP 语言具有灵活的符号处理功能，它处理的唯一对象是符号表达式，即由符号构成的表，因此又称它为表处理语言。设计者可以对其所设立的对象及其关系进行各种操作。

② LISP 语言具有自动存储管理功能，用户在设计时可不必考虑存储分配等细微的工作，而只需集中处理符号运算。

③ LISP 语言具有强有力的编辑和调试手段，以及对程序设计代码和数据的统一处理，这意味着 LISP 程序能像修改数据那样修改它自己的程序代码。这一特性使程序员编写的程序可以学习知识库中的新规则或修改已有规则。

PROLOG 语言是基于演绎推理的一种逻辑型程序设计语言。它可以根据与问题有关的知识进行演绎推理，通过一致化、代换、归结、回溯等逻辑演算，寻求适当的策略进行问题求解。所以，PROLOG 语言越来越受到人们的青睐。

1. 骨架型开发工具

专家系统一般都有推理机和知识库两部分，而规则集存于知识库内。在一个理想的专家系统中，推理机完全独立于求解问题领域。系统功能上的完善或改变，只依赖于规则集的完善和改变。由此，借用以前开发好的专家系统，将描述领域知识的规则从原系统中"挖掉"，只保留其独立于问题领域知识的推理机部分，这样形成的工具称为骨架型开发工具，如 EMYCIN、KAS 及 EXPERT 等。这类工具因其控制策略是预先给定的，使用起来很方便，用户只需将具体领域的知识明确地表示成为一些规则就可以了。这样可以把主要精力放在具体概念和规则的整理上，而不是像使用传统的程序设计语言建立专家系统那样，将大部分时间花费在开发系统的过程结构上，从而大大提高了专家系统的开发效率。这类工具往往交互性很好，用户可以方便地与之对话，并能提供很强的对结果进行解释的功能。因其程序的主要骨架是固定的，除了规则，用户不可改变任何东西，因而骨架型开发工具存在以下几个问题：

- 原有骨架可能不适合于所求解的问题。
- 推理机中的控制结构可能不符合专家新的求解问题方法。
- 原有的规则语言可能不能完全表示所求解领域的知识。
- 求解问题的专门领域知识可能不可识别地隐藏在原有系统中。

这些原因使得骨架型工具的应用范围很窄，只能用来解决与原系统相类似的问题。

EMYCIN 是一个典型的骨架型开发工具，它是由著名的用于对细菌感染病进行诊断的 MYCIN 系统发展而来的，因而它所适应的对象是那些需要提供基本情况数据，并能提供解释和分析的咨询系统，尤其适合诊断这一类演绎问题。EMYCIN 系统具有 MYCIN 系统的全部功能，例如：

- 解释程序。系统可以向用户解释推理过程。
- 知识编辑程序及类英语的简化会话语言。EMYCIN 系统提供了一个开发知识库的环境，使开发者可以使用比 LISP 更接近自然语言的规则语言来表示知识。

- 知识库管理和维护手段。EMYCIN 系统提供的开发知识库的环境还可以在知识编辑及输入时进行语法、一致性、是否矛盾和包含等检查。
- 跟踪和调试功能。EMYCN 系统还提供了有价值的跟踪和调试功能，试验过程中的状况都被记录并保留下来。

EMYCIN 系统的工作过程分两步：第一步为专家系统建立过程，首先由知识工程师输入专家知识，知识获取和知识库构造模块把知识形式化，并对知识进行语法和语义检查，建立知识库；然后知识工程师调试并修改知识库，知识库调试正确后，一个用 EMYCIN 构造的专家系统即可交付使用；第二步为咨询过程。在该过程中，咨询用户提出目标假设，推理机根据知识库中的知识进行推理，最后提出建议，做出决策，并通过解释模块向用户解释推理过程。

EMYCIN 系统已用于建造医学、地质、工程、农业和其他领域的诊断型专家系统。图 7-6 列出了借助于 EMYCIN 开发的一些专家系统。

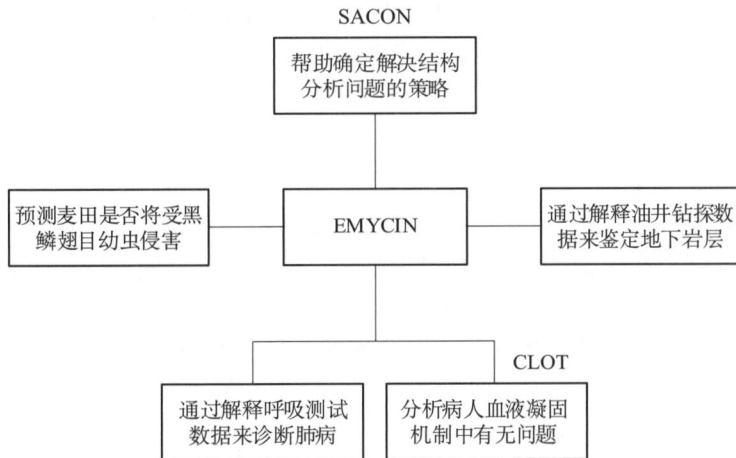

图 7-6 借助于 EMYCIN 开发的专家系统

2. 语言型开发工具

语言型开发工具与骨架型开发工具不同，它们并不与具体的体系和范例有紧密的联系，也不偏于具体问题的求解策略和表示方法，所提供给用户的是建立专家系统所需要的基本机制，其控制策略也不固定于一种或几种形式，用户可以通过一定手段来影响其控制策略。因此，语言型开发工具的结构变化范围广泛，表示灵活，所适应的范围要比骨架型开发工具广泛得多。像 OPS5、CLIPS、OPS83、RILL 及 ROSIE 等，均属于这一类工具。

然而功能上的通用性与使用上的方便性是一对矛盾体，语言型开发工具为维护其广泛的应用范围，不得不考虑众多的在开发专家系统中可能会遇到的各种问题，因而使用起来比较困难，用户不易掌握，对于具体领域知识的表示也比骨架型开发工具困难一些，而且在与用户的对话方面和对结果的解释方面也往往不如骨架型开发工具。

语言型开发工具中一个较典型的例子是 OPS5，如图 7-7 所示，它以产生式系统为基础，综合了通用的控制和表示机制，向用户提供建立专家系统所需要的基本功能。在 OPS5 中，预先没有规定任何符号的具体含义和符号之间的任何关系，所有符号的含义和它们之间的关系均由用户所写的产生式规则所决定，并且将控制策略作为一种知识对待，同其他领域知

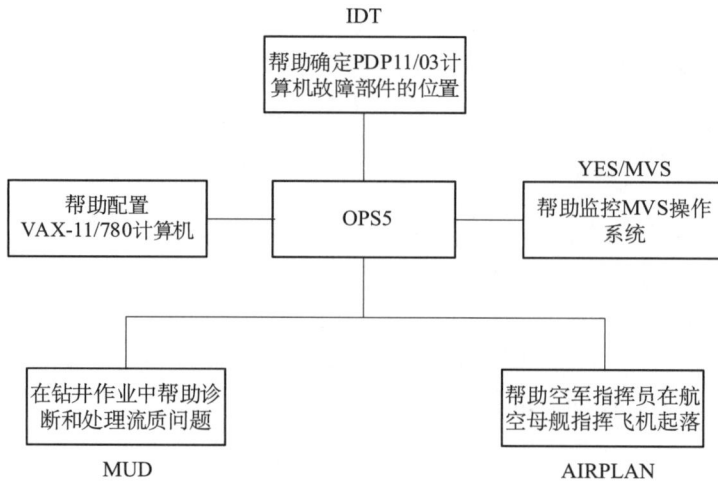

图 7-7 OPS5 语言型开发工具

识一样地被用来表示推理，用户可以通过规则的形式来影响系统所选用的控制策略。CLIPS（C Language Integrated Production System）是美国航空航天局于 1985 年推出的一种通用产生式语言型专家系统开发工具，具有产生式系统的使用特征和 C 语言的基本语言成分，已获广泛应用。

3. 系统构造辅助工具

系统构造辅助工具由一些程序模块组成，有些程序能帮助获得和表达领域专家的知识，有些程序能帮助设计正在构造的专家系统的结构。它主要分为两种：一种是设计辅助工具，另一种是知识获取辅助工具。AGE 系统是一个设计辅助工具的典型例子，而 BRESIAS 则为知识获取辅助工具的一个范例。其他系统构造辅助工具有 ROCET、TIMM、EXPERTEASE、SEEK、MORE、ETS 等。

4. 支撑环境

支撑环境是指帮助进行程序设计的工具，它常被作为知识工程语言的一部分。支撑环境仅是一个附带的软件包，以便使用户界面更友好。它包括 4 个典型组件：调试辅助工具、输入/输出设施、解释设施和知识库编辑器。

（1）调试辅助工具。大多数程序设计语言和知识工程语言都含有跟踪设施和断点程序包。跟踪设施使用户能跟踪或显示系统的操作，它通常的做法是列出已激发的所有规则的名字或序号，或显示所有已调用的子程序。断点程序包使用户能预先告知程序在什么位置停止，这样用户能够在一些重复发生的错误之前中断程序，并检查数据库中的数据。所有的专家系统工具都应具有这些基本功能。

（2）输入/输出设施。不同的工具用不同的方法处理输入和输出，有些工具提供运行时实现知识获取的功能，此时的工具机制本身使用户能够与运行的系统对话。另外，在系统运行中，它们也允许用户主动输入一些信息。良好的输入/输出能力将带给用户一个方便友善的界面。

（3）解释设施。虽然所有的专家系统都具有向用户解释结论和推理过程的能力，但它们并非都能提供同一水平的解释软件支撑。一些专家系统工具，如 EMYCIN 内部具有一个完整的解释机制，因而用 EMYCIN 写的专家系统能自动地使用这个机制。而一些没有提供内部解释机制的工具，知识工程师在使用它们构造专家系统时就得另外编写解释程序。

（4）知识库编辑器。通常的专家系统工具都具有编辑知识库的机制，最简单的情况下，这是一个为手工修改规则和数据而提供的标准文本编辑器。但大部分的工具在它们的支撑环境中还包括语法检查、一致性检查、自动簿记和知识获取等功能。

专家系统的迅速发展，使得知识工程技术渗透到了更多的领域，单一的推理机制和知识表示方法已不能胜任众多的应用领域，对专家系统工具提出了更高的要求。因此，又推出了具有多种推理机制和多种知识表示的工具系统。ART 就属于这一类系统。ART 把基于规则的程序设计、符号数据的多种表示、基于对象的程序设计、逻辑程序设计，有效地结合在一起提供给用户，使得它具有更广泛的应用范围。

7.4　专家系统的设计与实现

多年来，人们建成了具有数以千计规则的专家系统。专家系统建造技术也日臻完善。在本节中，我们对一些典型专家系统的建立过程和案例加以简单介绍。

由于专家系统对人类、科学做出的贡献，使得专家系统越来越受到重视。可以设计一个专家系统来解决各种特定问题，可以在医疗诊断中做出令人信服的推论，也可以解释油井的波形，其应用遍及化学、医学、地质学、气象学、教育、军事领域。但是，如何设计、开发专家系统尚无统一的标准模式和方法。

7.4.1　专家系统的基本设计思想

由于人类专家掌握了关于该领域的大量的专门知识，故他们被称为领域专家。要使计算机能和专家一样处理问题，必须先获取大量的专门知识，并有效地组织和存储知识，以便推理使用。所以，专家系统实际上通过在系统中存储大量与应用领域有关的专门知识来实现高水平的问题求解。

专家系统是一种计算机程序，但专家系统程序区别于一般应用程序。

一般应用程序——把问题求解的知识隐含地编写在程序中，即把知识组织成两级：数据级和程序级。

专家系统程序——将应用领域问题求解的知识单独组成一个知识库实体，知识库的处理是通过独立于知识库的控制策略来进行的，即把知识组织成三级：数据级、知识库级和控制级。

专家系统的核心是知识。知识的数量与质量是一个专家系统性能的决定性因素。因此，专家系统的主要特征是拥有一个巨大的知识库，存储着某个专门领域的知识。专家系统的控制级通常表达成某种推理规则。整个系统的工作过程是从知识库出发，通过控制推理得到所需的结论。因此，专家系统能"理解"自身行为的目的，"知道"采取某一个步骤的缘由，所以具有较高的智能水平。

综上所述，专家系统的基本设计思想就是将知识和控制推理策略分开，形成知识库。在推理策略的控制下，利用存储的知识分析和处理问题。

在求解问题时，用户为专家系统提供一些已知数据，然后从中获得具有专家水平的结论。

目前，还没有统一的专家系统设计规范。专家系统的基本设计思想是使计算机的工作过程竭尽全力地达到领域专家解决实际问题的工作过程。

7.4.2 专家系统设计的关键问题

1. 设计专家系统的两个关键问题

（1）建造知识库。涉及知识库建造的两项主要技术是：知识获取和知识表示。

（2）设计推理机制与控制策略。涉及推理机制设计的两项主要技术是：基于知识规则的推理和推理解释机制。

2. 常用的知识获取方式

知识获取是从领域专家处获得知识、提取知识并将其转换成专家系统程序的艰巨而细致的工作过程，即将问题求解中领域专家的经验和技术从某个知识源提取到专家系统中。常用的知识获取方式有以下三种。

（1）知识工程师。领域专家通过与知识工程师反复接触、交谈，把自己拥有的知识提供给知识工程师，由知识工程师和领域专家一起将这些专家知识归纳整理成专家系统的知识库。

（2）智能编辑程序。熟悉计算机的领域专家可以通过智能编辑程序把自己的经验和知识输入到专家系统的知识库中。智能编辑程序应该具备灵活的人机对话能力和有关知识库结构方面的知识。

（3）归纳学习程序。对大量实验数据进行归纳和总结，将会得到一些新的规律和知识，利用归纳学习程序，可以模拟人的思维过程，从有关知识库中发现新知识，然后将这些新知识加入到知识库中，供专家系统使用。

由于真正做到能够发现知识的专家系统还不多见，因此归纳学习程序这种知识获取的方式是机器学习研究的一个长期目标，已经引起有关专家的重视，并列为专家系统的研究课题。

3. 知识表示

知识表示是关于各种存储知识的数据结构及其对这些数据结构解释过程的结合。知识表示主要研究各种含有语义信息的数据结构的设计，以便在这些数据结构中存储知识，开发各种操作这些数据结构的推理过程，使知识表示和知识运用的控制及新知识的获取相结合，把领域知识有机地结合到程序设计中。

一个专家系统的知识表示方法不仅关系到知识的有效存储，也直接影响推理效率和新知识获取的能力。目前，有许多知识表示方法，如规则表示、框架表示、逻辑表示、语义网络表示等。各种知识表示方法都有其独特的优点和内在的不足，但都要遵循两个重要的准则。

（1）知识表示方法能自然、有效地表示知识。

（2）知识表示结构易于检索、运用、修改和扩充。在实际应用中，易于人们接受并且使用最多的是基于规则的产生式表示法（又称为规则表示法）。其主要优点是：模块性、清晰性、自然性。

4. 基于知识规则的推理

基于知识规则的推理是指针对用户的特定问题，选择并运用知识库中的知识，以实现求解问题的控制过程。推理涉及的两个基本问题是：推理方向的选择和冲突消解策略。

（1）正向推理（前向推理）。对于一个具体的专家系统问题，可以从问题的已有信息出发，选择和运用知识库中的可用知识，以推导出一些有用的中间结论，将中间结论作为已有信息的扩充，进一步选择和运用知识库中的可用知识，继续推导，直至得到问题的求解结论。这种过程类似于从"已知"到"求证"的过程，故称为数据驱动的正向推理方式。

（2）反向推理（后向推理）。对于一个具体的专家系统问题，还可以先猜测问题的结论，然后从结论开始以相反的方向推导支持结论所需要的证据，再看问题的已有信息是否提供了或者否定了这些需要的证据。这种过程类似于从"求证"到"已知"的过程，故称为目标驱动的反向推理方式。

（3）混合推理。正向推理和反向推理是两种基本的推理方式，在此基础上，人们研究了交替使用正向推理和反向推理方向的混合推理方式。

（4）元控制策略。结合启发式方法的推理方法称为元控制策略。

（5）冲突消解。一个专家系统推理方向的选择往往取决于问题领域的特点和领域专家习惯使用的推理方式。在问题求解的某个步骤，可用的知识可能不只一条，从中有效地选择出一条进行运用的问题，称为冲突消解。

（6）不精确推理。有时，领域专家的知识具有不精确特征，在推理过程中涉及的以模糊数学为基础的推理，称为不精确推理。

（7）推理解释。推理解释是解释机制的重要组成部分，其目的是对系统的推理过程、推理位置及推理的每个动作做出解释，使用户相信问题求解结论的可信性和正确性。

推理解释一般包括两部分：

✓ 咨询过程中使用的推理状态检查程序。
✓ 咨询中或咨询后使用的通用回答程序。

推理解释系统实现的方法有：预制文本法、追踪解释法、策略解释法、自动程序员解释法等。

7.4.3　专家系统的构造原则

掌握了知识获取、知识表示、知识推理、推理解释等基本技术后，即可着手实际专家系统的设计。专家系统设计与基于算法的传统程序设计的区别是：专家系统设计一般是渐增式的，通过知识库由小到大地逐步扩充和改进，要求系统不断地进行验证、评价和专家认可，最终才能成为可交付使用的专家系统。

专家系统所处理、求解的领域专家的问题千差万别，因此建造专家系统很难给出统一的规范化模式。但从专家系统的发展看，大多数专家系统的构造都遵循如下三个原则：

（1）知识与知识处理机构分开和相互独立的原则。专家系统中有独立存放知识的知识库，有用作推理、搜索的推理机和解释系统等，使得系统具有很好的模块性、可扩充性和可维护性。

（2）按系统功能实现模块化构造的原则。为了使结构清晰和调试容易，绝大多数专家系统都采用按系统功能分割模块化的构造原则，把系统分成几个互相独立的功能模块。

为使专家系统的各功能模块能互相通信，共享中间信息，许多专家系统都采用在内存中建立一个数据库的方法，存放各种中间结果和通信信息等。"黑板"是对其形象的称谓，在必要时记录信息，不需要时擦掉信息。黑板系统一般按照信息内容分类，分成若干个区，以便提高运行效率。实际上，黑板就是中间数据库，用来存放专家系统在执行与推理过程中的中间结果或论据。

在专家系统开始工作时，先把专家系统从用户那里获得的关于问题求解的事实和初始状态、初始数据等写入中间数据库。然后根据中间数据库和知识库的内容，进行各种可能和需要的搜索、匹配和推理等动作，不断以新的中间结果修改、替代或补充中间数据库的内容。在此期间，必要时还可以向用户提出询问，以求获得解题必要的补充知识。这些后来从用户得到的信息也被记录在中间数据库中，以便与中间数据库的其他内容一起参与后续的推理过程。

专家系统如此往复地不断改变中间数据库的内容，直至最终获得问题的解答。由此可见，中间数据库的内容动态地控制着专家系统的工作过程。

在推理过程中，中间数据库的内容是不断变化的，故又称为动态数据库。由于专家系统知识库的内容在一次推理中是不变的，故又称知识库为静态数据库。知识库仅由知识获取模块和学习模块来改变其内容。

（3）交互性原则。领域专家和用户与专家系统信息交换的人机接口、知识工程师维护知识库等，都需要与系统具有良好的交互性操作，使得领域专家和用户都以尽可能自然、易于实现的方式实现信息传输和结果输出，并使知识工程师对知识矛盾、冗余检查进行调节，同时对加入的新知识对现有知识的影响进行调节，以及对知识的存储、共享等进行交互处理。

7.4.4 专家系统的主要设计步骤

一个专家系统一般可以按照三个步骤进行设计。

1. 初步设计

首先分析需要求解的领域问题，在领域专家的协作下，明确期望专家系统能实现的目标，确定参与系统研制的合作专家及知识源，通过知识获取和领域专家的配合，对专家系统求解目标任务的主要概念、关系、假设、约束等进行图解形式的描述（如推理网络），选择合适的知识表示方法，把图解形式的内容形式化地表达出来，并确定推理的控制方向等。

2. 开发原型系统

选择合适的专家系统程序设计语言和开发工具设计推理机制，或借用工具语言已具备的推理机制，可将形式化表示的知识以专家系统求解目标或图解形式的模块为单元，逐个单元地把知识转换为适合程序设计语言或工具接受的内部编码形式，输入到知识库。

在不断供给知识库新知识的同时，系统不断对已有知识和新加入知识的正确性及协调性通过实例进行测试。通过不断扩充知识库和不断测试的过程，一般可以发现已形式化知识的不完善之处，然后在领域专家的配合下对系统进行不断调整。

这一阶段将产生出可运行的专家系统雏形，称为原型专家系统。

3. 知识库的维护

当开发出原型专家系统后，让领域专家选择一些有代表性的实验实例，在可能的情况下，让领域专家用这些实验实例进行实际问题求解。通过实例运行，可能出现新问题（如人机接口输入/输出模块、知识库中知识的不完全或不精等），让领域专家或将要实际使用此专家系统的用户直接与知识库打交道，称此过程为知识库的维护。

经过一段时间的维护，当领域专家和知识工程师都对系统比较满意时，此专家系统就可以交付用户使用了。对于用户使用中发现的新问题，经过再修改和调试，直至用户满意，专家系统就研制开发成功了。

目前，还没有开发专家系统时共同遵循的规范方法，仅有一些可贵的经验性原则可以用来指导专家系统的开发工作。

7.4.5　专家系统选择的原则

经过几十年的实践，人们总结出一些可用于指导专家系统选择的一般性原则。一个适合应用于专家系统的问题必须满足三个先决条件：

（1）存在一个可以合作的领域专家。对于不存在公认专家的领域，不适宜采用专家系统来处理。例如，地震预报是特别复杂的问题，目前预报的准确率不高，所以研制开发这类专家系统也不会有很大效果。

（2）领域专家通过启发式方法解决问题。对于人类还没有彻底掌握，并且不存在成熟解法的领域问题，采用启发式推理的专家系统才充分显示其优越性，例如，暴雨预报专家系统。

（3）领域专家的知识能够表达清楚。能够表达清楚的领域专家知识，知识工程师才有可能将其整理出来，并加以形式化表示。依赖于感觉的工作领域和依赖于技能的工作领域，都不适合于开发专家系统，如热辐射、外科手术等。

目前，在医疗诊断领域中，专家系统应用得比较广泛和成功，主要缘于能够将知识表达清楚。

7.4.6　专家系统开发的基本步骤

1. 准备阶段

其主要工作是知识工程师和领域专家一起探讨研究，选择一种合适的问题，并初步划定系统求解问题的范围。

2. 研究问题

（1）确定求解问题的范围。知识工程师和领域专家共同研究，把求解问题的范围限制在一个合理的限度内，或把任务分解成若干个子任务，每个子任务由各自的专家系统进行处理。

（2）根据划定问题的范围，研究问题的难度，据此提出研制专家系统所需的资源，包括人力、物力、财力等。

（3）确定开发专家系统所需设备和资金，包括计算机及其接口设备，开发专家系统所需的软件资源及支持系统开发所需的资金等。

3. 整理知识

项目确定并签订合同后，知识工程师和领域专家一起整理领域专家解决问题所需的知识和概念。

4. 建立模型系统

在抽取了应用领域中的一些重要概念和知识，并仔细研究了至少一个典型实例的求解过程之后，知识工程师可以开始设计和实现一个模型系统，而且模型系统的开发工作应该尽早进行。主要原因有以下两点：

（1）通过运行模型系统，可以验证研究问题和抽取知识阶段所形成的系统设计方案。根据系统运行情况，知识工程师可以发现问题，从而使一些原则性错误得到解决，避免后期对系统进行较大修改。

（2）通过模型系统的正确运行，可以提高领域专家参加专家系统开发的兴趣。

在实现模型系统时，必须注意以下问题：

✓ 不追求系统的尽善尽美，尤其是对知识库的期望。

✓ 保持模型的简单化。如自然语言理解、与其他设备的接口等功能可以暂时不考虑，为的是对模型修改时无须引起大量的附加工作。

✓ 开发一些简单的辅助功能。如知识获取功能可帮助将整理好的知识加入到知识库；简单的解释功能可帮助追查出错的原因，便于发现系统存在的问题。

5. 改进与扩充

模型系统通过了测试，就说明采用的方案和技术是可行的，就可以进行系统开发和扩充工作，包括完善推理机制、扩充解释功能和知识获取功能、增强知识库的知识等，不断修改和完善知识库。

6. 测试与维护

测试的目的是对系统的性能进行评估，使系统经过修改后达到符合领域专家定义的标准。领域专家对系统的评价可以帮助知识工程师修改系统。维护工作是不断进行的。

7. 评价与商品化

评价系统主要是检察系统程序的正确性和实用性。商品化对推广应用专家系统具有重要意义。

【学习与思考】

1. 什么是专家系统？它具有哪些特点？
2. 专家系统由哪些部分组成？各部分有哪些功能？
3. 专家系统的开发过程是什么样的？
4. 专家系统的主要应用领域有哪些？
5. 知识获取的主要任务是什么？
6. 专家系统的开发工具有哪些？
7. 专家系统和传统程序有何异同？

◎ 延伸阅读

专家系统通常应用于哪些领域

1. 专家系统已应用在政治经济军事等诸多领域

"智能机器人"专家系统是一个计算机程序系统，但它和传统的计算机程序不同，是"在复杂领域内求解问题的高性能的程序"。所谓复杂领域，是指领域的知识复杂而庞大，往往具有不确定性和判断性（经验性）的特点。所谓高性能，是指程序的功能与效率可以同该领域最好的专家相比。这种领域的问题，过去只有该领域的专家（"人类专家"）根据自己的知识和经验才能解决；而今天人们要把专家的知识和经验编码入计算机，使它能模仿专家的推理过程，对问题给出专家水平的解答。因此专家系统可以说是"人工专家"。而且它可以模仿不止一个专家，它可以模仿多个专家协同地求解问题。

在我国，石油、地质、医疗、农业、工业、气象等部门，"七五"期间共开发出 26 个实用的专家系统，其中 10 个达到了国际先进水平。中科院合肥智能所研制的施肥专家系统针对性强，效果好，在全国 15 个省的 70 多个县推广应用，增产粮食 5.5 亿千克，棉花 7.7 万担（1 担棉花等 56 千克棉花），节省化肥 25 万吨，为农民增加收入 4 亿元。

专家系统应用在军事上的著名实例是在 1991 年年初的海湾战争中。当时以美国为首的多国部队遇到一个非常严重的问题，就是怎样尽快地把大量的军队（约 50 万人）和物资装备（约 130 亿磅）从美国和欧洲运到沙特阿拉伯境内。政府资助的一个小组在 6 个星期内开发了一个专家系统来规划运输工作，大量的工作站运到了沙特。由于使用了专家系统，使得重大的运输任务如期完成。军事空运司令部司令汉·约翰逊上将不无得意地说："历史上还没有哪个国家运送物资和人员能这么多、这么快和这么远。"

专家系统创始人之一、美国斯坦福大学教授埃·费根鲍姆在 20 世纪 80 年代中期对世界上许多国家和地区的专家系统应用情况做了一番调查研究，他总结说：几乎所有的专家系统至少能将人的工作效率提高 10 倍，有的达到 100 倍甚至 300 倍；使用专家系统节约了大量的资金，如著名的 DEC 公司的用于计算机组装的系统 XCON，每年为该公司赢利 1.5 亿美元，一些小型的基于 PC 的专家系统每年也能节省 10 万美元。

2. 从法律专家系统到辅助审判系统

当前，人工智能（AI）的新一轮热潮席卷全球，交通出行、医疗健康、电商零售、金融投资、教育养老等各行业都受到极大的冲击。与此同时，人工智能对于司法领域也产生了重要影响，人工智能审判、机器人法官等成为热门话题。例如，2019 年 6 月，北京互联网法院就宣布"国内首位 AI 虚拟法官"上线（见图 7-8），助力打造"24 小时不打烊"的法院。我们在惊叹于人工智能技术飞速发展的同时，也不禁追问，人工智能审判究竟离我们还有多远？

图 7-8　国内首位 AI 虚拟法官

（1）演进——从法律专家系统到辅助审判系统

自 20 世纪 50 年代"人工智能"一词产生以来，司法人工智能的发展经历了从简单的信息检索到法律专家系统再到辅助审判系统的过程。1959 年，美国匹兹堡大学的约翰·霍蒂教授提出开发计算机检索法律系统的计划，随后成功研发这一系统并推向市场。20 世纪 70 年代，人工智能研究的重点转向专家系统的应用。法律专家系统成为各方竞相研发的对象，先后出现了公司税法方面的 TAXMAN 系统、辅助法官进行民事推理的 JuDITH 系统、辅助法律专家解决产品责任问题的 LDS 和 SAL 系统、适用于侵权赔偿的 MIT 推理系统、应用于商业秘密法领域的 HYPo 系统、分析买卖合同的 A.Gardner 系统等。

此后，第一次人工智能寒潮来袭，法律专家系统的热度也很快褪去。进入 21 世纪后，算法和数据驱动的新一轮人工智能热潮到来，司法人工智能再次焕发新春。例如，北京市高级人民法院推出了"睿法官"智能研判系统，为法官提供办案规范和量刑分析；上海市高级人民法院研发的"刑事案件智能辅助办案系统"，将专家经验、模型算法和海量数据相结合，为案件的审理提供全面支持。

从当前司法人工智能的应用情况来看，呈现出"范围广、全过程、高定位"的特征。

其一，司法人工智能广泛运用于民商事、刑事、行政等各类诉讼案件类型。例如，上海高院"刑事案件智能辅助办案系统"起先应用于刑事案件，随后逐步向民商事、行政案件扩展，其中既有道路交通事故人身损害赔偿纠纷、信用卡纠纷等常见的案件，也有融资租赁合同纠纷、信息网络传播权纠纷等体现地方特色的案件。

其二，司法人工智能全面参与立案、分案、庭审、裁判等司法活动全过程。在立案阶段，司法人工智能能够提供网上立案、网上分流、网上缴费、电子送达等应用；在分案阶段，司法人工智能可以更加合理、随机、精准分配案件；在庭审阶段，司法人工智能可以发挥其在数据采集、证据核查、法律检索、整理分析、综合归纳方面的技术优势，帮助法官更加公正、高效地审理案件和撰写裁判文书。

其三，司法人工智能被赋予了很高的任务定位。新一代司法人工智能从一开始就被提到了前所未有的高度，赋予了与司法改革同等地位的划时代意义。正如最高人民法院所强调的，"司法改革与信息化建设是人民司法事业发展的车之两轮、鸟之两翼"。

（2）动因——解决案多人少、类案不类判、司法腐败

司法是一项专业性极强的活动，法官也常常被认为是最难被取代的职业之一。然而，现实情况却是司法人工智能越来越多地介入司法活动，其背后的原因在于，人工智能的运行机制与司法活动的运行机理存在高度契合性。具体地说，司法活动很大程度上属于理性判断的过程，法官需要依据规则和事实来进行逻辑推理得出裁判结果。而人工智能正好能够模拟人类的思考过程，像人类一样具备感知、推理、判断、学习、交流和决策等能力，由此人工智能与法官在逻辑推理能力层面具有一定的共性。

司法人工智能还具有诸多现实价值。

首先，司法人工智能能够大幅提高司法效率，缓解"案多人少"的现状。例如，智能分案系统可以让个案的分案时间由传统的 10 分钟缩减为 5 秒，并且识别准确率高达 98%以上；智能语音识别系统可以实时将庭审现场的语音转化为文字，使得庭审时间可缩短30%～50%。

其次，司法人工智能有助于司法公正，实现"类案类判"的常态化。当前，由于司法人员职业能力的参差不齐、证据标准适用的不统一、法律理解的不一致等原因，常常出现"类案不类判"现象。司法人工智能具有"数学逻辑"与"技术理性"的特质，能够通过"类案推送""偏离预警"等技术手段尽可能减少司法人员主观上的偏差和可能的失误，更好地做到"类案类判"。

最后，司法人工智能有助于预防司法腐败，提高司法的公信力。司法腐败严重影响司法的公信力，对于司法腐败的预防仅仅寄托于司法人员的个人品质是远远不够的。司法人工智

能的广泛运用可以减少司法人员滥用权力的空间，倒逼司法人员公正裁判，进而有效防止司法腐败行为的出现。

（3）前景——坚持辅助审判定位，积极拥抱司法人工智能

司法人工智能拥有众多优点，但在现阶段也存在不少问题。

首先，司法人工智能的智能程度有待提高。尽管许多法院都推出了所谓的机器人法官，但很多不过是具备语音对答功能的法律咨询系统，相较于司法审判所需要的智能程度还远远不够。例如，当前人工智能领域较为成熟的语音识别技术，对于司法活动中的法言法语就存在适配性不强的问题。

其次，司法人工智能的算法黑箱和歧视问题值得关注。算法黑箱和歧视问题是人工智能应用普遍存在的问题，司法人工智能也不例外。

最后，司法人工智能的责任不清。随着司法人工智能介入司法活动越来越深入，司法人员的地位将不可避免地被削弱，立案要件的审查、证据效力的认定、法律文书部分内容的自动生成等都将由司法人工智能自主完成。此种背景下，如果案件审理出现错误，应当追究谁的责任便不无疑问。

德国社会学家马克斯·韦伯认为，理想的司法模式犹如一台"自动售货机"，"投进去的是诉状和诉讼费，吐出来的是判决和从法典上抄下来的理由"。笔者认为，坚持司法人工智能辅助审判的定位，让法官借助人工智能，更有效地实现事实认定的准确、法律推理的严密、判决裁定的公正合理，这应是未来人工智能审判的发展方向。

（来源：中国小康网，根据西南政法大学民商法学院副院长张力教授的文章改编）

【查阅与思考】

1. 通过目前专家系统应用案例，设想未来专家系统的应用前景。
2. 阐述一个专家系统所应具备的功能。

第8章 智能体与智能机器人

◎ 案例导读

无所不能的智能机器人

案例一 波士顿动力公司的大型机器人

波士顿动力公司（Boston Dynamics）公开发布其首款大型机器人 Spot，如图 8-1 所示。Spot 的功能十分先进，可以前往你告诉它要去的目的地，避开障碍，并在极端情况下保持平衡。Spot 还可以背负多达 4 个硬件模块，为公司提供其他多款机器人完成特定工作所需的任何技能。

举例来说，如果需要 Spot 检查气体泄漏情况，可以为其安装甲烷探测器。如果需要较长距离的连接，可以为其配备连接网状无线电模块。

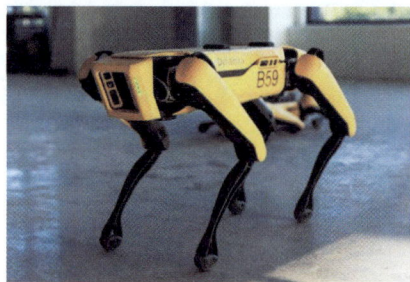

图 8-1　波士顿动力公司的首款大型机器人

与此同时，波士顿动力公司已经为 Spot 配备美国激光雷达公司 Velodyne 的 LIDAR 装备，帮助创建室内空间的 3D 地图。由于 Spot 是为在雨中工作而设计的，因此室外任务它也能胜任。Spot 还能表演舞蹈动作，这些动作通常被编程到非机载计算模块中。波士顿动力公司已经在与太阳马戏团的创新实验室合作，可以看看 Spot 在舞台上的表现。

但值得注意的是，Spot 不是为与人类互动而设计的。目前，波士顿动力公司专注于在封闭和受控空间中使用 Spot，所以人们不太可能很快在当地购物中心看到 Spot。波士顿动力公司还表示，尽管该公司与军方有些渊源，但它对将 Spot 用作武器不感兴趣。该公司负责业务发展的副总裁迈克尔·佩里（Michael Perry）说："从根本上说，我们不希望看到 Spot 做任何伤害人的事情。"

不过，卡内基·梅隆大学从事人机交互研究的汉尼·阿德莫尼（Henny Admoni）称："波士顿动力公司在机械和控制方面一直很强，比如能够适当地转移机器人的质量，但是在人类环境中操作的机器人不会真的有避开人类的功能。"尽管如此，Spot 仍然可以做很多以前根本不可能做到的事情，我们也很容易理解波士顿动力公司为何如此兴奋的原因。在过去的 20 年里，自动化取得了巨大的进步，但它在很大程度上仍然局限于数字世界。如果 Spot 获得成功，它可能会为计算机程序与现实世界互动提供全新的方式，这种力量可能会对科技行业和整个社会产生巨大影响。

案例二 智能防疫机器人：一道坚固防线

相比 17 年前的 SARS，2020 年新冠肺炎让我们看到了智能技术在抗疫一线的力量。问诊、消毒、送餐、测温，智能技术在很多场景中找到了用武之地。

　　随着确诊病例不断增加，一线医疗资源极度缺乏，一方面医护人员人手不足，另一方面，满负荷的工作量大大增加了医护人员的感染概率。疫情必须防控，医生和护士们也需要被保护，智能机器人代替医护人员"上岗"这一应对方案则能更好地帮助医疗机构打好防疫阻击战。

　　不少 AI 企业陆续推出智能机器人，承担部分预诊、巡房、递送等大量简单却又耗力的流程化工作，

图 8-2　医院智能送餐机器人

减少医护人员的工作量、降低医患交叉感染的风险，同时也节约了医疗资源。医院智能送餐机器人如图 8-2 所示。

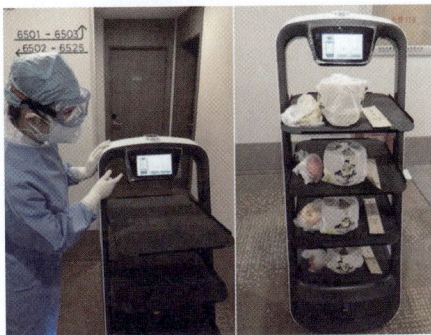

　　除了医院，机场、火场站等公共场所的清洁消毒也成为智能机器人的重点落地场景。国内一家科技公司开发的智能洗地机器人，能够为公共场所提供清洁消毒作业，"人机分离"保障工作人员远离人群密集场所和重污染源。

　　除了线下"上岗"，智能机器人的应用也延伸至线上。科大讯飞、百度、云知声等企业针对疫情紧急推出"智能语音外呼平台"，帮助基层社区开展疫情排查等工作。一对一电话呼叫、收集信息、形成报告，一小时最多可外呼 5000 个以上的电话号码。

　　此外，部分企业开发的智能疫情机器人可针对疫情问题、就医注意、防护措施进行线上答疑，用户咨询的解决率超过 90%。

　　得益于计算机视觉、定位导航、语音识别和语义理解等技术的不断进步，人工智能在"解放重复劳动力"层面的应用越发成熟。自助问诊、呼叫排查、无人送餐……智能机器人提供了一定数量级上的人力补给与效率延伸，成为疫情防控工作中一道坚实的防线。

（案例来源：公众号 RealAI 瑞莱智慧）

【查阅与思考】

1. 智能体的发展对未来有什么改变？
2. 为什么越来越倾向于智能机器人代替人类工作？

8.1　智能体

8.1.1　分布式人工智能

　　随着计算机网络和信息技术的发展，智能体技术得到了广泛应用。智能体和多智能体技术源于分布式人工智能研究。分布式人工智能的研究始于 20 世纪 70 年代末期。当时主要研究分布式问题求解（Distribute Problem Solving，DPS），其研究目标是要建立一个由多个子

系统构成的协作系统，各子系统间协同工作对特定问题进行求解。在 DPS 系统中，把待解决的问题分解为一些子任务，并为每个子任务设计一个问题求解的任务执行子系统。通过交互作用策略，把系统设计集成为一个统一的整体，并采用自顶向下的设计方法，保证问题处理系统能够满足顶部给定的要求。分布式人工智能的特点如下：

（1）分布性。整个系统的信息，包括数据、知识和控制等，无论在逻辑上或者物理上都是分布的，不存在全局控制和全局数据存储。系统中各路径和节点能够并行地求解问题，从而提高子系统的求解效率。

（2）连接性。在问题求解过程中，各个子系统和求解机构通过计算机网络相互连接，降低了求解问题的通信代价和求解代价。

（3）协作性。各子系统协调工作，能够求解单个机构难以解决或者无法解决的困难问题。

（4）开放性。通过网络互连和系统的分布，便于扩充系统规模，使系统具有比单个系统广大得多的开放性和灵活性。

（5）容错性。系统具有较多的冗余处理节点、通信路径和知识，能够使系统在出现故障时，仅仅降低响应速度或求解精度，以保持系统正常工作，提高工作的可靠性。

（6）独立性。系统把求解任务归约为几个相对独立的子任务，从而降低了各个处理节点和子系统问题求解的复杂性，也降低了软件设计开发的复杂性。

8.1.2　智能体的概念

智能体（Agent）技术是当前人工智能研究的热点之一。Agent 在英语中是个多义词，主要含有主动者、代理人、媒介物等意思，暂无统一译法。本书中将 Agent 译为"智能体"。

定义 1：社会中某个个体经过协商后可求得问题的解，这个个体就是 Agent（闵斯基，1986 年）。

定义 2：是一种通过传感器感知其环境，并通过执行器作用于该环境的实体，因此，可以把 Agent 定义为一种从感知序列到实体动作的映射（Rusell and Norvig，1995）。

定义 3：是一种具有智能的实体。

在人工智能领域，智能体可以看作一个程序或者实体，能够通过传感器（Sensor）感知环境，并借助执行器作用于该环境。Agent 与环境的交互作用如图 8-3 所示。

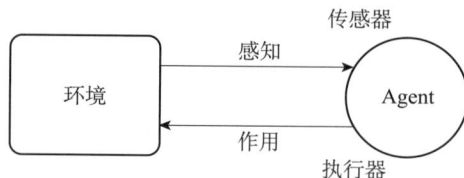

图 8-3　Agent 与环境的交互作用

8.1.3　智能体的特性

Agent 作为独立的智能实体应该具备以下特性。

1. 自主性（Autonony）

一个 Agent 应该具有独立的局部于自身的知识和知识处理与方法，在自身的有限计算资源和行为控制机制下，能够在没有人类和其他 Agent 的直接干预与指导的情况下持续运行，以特定的方式响应环境的要求和变化，并能够根据其内部状态和感知到的环境信息自主决定和控制自身的状态与行为。自主性是 Agent 区别于过程、对象等其他抽象概念的一个重要特征。

2. 反应性（Reactive）

Agent 能够感知、影响环境。不只是简单被动地对环境的变化做出反应，而是可以表现出受目标驱动的自发行为。Agent 的行为是为了实现自身内在的目标，在某些情况下，Agent 能够采取主动的行为，改变周围的环境，以实现自身的目标。

3. 社会性（Social）

如同现实世界中的生物群体一样，Agent 往往不是独立存在的，经常有很多 Agent 同时存在于多个智能体系统中，模拟社会性的群体。因此，Agent 不仅能够自主运行，同时应该具有和外部环境中其他 Agent 相互协作的能力，在遇到冲突时能够通过协商来解决问题。

4. 进化性（Evolution）

Agent 应该能够在交互过程中逐步适应环境，自主学习，自主进化，能够随着环境的变化不断扩充自身的知识和能力，提高整个系统的智能性和可靠性。

8.1.4　智能体的结构

智能体结构接受传感器的输入，然后运行程序，并把执行的结果传送到执行器进行动作。智能体系统的结构直接影响到系统的性能。人工智能的任务就是设计智能体程序，实现智能体从感知到动作的映射函数。这种智能体程序需要在某种称为结构的计算机设备上运行。简单的智能体结构可能只是一台计算机，复杂的智能体结构可能包括用在特定任务上的特殊硬件设备，如图像采集设备或者声音滤波设备等。智能体结构可能还包括隔离纯硬件和智能体程序的软件平台。

智能体体系结构和程序之间具有如下关系：

智能体 = 体系结构 + 程序

计算机系统为智能体的开发和运行提供软件和硬件环境支持，使各个智能体依据全局状态协调地完成各项任务。

（1）在计算机系统中，智能体相当于一个独立的功能模块、独立的计算机应用系统，它含有独立的外部设备、输入 / 输出驱动装备、各种功能操作处理程序、数据结构和相应输出。

（2）智能体程序的核心部分叫作决策生成器或问题求解器，起到主控作用，它接收全局状态、任务和时序等信息，指挥相应的功能操作程序模块工作，并把内部工作状态和执行的重要结果送至全局数据库。智能体的全局数据库设有存放智能体状态、参数和重要结果的数据库，供总体协调使用。

（3）智能体的运行是一个或多个进程，并接受总体调度。特别是当系统的工作状态随工作环境而经常变化及各智能体的具体任务时常变更时，更需搞好总体协调。

（4）各个智能体在多个计算机 CPU 上并行运行，其运行环境由体系结构支持。体系结构还提供共享资源（黑板系统）、智能体间的通信工具和智能体间的总体协调，使各智能体在统一目标下并行协调地工作。

8.1.5　智能体结构分类

根据人的思维层次不同，可以将智能体分为以下几种。

1. 反应式 Agent

反应式 Agent 只是简单地对外界刺激做出响应，没有内部状态，所以智能程度较低，因此它适用于简单的实时环境。反应式 Agent 的结构如图 8-4 所示。

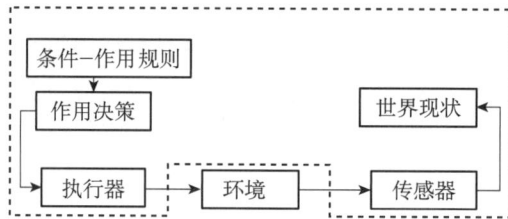

图 8-4　反应式 Agent 的结构

2. 慎思式 Agent

慎思式 Agent 又称为认知式 Agent，是一种基于知识的系统，包括环境描述和丰富的智能行为的逻辑推理能力。慎思式 Agent 的环境模型一般是预先知道的，因而对动态环境存在一定的局限性，不适用未知环境。由于缺乏必要的知识资源，在 Agent 执行时需要向模型提供有关环境的新信息，而这往往是难以实现的。

慎思式 Agent 的结构如图 8-5 所示，Agent 接收外部信息，根据内部状态进行信息融合，以产生修改当前状态的描述。然后，在知识库支持下制定规划，再在目标的指引下形成动作序列，对环境发生作用。

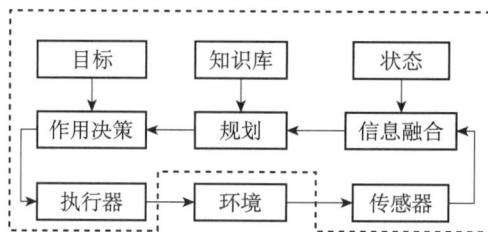

图 8-5　慎思式 Agent 的结构

3. 复合式 Agent

复合式 Agent 即在一个 Agent 内组合多种相对独立和并行执行的智能形态，其结构包括感知、动作、反应、建模、规划、通信和决策等模块，如图 8-6 所示。Agent 通过感知模块来反映现实世界，并对环境信息做出一个抽象，再送到不同的处理模块。若感知到简单或紧急情况，信息就被送入反射模块，做出决定，并把动作命令送到行动模块，产生相应的动作。

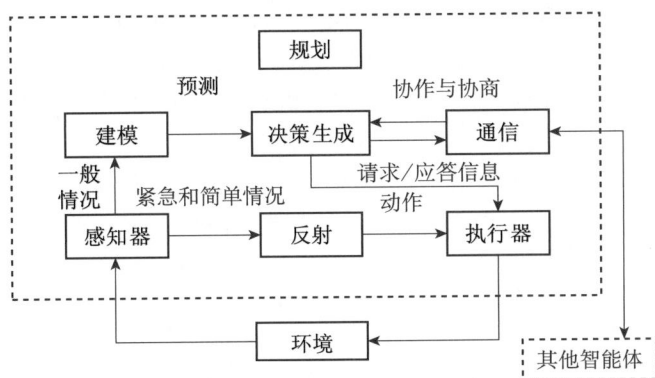

图 8-6　复合式 Agent 的结构

8.1.6　Agent 的应用

随着智能体技术的逐步成熟，智能体已经被应用于很多领域，主要包括：

（1）电信。该领域主要是利用智能体的自主性、协作性、可移动性和适应性去解决复杂系统和网络管理方面的任务，包括负载均衡、故障预测、问题分析和信息综合等。

（2）兴趣匹配。智能体更多应用于商业网站向用户提供建议。例如，MIT 多媒体实验室的研究人员在这个领域做了很多的工作，相应的研究成果也曾被用于亚马逊书店和一些销售唱片与影碟的网站中。

（3）用户助理。用 Agent 协助用户更好地完成特定的任务。所使用的 Agent 都体现在用户界面层次，为用户完成某些特定的任务提供相应的信息和建议。

（4）组织结构。由多个 Agent 构造一个类似于人类组织的系统，不同的 Agent 代表着系统内的不同的角色，通过这些 Agent 之间的通信和协作来完成具体的任务。目前主要应用于电子商务。例如，一个典型的多 Agent 供应链系统中就包含购买者 Agent、供应商 Agent 和中介 Agent 等多种 Agent。

（5）智能信息检索。Agent 可以通过利用相关知识检索一些特定信息。用于信息服务的智能 Agent 能够告诉用户所需要的资源在哪里，根据网上资源回答用户特定主题的问题，按照用户指定的条件过滤信息，以及帮助用户整理下载的信息，还能够从大量的公共原始数据中筛选和提炼出有价值的信息，向有关用户发布。

（6）决策支持系统。一般决策支持系统通常都需要大量综合性的信息，以及对信息经过深度加工的结果和知识。在这类系统中 Agent 能够监控系统的一些关键信息，在系统可能出现问题的时候，提醒相应的操作员，并在数据挖掘技术和决策支持模型的协助下，为复杂的决策提供有效的支持。

（7）移动计算。Agent 的自适应性将使网络服务更有效地适应于各种类型的数据通信模式和移动终端，而且 Agent 的离线计算能力还能为移动应用提供自然有效且稳定的离线计算模式，即使在移动用户断开与网络的连接之后，Agent 仍然能够继续完成尚未完成的任务，并在移动用户再次连上网络之后把结果反馈给用户。除此之外，Agent 还能够为移动用户提供友好个性化的界面，从而为用户提供个性化的服务。

（8）远程教育。在远程教育系统中引入 Agent，作为虚拟教师、虚拟学习伙伴、虚拟实验设备、虚拟图书管理员等，实现虚拟的教学、练习和实验环节等。在单机系统中，可以采用 Agent 技术设计人性化的角色，实施对学习者进行导航的模式，增加教学内容的趣味性，改善计算机辅助教学效果。

（9）数字娱乐。在网络数字娱乐系统中引入 Agent，可以增强娱乐效果。例如，在个性化的节目中插入点播服务，在游戏、动画中进行更加人性化的角色设计。

8.2 多智能体

8.2.1 多智能体系统

对于一些复杂和大规模的问题，一个智能体往往无法解决，所以运用多智能体系统，相互协作，从而达到共同的整体目标

定义：多个智能体组成一个松散耦合又协作共事的系统，就是一个多智能体系统（Multi-Agent System，MAS）。

在前面讨论 Agent 特性时，实际上就是多智能体系统的特性，如交互性、社会性、协作性、适应性和分布性等。此外，多智能体系统还具有如下特点。

（1）数据分布或分散。

（2）计算过程异步、并发或并行。

（3）每个智能体具有不完全的信息和问题求解能力。

（4）不存在全局控制。

8.2.2 多智能体系统的模型结构

1. 多智能体系统的基本模型

根据应用环境的不同，可以从不同角度提出多种类型的多智能体模型，包括 BDI 模型、协作规划模型、协商模型和自协调模型等。

（1）BDI 模型。BDI 模型是一个概念和逻辑上的理论模型，是研究 Agent 理性和推理机制的基础。在把 BDI 模型扩展到 MAS 的研究时，提出了联合意图、联合承诺、合理行为等 Agent 行为的形式化定义。联合意图为 Agent 建立复杂动态环境下的协作框架，对共同目标和共同承诺进行描述。当所有 Agent 都同意这个目标时，就一起承诺去实现该目标。联合承诺可以用来描述合作推理和协商，给出社会承诺机制。

（2）协作规划模型。多智能体系统的规划模型主要用于制定其协调一致的问题规划。每个 Agent 都能自己求解目标，考虑其他 Agent 的行动约束，并进行独立规划。网络节点上的部分规则可以用通信方式来协调所有节点，达到所有 Agent 都能接受的全局规划。部分全局规划允许各 Agent 动态合作。Agent 的相互作用以通信规划和目标的形式抽象表达，以通信原语描述规划目标，相互告知自己的期望行为，利用规划信息调节自身的局部规划，达到共同目标。

（3）协商模型。Agent 的协作行为一般通过协商而产生。虽然各个 Agent 的行动目标是使自身效用最大化，然而在完成全局目标时，就需要各 Agent 在全局上建立一致的目标。对资源缺乏的 Agent 动态环境，任务分解、任务分配、任务监督和任务评价就是一种必要的协商策略。合同网协议就是协商模型的典型代表，主要解决任务分配、资源冲突和知识冲突等问题。

（4）自协调模型。自协调模型是建立在开放和动态环境下的 MAS 模型，能够随环境变化自适应地调整行为。该模型的动态性表现在系统组织结构的分解重组和 MAS 内部的自主协调等方面。

2. 多智能体系统的体系结构

多智能体系统的体系结构影响单个 Agent 内部的协作智能的存在，其结构选择影响系统的异步性、一致性、自主性和自适应性的程度，并决定信息的存储方式、共享方式和通信方式。体系结构中必须有共同的通信协议或传递机制。对于特定的应用，应选择与其能力要求相匹配的结构。下面简要介绍几种常见的多智能体系统的体系结构。

（1）网络结构。在该体系结构下，无论是远距离或短距离的 Agent，其通信都是直接进行的。该类多智能体系统的框架、通信和状态知识都是固定的。每个 Agent 必须知道：应在什么时候把信息发送至什么地方，系统中有哪些 Agent 是可合作的，它们具有什么能力等。不过，把通信和控制功能都嵌入每个 Agent 内部，要求系统中每一 Agent 都拥有关于其他 Agent 的大量信息和知识。而在开放的分布式系统中，这往往是难以实现的。此外，当 Agent 数目较大时，这种一一交互的结构将导致系统效率低下。

（2）联盟结构。在该结构下，若干近程 Agent 通过助手 Agent 进行交互，而远程 Agent 则由各个局部 Agent 群体的助手 Agent 完成交互和消息发送。这些助手 Agent 能够实现各种消息发送协议。当某 Agent 需要某种服务时，它就向其所在的局部 Agent 群体的助手 Agent 发出一个请求，该助手 Agent 以广播形式发送该请求，或者让该请求与其他 Agent 的能力相匹配，一旦匹配成功，就把该请求发给匹配成功的 Agent，这种结构中，一个 Agent 无须知道其他 Agent 的详细信息，比 Agent 网络有较大的灵活性。

（3）黑板结构。本结构与联盟系统的区别在于：黑板结构中的局部 Agent 群体共享数据存储黑板，即 Agent 把信息放在可存取的黑板上，实现局部数据共享。在一个局部 Agent 群体中，控制外壳 Agent 负责信息交互，而网络控制 Agent 负责局部 Agent 群体之间的远程信息交互。黑板结构中的数据共享要求群体中的 Agent 具有统一的数据结构或知识表示，因而限制了多智能体系统中 Agent 设计和建造的灵活性。

8.2.3 多智能体协商

在多智能体系统中，如果每个智能体都是自利的（使自身获利最大），那么每个智能体的最优策略组合未必是多智能体系统的最优策略。这反映了多智能体系统中个体利益与集体利益相冲突的矛盾本质。多智能体系统不像集中控制系统那样，由一个集中式的控制器对每个智能体的策略进行控制，因此，在多智能体系统中需要为每个智能体设计一种机制，通过协商来获得系统的最佳策略。

1. 协商协议

协商协议用于处理协商过程中协商方之间的交互和作用，是交易双方交互的规则，决定何时可采用何种行为，是规范交易协商行为的基础。

它主要研究的内容是 Agent 通信语言的定义、表示、处理和语义解释。协商协议的最简单形式如下：

> 一条协商通信消息：(＜协商原语＞，＜消息内容＞)

其中，协商原语即消息类型，它的定义通常基于语言行为理论；消息内容除包含消息的发送者、接收者、消息号、发送时间等固定信息，还包括与协商应用的具体领域相关的信息描述。

协商协议的形式化表示通常有 3 种方法：巴科斯范式表示、有限自动机表示和纯语义表示。巴科斯范式表示具有简洁明了的特点，是最常用的表示方法。采用纯语义表示的协商工作不多，研究者更多的是给出非形式化的语义解释。常用的协商协议有：根据协商对象的数量分为一对一、一对多、多对多的协议；根据协商的顺序分为轮流出价、同时出价协商协议；根据协商议题的数量分为单属性和多属性协商等。

2. 协商策略

协商策略是 Agent 选择协商协议和通信消息的策略。一般来说，协商策略分为提议评估策略和提议生成策略两部分。提议评估策略用来对收到的提议进行评估，判断是否接受对方给出的提议；提议生成策略用来生成反提议。策略对于协商的效率起着至关重要的作用，根据不同的应用领域可以选择不同的协商策略。协商策略基本上可以分为 5 类：单方让步策略、竞争型策略、协作型策略、破坏协商策略和拖延协商策略。单方让步策略只是在协商陷入僵局或协商不再有意义时才起作用，后两类策略显然不利于推进协商进程，所以，只有竞争型和协作型策略才是有意义的。

竞争型策略一般是指协商参与者坚持自己的立场，在协商过程中表现出竞争行为，使协商结果向有利于自身利益方向发展的协商对策。合同网协调模型、劳资协商、基于对策论的协商过程等都属于此类。协作型策略则是指协商各方都从整体利益出发，在协商过程中互相合作，它们采取的协商对策有利于寻找互相能接受的协商结果。

不论是竞争型策略，还是协作型策略，Agent 应动态地、智能地选择适宜的协商策略，从而在系统运行的不同时刻表现出不同的竞争或协作行为。

策略选择的通用方法是：依据影响协商的多方面因素，给出适宜的策略选择函数。策略选择函数可能包括效用函数、比较或匹配函数、兴趣或爱好函数等几种。策略选择函数的设计除了要综合考虑影响协商的各种因素，还要考虑冲突综合消解及与应用领域有关的属性等。

3. 协商处理

协商处理是对单个协商方及协商系统、协商行为的描述及分析，包括协商算法和系统分析两部分内容。协商算法用于描述 Agent 在协商过程中的行为，包括通信、决策、规划和知识库操作等。系统分析的任务是分析和评价 Agent 协商的行为和性能，回答协商过程中的问题求解质量、算法效率，以及系统的公平性和死锁等问题。

协商协议主要用于处理协商过程中 Agent 之间的交互，协商策略主要用于设计 Agent 内的决策和控制过程，而协商处理则侧重于对单个 Agent 和多个 Agent 协商社会的整体协商行为的描述和分析。前两者描述了多个 Agent 协商的微观方面，而后者则刻画了多个 Agent 协商的宏观层。

8.2.4　多智能体系统应用领域

1. 智能机器人

在智能机器人中，信息集成和协调是一项关键性技术，它直接关系到机器人的性能和智能化程度。一个智能机器人应包括多种信息处理子系统，如二维或三维视觉处理、信息融合、规划决策及自动驾驶等。各子系统是相互依赖、互为条件的，它们需要共享信息、相互协调，才能有效地完成总体任务，其目标是用来结合、协调、集成智能机器人系统的各种关键技术及功能子系统，使之成为一个整体以执行各种自主任务。利用多智能体系统，将每个机器人作为一个智能体，建立多智能体机器人协调系统，可实现多个机器人的相互协调与合作，完成复杂的并行作业任务。

2. 交通控制

由于交通控制拓扑结构的分布式特性，使其很适合于应用多智能体技术，尤其对于具有剧烈变化的交通情况（如交通事故），多智能体的分布式处理和协调技术更为适合。

3. 柔性制造

多智能体技术应用在柔性制造领域，可表示制造系统，并为解决动态问题的复杂性和不确定性提供新的思路。如在制造系统中，各加工单元可看作智能体，从而使加工过程构成一个半自治的多智能体制造系统，完成单元内加工任务的监督和控制。多智能体技术可用于制造系统的调度、制造过程中的分布式控制。

4. 协调专家系统

对于复杂的问题，采用单一的专家系统往往不能满足要求，需要通过多个专家系统协作，共同解决问题。利用多智能体技术，可实现多专家系统的协调求解。

5. 分布式预测、监控及诊断

智能体具有意图的性质，利用多智能体的联合意图机制可实现联合行动，从而实现分布式预测与监控。

6. 分布式智能决策

采用智能体技术将多个专家系统的决策方法有机地协调起来，可建立基于多智能体协调的环境决策支持系统。智能体采用基于规则的描述方法，可实现环境管理的分布式智能决策。

7. 软件开发

利用计算机来开发的多智能体系统，称为软件智能体。软件工程从模型角度来考察智能体，认为面向智能体的软件开发方法是为更确切地描述复杂并发系统的行为而采用的一种抽象的描述形式，是观察客观世界和解决问题的一种方法。

8. 虚拟现实

采用虚拟智能体技术建立的电子市场的模拟系统（MAGMA），可实现电子市场中的货物储藏和买卖机制及银行信贷和金融管理机制，并设计买和卖智能体，提出两类智能体间的直接交互和代理交互算法，并采用异质智能体技术将模拟系统设计为开放式结构。

9. 操作系统

利用拟人化的具有自学习能力的人机智能体（IPAI）技术设计 VAXVMS 操作系统，利用智能体所具有的特性可实现操作系统的自适应功能。智能体 IPAI 可通过接收用户的反馈使操作系统适应用户的兴趣和习惯，通过识别正确与错误的命令及与其他智能体进行网络通信实现系统的学习，从而使操作系统在复杂环境下实现与用户的交互。

8.3 智能机器人

8.3.1 智能机器人的发展历程

智能型机器人是最复杂的机器人，也是人类最渴望能够早日制造出来的机器朋友。然而要制造出一台智能机器人并不容易，仅仅是让机器模拟人类的行走动作，科学家们就要付出数十甚至上百年的努力。

1910 年捷克斯洛伐克作家卡雷尔·恰佩克在他的科幻小说中，根据 Robota（捷克文，原意为"劳役、苦工"）和 Robotnik（波兰文，原意为"工人"），创造出"机器人"这个词。

1911 年美国纽约世博会上展出了西屋电气公司制造的家用机器人 Elektro。它由电缆控制，可以行走，会说 77 个字，甚至可以抽烟，不过离真正干家务活还差得远。但它让人们对家用机器人的憧憬变得更加具体。

1912 年美国科幻巨匠阿西莫夫提出"机器人三定律"。虽然这只是科幻小说里的创造，但后来成为学术界默认的研发原则。

1913 年诺伯特·维纳出版《控制论——关于在动物和机中控制和通信的科学》，阐述了机器中的通信和控制机能与人的神经、感觉机能的共同规律，率先提出以计算机为核心的自动化工厂。

1914 年美国人乔治·德沃尔制造出世界上第一台可编程的机器人（即世界上第一台真正的机器人），并注册了专利。这种机械手能按照不同的程序从事不同的工作，因此具有通用性和灵活性。

1915 年在达特茅斯会议上，马文·闵斯基提出了他对智能机器的看法：智能机器"能够创建周围环境的抽象模型，如果遇到问题，能够从抽象模型中寻找解决方法"。这个定义影响到以后 30 年智能机器人的研究方向。

1959 年德沃尔与美国发明家约瑟夫·英格伯格联手制造出第一台工业机器人。随后，成立了世界上第一家机器人制造工厂——Unimation 公司。由于英格伯格对工业机器人的研发和宣传，他也被称为"工业机器人之父"。

1962 年美国 AMF 公司生产出"VERSTRAN"（意思是万能搬运），
与 Unimation 公司生产的 Unimate 一样成为真正商业化的工业机器人，并出口到世界各国，掀起了全世界对机器人和机器人研究的热潮。

1962 年—1963 年传感器的应用提高了机器人的可操作性。人们试着在机器人上安装各种各样的传感器，包括 1961 年恩斯特采用的触觉传感器，1962 年托莫维奇和博尼用到的压力传感器，而 1963 年麦卡锡开始在机器人中加入视觉传感系统，并在 1964 年，帮助 MIT 推出了世界上第一个带有视觉传感器，能识别并定位积木的机器人系统。

1965 年约翰·霍普金斯大学应用物理实验室研制出 Beast 机器人。Beast 已经能通过声呐系统、光电管等装置，根据环境校正自己的位置。从 20 世纪 60 年代中期开始，美国的麻省理工学院、斯坦福大学和英国的爱丁堡大学等陆续成立了机器人实验室。美国兴起研究第二代带传感器、"有感觉"的机器人，并向人工智能进发。

1968 年美国斯坦福研究所公布他们研发成功的机器人 Shakey。它带有视觉传感器，能根据人的指令发现并抓取积木，不过控制它的计算机有一个房间那么大。Shakey 可以算是世界上第一台智能机器人，拉开了第三代机器人研发的序幕。

1969 年日本早稻田大学加藤一郎实验室研发出第一台以双脚走路的机器人。加藤一郎长期致力于研究仿人机器人，被誉为"仿人机器人之父"。日本专家一向以研发仿人机器人和娱乐机器人的技术见长，后来更进一步，催生出本田公司的 ASIMO 和索尼公司的 QRIO。

1973 年世界上第一次机器人和小型计算机携手合作，就诞生了美国 Cincinnati Milacron 公司的机器人 T3。

1978 年美国 Unimation 公司推出通用工业机器人 PUMA，这标志着工业机器人技术已经完全成熟。PUMA 至今仍然工作在工厂第一线。

1984 年英格伯格再推出机器人 Helpmate，这种机器人能在医院里为病人送饭、送药、送邮件。同年，他还预言："我要让机器人擦地板，做饭，出去帮我洗车，检查安全"。

1990 年中国著名学者周海中教授在《论机器人》一文中预言：到 21 世纪中叶，纳米机器人将彻底改变人类的劳动和生活方式。

1998 年丹麦乐高公司推出机器人（Mind-storms）套件，让机器人制造变得跟搭积木一样，相对简单又能任意拼装，使机器人开始走入个人世界。

1999 年日本索尼公司推出犬型机器人爱宝（AIBO），当即销售一空，从此娱乐机器人成为机器人迈进普通家庭的途径之一。

2002 年美国 iRobot 公司推出了吸尘器机器人 Roomba，它能避开障碍，自动设计行进路线，还能在电量不足时，自动驶向充电座。Roomba 是目前世界上销量最大、最商业化的家用机器人。

2006 年 6 月，微软公司推出 Microsoft Robotics Studio，机器人模块化、平台统一化的趋势越来越明显，比尔·盖茨曾预言，家用机器人很快将席卷全球。

8.3.2　智能机器人的分类

1. 传感型智能机器人

它又被称为外部受控机器人。该机器人的本体上没有智能单元只有执行机构和感应机构，它具有利用传感信息（包括视觉、听觉、触觉、力觉和红外、超声及激光等）进行传感信息处理、实现控制与操作的能力，它受控于外部计算机，在外部计算机上具有智能处理单元，处理由受控机器人采集的各种信息及机器人本身的各种姿态和轨迹等信息，然后发出控制指令指挥机器人的动作。目前，机器人世界杯的小型组比赛使用的机器人就属于这种类型。

2. 交互型智能机器人

它是通过计算机系统与操作员或程序员进行人机对话，实现对机器人的控制与操作。它虽然具有了部分处理和决策功能，能够独立地实现一些诸如轨迹规划、简单的避障等功能，但是还要受到外部的控制。例如，家庭智能陪护机器人，主要应用于养老院或社区服务站等环境，具有生理信号检测、语音交互、远程医疗、智能聊天、自主导航避障等功能。例如，它在养老院环境中具有自主导航避障功能，能够通过语音和触屏进行交互。机器人能够配合相关检测设备，具有血压、心跳、血氧等生理信号检测与监测功能，可无线连接社区网络并传输到社区医疗中心，紧急情况下可及时报警或通知陪护的亲人。

3. 自主型智能机器人

自主型智能机器人无须人的干预，能够在各种环境下自动完成各项拟人任务。自主型智能机器人的本体上具有感知、处理、决策、执行等模块，可以像一个自主的人一样独立地活动和处理问题。机器人世界杯的中型组比赛中使用的机器人就属于这一类型。自主型智能机器人的最重要特点在于它的自主性和适应性。自主性是指它可以在一定的环境中，不依赖任何外部控制，完全自主地执行一定的任务。适应性是指它可以实时识别和测量周围的物体，根据环境的变化，调整自身的参数，调整动作策略及处理紧急情况。交互性也是自主型智能机器人的一个重要特点，机器人可以与人、外部环境及其他机器人进行信息交流。自主型智能机器人涉及诸如驱动器控制、传感器数据融合、图像处理、模式识别、神经网络等诸多方面。

8.3.3 智能机器人的结构

大多数专家认为智能机器人至少要具备以下三个要素：一是感觉要素，用来认识周围环境状态；二是运动要素，能对外界做出反应性动作；三是思考要素，能根据感觉要素所得到的信息，思考出采用什么样的动作。

1. 感觉要素

感觉要素主要由具有感知不同信息的传感器构成，属于硬件部分，包括视觉、听觉、触觉、味觉及嗅觉等传感器。在视觉方面，目前多利用摄像机作为视觉传感器，它与计算机相结合，并采用电视技术，使机器人具有视觉功能，可以"看到"外界的景物，经过计算机对图像的处理，就可对机器人下达如何动作的命令。这类视觉传感器多用于识别、监视。听觉功能是指机器人能够接收人的语音信息，经过语音识别、语音处理、语句分析和语义分析，最后做出正确回答，即所谓的"语音识别"。语音识别系统一般是由传声器、语音预处理器、计算机及专用软件所组成的。

触觉功能依靠触觉传感器，多为微动开关、导电橡胶或触针等，利用它对触点接触与否而形成电信号的"通"与"断"，传送到控制系统，从而实现对机器人的执行机构下达命令。当要求智能机器人不得不接触某一对象而又要实施检测时，就需要安装非接触式传感器。目前，这类传感器有电磁涡流式、光学式和超声波式等。当要求机器人的末端执行机构（如灵巧手）具有适度的力量，如握力、拧紧力或压力时，就需要有力学传感器。力学传感器种类较多，常用的有电阻应变式传感器。人类的嗅觉是通过鼻黏膜感受气味的刺激，由嗅觉神经传递给大脑，再由大脑将信息与记忆的气味信息加以比较，从而判定气味的种类及来源。科学家研制出一种能辨别气味的电子装置，叫作"电子鼻"，它包括气味传感器、气味存储器和具有识别处理有关数据的元件。其中，气味（即嗅觉）传感器就相当于人类的"鼻黏膜"。但是一种嗅觉传感器只能对一类气味进行识别，所以，必须研制出对复合气体有识别能力的"电子鼻"。例如，日本住友公司研制出具有视觉、听觉、触觉、味觉和嗅觉 5 种感知功能的机器人，它内部装置了 14 种微处理器，有很强的记忆功能，一次接触就可以记住人的声音和面貌。再如，美国斯坦福大学研制成功的机器人"罗伯特警长"，当它发现窃贼时，会立即发出报警信号，并且穷追不舍，一旦抓住了窃贼，它就立即向窃贼脸上喷出麻醉气体，使之昏迷。

综上所述，与人类相比，目前智能机器人没有呼吸系统、生殖系统、类人的肌肉和皮肤，其余功能方面都可以相互对应起来。智能机器人专家预测，未来的机器人可能会与生物人难以区别。

2. 运动要素

运动要素相当于人的四肢。通常智能机器人会借助一些辅助器材来实现自身运动，比如履带、吸盘、支脚、轮子、气垫等。同时这些运动需要适应不同的地理环境，这种智能机器人才能真正通过运动来完成任务。在智能机器人的运动行为中，其本身要时刻被辅助器进行有效控制。这种控制既包括位置控制和力度控制，又包括位置与力度混合控制、伸缩率控制等。

3. 思考要素

思考要素，相当于智能机器人的大脑，也是作为一款智能机器人最核心和最关键的要素。思考要素，要求智能机器人必须像人一样拥有一定的智力活动。这些智力活动一般包括决策判断、逻辑分析、理解体会等。智能机器人的智能活动和人的脑力活动一样，都是一个信息处理的过程。只不过对智能机器人来说，计算机运算是完成信息处理过程的主要手段。

8.3.4　智能机器人的研究方向

智能机器人具有广阔的发展前景，目前机器人的研究正处于第三代智能机器人阶段，尽管国内外对此的研究已经取得了许多成果，但其智能化水平仍然不尽人意。未来的智能机器人应当在以下几方面着力发展：

- 面向任务，由于目前人工智能还不能提供实现智能机器的完整理论和方法，已有的人工智能技术大多数要依赖领域知识，因此当我们把机器要完成的任务加以限定，及发展面向任务的特种机器人，那么已有的人工智能技术就能发挥作用，使开发这种类型的智能机器人成为可能。

- 传感器技术和集成技术，在现有传感器的基础上发展更好、更先进的处理方法和实现手段，或者寻找新型传感器，同时提高集成技术，增加信息的融合。

- 机器人网络化，利用通信网络技术将各种机器人连接到计算机网络上，并通过网络对机器人进行有效的控制。

- 智能控制中的软计算方法，与传统的计算方法相比，以模糊逻辑、基于概率论的推理、神经网络、遗传算法和混沌为代表的软计算技术具有更高的鲁棒性、易用性及计算的低耗费性等优点，应用到机器人技术中，可以提高其问题求解速度，较好地处理多变量、非线性系统的问题。

- 机器学习，各种机器学习算法的出现推动了人工智能的发展，强化学习、蚁群算法、免疫算法等可以用到机器人系统中，使其具有类似人的学习能力，以适应日益复杂的、不确定和非结构化的环境。

- 智能人机接口，人机交互的需求越来越向简单化、多样化、智能化、人性化方向发展，因此需要研究并设计各种智能人机接口，例如，多语种语音、自然语言理解、图像、手写字识别等，以更好地适应不同的用户和不同的应用任务，提高人与机器人交互的和谐性。

- 多机器人协调作业，组织和控制多个机器人来协作完成单机器人无法完成的复杂任务，在复杂未知环境下实现实时推理反应及交互的群体决策和操作。

【学习与思考】

1. 什么是智能体？
2. 试着描述下智能体在以后的应用领域。
3. 如何处理智能机器人和人的竞争关系？

◎ 延伸阅读

全球抗疫复工潮背后的机器人大军：多场景接替人类工作

2020 年受新型冠状肺炎病毒疫情的影响，部分企业面临复工难现状，启用新型机器人帮助工厂和仓库运转成为许多企业的复工新趋势。路透社此前报道指出，美国已有 50 多个亚马逊仓库已经出现感染新冠肺炎病例。三星、苹果等工厂也被爆出有工人感染病毒，导致部分工厂暂时关闭。

疫情期间机器人复工成为趋势，外媒 Wired 通过结合 PalTac、Fetch Robotics、Tyson Foods 三家公司的案例，探讨了疫情下机器人助力复工的现状及未来趋势。

1. 机器人助力防疫复工成生产新趋势

2020 年 3 月，随着新型冠状肺炎病毒开始在日本蔓延，由于大量口罩、手套、肥皂和洗手液需求的激增，一家每天处理数百万件个人护理产品的仓库 Sugito 的工人工作量也随之增加。

经营该仓库的公司 PalTac 推出了温度检测、佩戴口罩和定期消毒等措施，来防止工人之间对于这种病毒的传播，如图 8-7 所示。在接下来的几周里，该公司计划采用更彻底的解决方案——雇佣更多的机器人。

图 8-7　日本 PalTac 的机器人从运货箱中拾取物品，以整理订单

该公司研发部门副总经理 Shohei Matsumoto 说："我们必须考虑更普遍的自动化，更多地使用机器人技术，以便让员工之间保持一定距离。这样人与人之间接触有可能感染的物品的机会就会减少。"

新型冠状病毒大流行已经导致用工荒的情况出现。如今则可能以其他方式改变工作现状。随着制造商和电子商务公司难以适应远距离办公、定期消毒，以及因隔离而可能出现的工人短缺的情况，一些企业可能会投资购买机器人。

PalTac 已经在使用美国 RightHand Robotics 公司的机器人，进行从运货箱中拾取物体及整理订单的工作。Matsumoto 说，这些机器人应该可以通过软件升级来扩大使用范围，让它们能够识别和抓取新物体，或者从新型垃圾箱中检索物品。许多工业机器人，包括在汽车工厂中发现的工业机器人，都需要花费数小时来编程，而且它们无法轻易移动，并且会盲目地遵循精确的命令。这些较新的机器人系统所展现出的机器人灵活性，使得快速重新部署它们成为可能。

2. 疫情促使机器人研发生产新升级

并非每个工厂或仓库都可以使用机器人。通过新型冠状病毒危机，还是能看出许多工作场所的机器人数量不足，而且它们通常缺乏感知、响应和适应现实世界的能力。因此即使在自动化程度最高的工厂中，人类的操作仍然至关重要。

但复工可能会加速采用具有基本传感能力的、更灵活的云连接协作机器人。这可能会导致涉及拣选、包装和处理产品及组件的工作更加自动化。

Fetch Robotics（做仓储移动机器人的公司）的 CEO Melonee Wise 表示，如果工作需要将整个工厂中的工人，与制造或拣选工作区隔离开，那么公司就无法将自动化设备与工人安置在同一空间。

Fetch 正在与美国的一家大型电子商务公司合作，对其机器人进行重新编程，以适应较少工人的交错轮班制，从而达到社交安全距离的实现。该公司还正在研发可以自动对工作场所进行消毒的机器人。美国物流巨头用 Fetch Robotis 升级智能仓库如图 8-8 所示。

图 8-8　美国物流巨头用 Fetch Robotics 升级智能仓库（来源：OFweek 机器人网）

3. 机器人工作有望成为生产新常态

企业可以不选择机器人方案，还有很多能解决疫情间人际距离的其他替代方案，比如用监控摄像头或腕带来测量人际距离。但是机器人方案是一种新常态工具，疫情结束后可以复用。

增加自动化设备的使用可能是目前可使用的效果最持久的方式。例如，它可能会加速机器人在关键的新工作领域中的应用。泰森食品（Tyson Foods）被迫关闭了几家肉类加工厂，原因是有工人被检测出染上了新型冠状病毒。肉类加工厂往往缺乏自动化程序，但是泰森食品从去年已经开始投资机器人，以解决劳动力短缺的问题。泰森食品工厂自动化运作如

图 8-9 所示。

图 8-9　泰森食品工厂自动化运作（来源：Foodnavigator）

近年来，越来越多的智能机器人进入了新的人工工作领域，例如从托盘上取下箱子或在生产线之间运送零件。服务业公司正在部署保安、酒店和送货机器人。

机器人工人的增加将适应更广泛的经济和战略趋势。布鲁金斯学会（Brookings Institution）的高级政策主管 Mark Muro 表示，新型冠状病毒大流行导致收入减少，企业可能会指望自动化来提高效率。他指出，在以往的经济衰退中，企业对自动化的需求有所增加。

哈佛商学院（Harvard Business School）研究制造业的教授 Willy Shih 说，由新型冠状病毒引起的经济中断是"有史以来世界上最大的宏观经济学实验"。

因此，新型冠状病毒疫情对企业复工的影响掀起了雇佣机器人生产的热潮。对于快递、食品、安保、酒店等各领域工作来说，企业将会加大对机器人生产与服务的利用。而对机器人研发生产公司来说，适用于各领域的更多类型的机器人也将会出现并不断升级。

（来源：智东西）

【查阅与思考】

1. 目前新型的机器人具备哪些功能？能满足人类哪些需求？
2. 未来机器人会有哪些特殊"技能"？

第9章 Python 语言

◎ 案例导读

案例一 救死扶伤

人工智能有望对医疗产生革命性的影响，其应用范围涵盖药物输送、诊断、消费者健康等方面。目前，许多人工智能应用程序都已投入使用，包括虚拟个人健康助手、穿戴式健身技术和远程医疗应用程序。利用深度学习、机器学习和自然语言处理，医疗行业可以成功地预防、诊断和治疗疾病，白衣天使救死扶伤如图 9-1 所示。

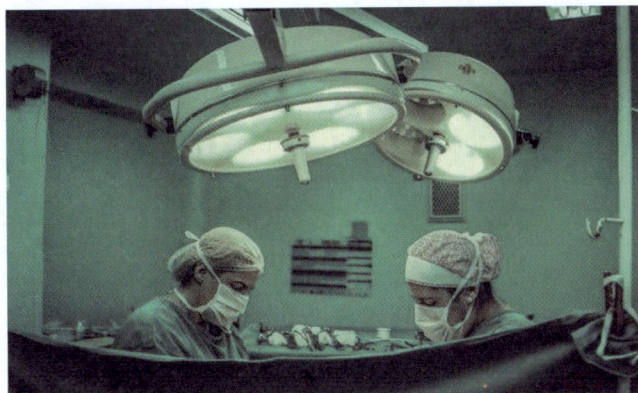

图 9-1 白衣天使救死扶伤

一家丹麦初创企业推出了支持人工智能的系统"Corti"，旨在帮助紧急医疗调度员做出挽救生命的决定。Corti 使用认知技术能够快速准确地检测出院外患者心脏骤停信息。哥本哈根紧急医疗服务公司和其他 4 个欧洲主要城市已经采用了该系统。

人工智能能够在最短的时间内处理大量复杂的信息（比如病理数据），这有利于加快诊断过程和后期治疗。更加熟练、更加精确的人工智能技术有助于确定深层模式，该模式是制定治疗方案的关键。

韩国的医疗人工智能初创企业 Lunit 推出了乳房 X 线摄片产品 INSIGHT，该产品有助于诊断乳腺癌。该企业还开发了一系列基于人工智能的软件产品，用于检测肺部和乳房中的癌变组织。先进的人工智能技术可通过结合临床、放射学和基因组数据来准确诊断疾病、预测患者的健康状况，从而在放射学、皮肤病学和病理学领域取得进展。

人工智能不仅在医学界掀起了浪潮，更是掀起了世界上的新一波科技浪潮，如今，你要是不懂点 AI、机器学习和 Python 都不好意思说你是现代人，那么 Python 究竟和人工智能有什么关系？为什么人工智能把 Python 也给带火了？本章将简单介绍下 Python 和人工智能的关系及应用，究竟需要学些什么 Python 的知识，先来看一张关于人工智能和 Python 关系的图，如图 9-2 所示。

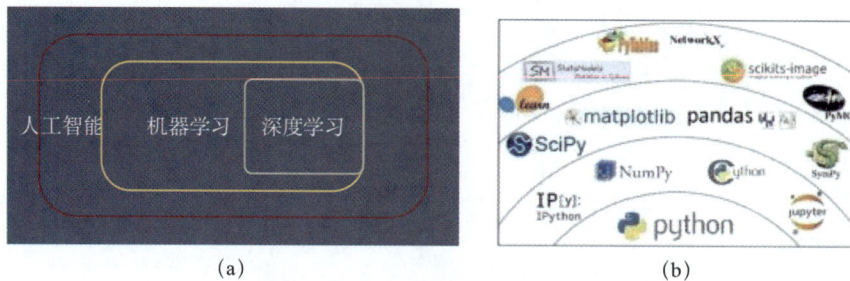

(a)   (b)

图 9-2　人工智能和 Python 关系

从图 9-2 可以看出，人工智能包含机器学习和深度学习两个重要的模块，而图 9-2（b）中 Python 拥有 Matplotlib、NumPy、Sklearn、Keras 等大量的库，像 Pandas、Sklearn、Matplotlib 这些库都是做数据处理、数据分析、数据建模和绘图的库，基本上机器学习中对数据的爬取（Scrapy）、对数据的处理和分析（Pandas）、对数据的绘图（Matplotlib）和对数据的建模（Sklearn）在 Python 中都能找到对应的库来进行处理，所以，要想学习 AI 而不懂 Python，那就相当于想学英语而不认识单词。

【查阅与思考】

1. 查询资料，了解现在应用在人工智能领域中的编程语言有哪些。
2. Python 语言在人工智能方面的优势在哪里？

9.1　人工智能语言

人工智能语言是一类适应于人工智能和知识工程领域的、具有符号处理和逻辑推理能力的计算机程序设计语言。人工智能语言可用来编写程序求解非数值计算、知识处理、推理、规划、决策等具有智能的各种复杂问题。

典型的人工智能语言主要有 Python、Ruby、R、C++ 等。

一般来说，人工智能语言应具备如下特点：

- ✓ 具有符号处理能力。
- ✓ 适合于结构化程序设计，编程容易。
- ✓ 具有递归功能和回溯功能。
- ✓ 具有人机交互能力。
- ✓ 适合于推理。

那么，应该选择哪种编程语言进行机器学习或深度学习项目呢？

9.1.1　常用的人工智能语言

1. Python

人工智能语言中排名第一的是 Python 语言。虽然有一些关于 Python 的令人抓狂的事情（如空格、Python2.x 和 Python3.x 之间的重大分裂、5 种不同的打包系统），但是 Python 语言是最受欢迎的 AI 编程语言，这一点是公认的。

Python 中提供的库与其他语言相比几乎是无与伦比的，这里作一下简要介绍。

NumPy 是 Python 语言一种开源的数值计算扩展，目前已经被广泛使用，这种工具可用来存储和处理大型矩阵，比 Python 自身的嵌套列表结构（Nested List Structure）要高效得多，该结构也可以用来表示矩阵（Matrix），支持大量的维度数组与矩阵运算，此外也针对数组运算提供大量的数学函数库。

Pandas 是基于 NumPy 的一种工具，该工具是为了解决数据分析任务而创建的，它将 R 语言强大而灵活的数据帧带入到 Python 中。

在自然语言处理（NLP）方面，Python 拥有 NLTK（自然语言处理工具包，在 NLP 领域中最常使用的一个 Python 库）和极其快速的 SpaCy（号称工业级的自然语言处理工具包）。

在机器学习方面，Python 有经过实战考验的 Scikit-learn（以前称为 scikits.learn，也称为 sklearn，是针对 Python 编程语言的免费软件机器学习库）。

当涉及深度学习时，所有当前的库（TensorFlow，PyTorch，Chainer，ApacheMXNet，Theano 等）都是有效的 Python 优先项目。

Python 是人工智能研究的最前沿语言，是能找到最多的机器学习和深度学习框架的语言，也是 AI 领域中几乎所有的从业人员都会用到的语言。

2. Java 和它的朋友

JVM（Java Virtual Machine，Java 虚拟机）家族系列语言（Java、Scala、Kotlin、Clojure 等）也是 AI 应用程序开发的绝佳选择。无论是自然语言处理、张量操作，还是完整的 GPU 加速深度学习堆栈，都可以使用丰富的库来管理所有部分。此外，还可以轻松访问 ApacheSpark 和 ApacheHadoop 等大数据平台。

Java 是大多数企业的通用语言，Java8 和 Java9 中提供了新的语言结构，编写 Java 代码也变得更加快速简洁。Java 语言是可以胜任人工智能编程工作的，可以使用所有现有的 Java 基础架构进行人工智能应用的开发、部署和监视。

3. C/C++

在开发 AI 应用程序时，C/C++ 不太可能是首选，但如果在嵌入式环境中工作，并且无法负担 Java 虚拟机或 Python 解释器的开销，那么 C/C++ 就是解决之道。

让程序员感觉比较难以掌握的往往是 C/C++ 的指针，但是，用 C/C++ 来写程序还是很方便的。C/C++ 语言可以深入了解堆栈底部，使用 CUDA 等库来编写直接在 GPU 上运行的代码。C/C++ 语言可以使用 TensorFlow 或 Caffe 来访问灵活的高级 API，Caffe 还允许导入一些模型（数据科学家可能使用 Python 构建的模型），然后就可以用 C/C++ 快速地在生产环境中运行。

需要说明的是，TensorFlow 是一个基于数据流编程（Dataflow Programming）的符号数学系统，被广泛应用于各类机器学习（Machine Learning）算法的编程实现，其前身是谷歌的神经网络算法库 DistBelief。Caffe 的全称是 Convolutional Architecture for Fast Feature

Embedding，是一个兼具表达性、速度和思维模块化的深度学习框架，由伯克利人工智能研究小组和伯克利视觉与学习中心开发。

4. JavaScript

JavaScript 简称"JS"，是一种具有函数优先的、解释型或即时编译型的高级编程语言，属于网络高级脚本语言，已经被广泛用于 Web 应用开发，为网页添加各式各样的动态功能，为用户提供更流畅美观的浏览效果。

Google 公司最近发布了 TensorFlow.js，这是一个 WebGL（Web Graphics Library，是一种 3D 绘图协议）加速库，允许在 Web 浏览器中训练和运行机器学习模型。它还包括 Keras API（一个由 Python 编写的开源人工神经网络库，可以作为 TensorFlow、Microsoft-CNTK 和 Theano 的高阶应用程序接口，进行深度学习模型的设计、调试、评估、应用和可视化）及加载和使用在常规 TensorFlow 中训练模型的能力。

TensorFlow.js 仍处于早期阶段。目前它在浏览器中有用，但在 Node.js 中不起作用，它还没有实现完整的 TensorFlowAPI。

虽然 JavaScript 目前没有与此处列出的其他语言相同的机器学习库访问权限，但很快开发人员将在他们的网页中添加神经网络，与添加 React 组件或 CSS 属性几乎相同。相信不久的将来 JavaScript 将吸引大量开发人员涌入人工智能领域。

5. R

R 语言是用于统计分析、绘图的语言，也是数据科学家喜爱的语言。R 语言的编程方法是以数据帧为中心的。对于专门的 R 开发小组，使用 R 与 TensorFlow、Keras 或 H2O 的集成进行研究，或者使用原型设计和实验是非常有意义的。用 R 语言可以编写出部署在生产服务器上的高性能代码，但是由于 R 语言的性能难以掌握，操作也比较复杂，一般程序员往往采用该 R 原型并使用 Java 或 Python 重新编写它，这样相对而言可能会简单一些。

9.1.2　其他 AI 编程语言

当然并不是只有 Python，Java，C/C++，JavaScript 和 R 这些 AI 编程的语言可以选择。这里介绍其他三种编程语言，它们也可以进行 AI 编程。

1. Lua

Lua 是一门小巧的脚本语言，几年前在人工智能领域处于领先地位。使用 Torch 框架时，Lua 是最流行的深度学习开发语言之一，现在仍然会在 GitHub 上遇到很多历史深度学习工作，用 Lua/Torch 来定义模型。但随着 TensorFlow 和 PyTorch 框架的兴起，Lua 的使用已大幅减少。

2. Julia

Julia 是一门高性能的编程语言，专注于数值计算，这使得它非常适合"数学计算繁重"的 AI 世界。虽然现在 Julia 不再是流行的 AI 语言，但像 TensorFlow.js 和 Mocha（受 Caffe 影响很大）这样的包装器一样，也提供了良好的深度学习支持。

3. Swift

LLVM 编译器和 Swift 编程语言的创建者 Chris Lattner 宣布推出 Swift for TensorFlow，它是将 Python 提供的易用性、速度和静态类型检查相结合的编译型语言。Swift for TensorFlow 还允许导入 Python 库（如 NumPy）并在 Swift 代码中使用它们，就像使用其他库一样。

现在，Swift for TensorFlow 还处于开发的早期阶段，由于其具有现代编程结构，编译时具有速度快和高安全性的特点，Swift 将具有非常好的发展前景。

9.2　Python 语言基础

9.2.1　Python 语言概述

Python 是由 Guidovan Rossum 在 20 世纪 80 年代末和 90 年代初，在荷兰国家数学和计算机科学研究所设计出来的。

Python 本身也是由诸多其他语言发展而来的，这包括 ABC、Modula-3、C、C++、Algol-68、SmallTalk、Unixshell 和其他的脚本语言等。像 Perl 语言一样，Python 源代码同样遵循 GPL（GPU General Public License，GNU 通用公共授权）协议。

现在的 Python 由一个核心开发团队在维护，Guidovan Rossum 仍然占据着至关重要的作用，指导其进展。

Python 是一个高层次的结合了解释性、编译性、互动性和面向对象的脚本语言。

Python 具有如下特点。

✓ 易于学习：Python 有相对较少的关键字和明确定义的语法，结构简单，学习起来更加简单。

✓ 易于阅读：Python 代码定义更清晰。

✓ 易于维护：Python 的成功在于它的源代码是相当容易维护的。

✓ 一个广泛的标准库：Python 的最大优势之一是丰富的跨平台的库，在 UNIX、Windows 和 Macintosh 等系统上都具有很好的兼容性。

✓ 互动模式：Python 是可以从终端输入执行代码并获得结果的语言，它可以互动测试和调试代码片断。

✓ 可移植：基于其开放源代码的特性，Python 已经被移植（也就是使其工作）到许多平台。

✓ 可扩展：如果需要一段运行很快的关键代码，或者是想要编写一些不愿开放的算法，则可以使用 C 或 C++ 完成那部分程序，然后从 Python 程序中调用。

✓ 数据库：Python 提供所有主要的商业数据库的接口。

✓ GUI 编程：Python 支持 GUI，可以创建和移植到许多系统进行调用。

✓ 可嵌入：可以将 Python 嵌入到 C/C++ 程序中，让用户获得"脚本化"的能力。

9.2.2　Python 开发环境搭建

可以通过终端窗口输入 Python 命令来查看本地是否已经安装 Python 及 Python 的安装版本。

1. Python 下载

Python 最新源码、二进制文档、新闻资讯等可以在 Python 的官网查看到。Python 官网网址为 https://www.python.org/。

可以在以下链接中下载 Python 文档，也可以下载 HTML、PDF 和 PostScript 等格式的文档。Python 文档下载地址：https://www.python.org/doc/。

2. Python 安装

Python 已经被移植在许多平台上（经过改动使它能够工作在不同平台上），如图 9-3 所示。

需要下载适用于你所使用平台的二进制代码，然后安装 Python。

如果你平台的二进制代码是不可用的，则需要使用 C 编译器手动编译源代码。

编译的源代码，功能上有更多的选择，为 Python 安装提供了更多的灵活性。

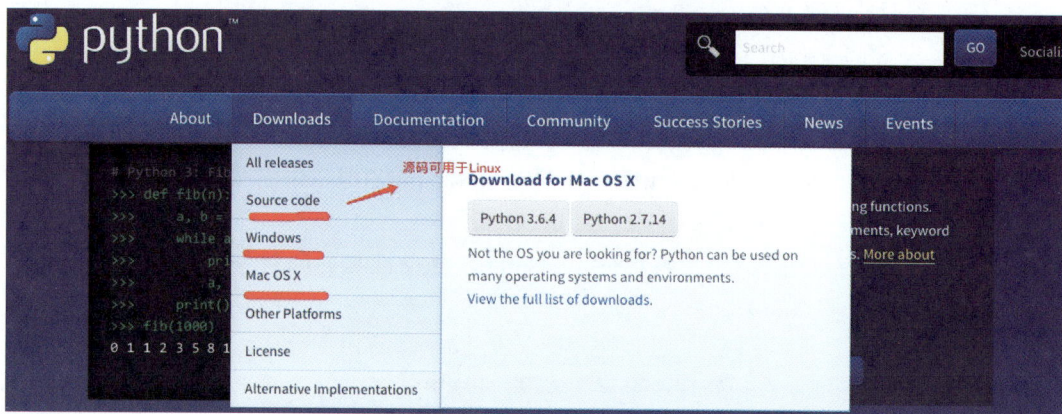

图 9-3　Python 下载平台

以下为不同平台上安装 Python 的方法。

1. 在 UNIX&Linux 平台上安装 Python

在 UNIX&Linux 平台上安装 Python 的简单步骤如下：

（1）打开 Web 浏览器访问 https://www.python.org/downloads/source/。

（2）选择适用于 UNIX/Linux 的源码压缩包。

（3）下载及解压源码压缩包。

（4）如果你需要自定义一些选项则可以修改 Modules/Setup。

（5）执行 ./configure 脚本。

（6）运行 make 命令。

（7）运行 makeinstall 命令。

执行以上操作后，Python 会被安装在 /usr/local/bin 目录中，Python 库安装在 /usr/local/lib/pythonXX 中，其中，XX 为 Python 的版本号。

2. 在 Windows 平台上安装 Python

在 Windows 平台上安装 Python 的简单步骤如下：

（1）打开 Web 浏览器访问 https://www.python.org/downloads/windows/，如图 9-4 所示，单击"Latest Python 2 Release-Python 2.7.15"，则进入如图 9-5 所示的下载页面。

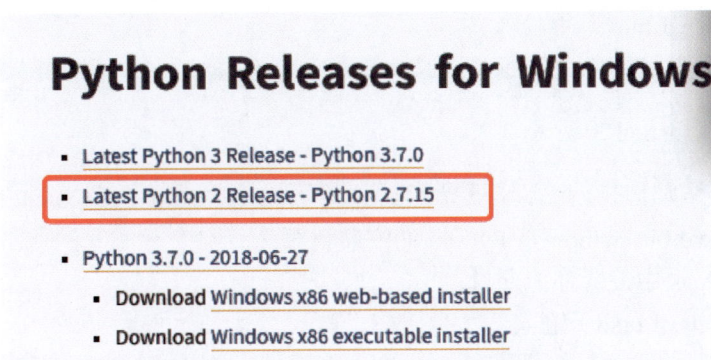

图 9-4　在 Windows 平台上安装 Python

（2）在下载列表（见图 9-5）中选择 Window 平台安装包（单击 "Windows x86-64 MSI installer"，下载 Windows 平台安装包），安装包格式为：python-XYZ.msi 其中，XYZ 为你要安装的版本号。

图 9-5　下载页面

（3）要使用安装程序 python-XYZ.msi，Windows 系统必须支持 Microsoft Installer2.0 搭配使用。只要保存安装文件到本地计算机，然后运行它，看看你的机器是否支持 MSI。

（4）下载后，双击下载包，进入 Python 安装向导，安装过程非常简单，只需要使用默认的设置一直单击 "下一步" 按钮直到安装完成即可。

3. 环境变量配置

程序和可执行文件存放在许多目录下，而这些路径很可能不在操作系统提供可执行文件的搜索路径中。

Path（路径）存储在环境变量中，这是由操作系统维护的一个命名的字符串。这些变量包含可用的命令行解释器和其他程序的信息。

UNIX 或 Windows 中路径变量为 PATH（UNIX 区分大小写，Windows 不区分大小写）。

在 MacOS 中，安装程序过程中改变了 Python 的安装路径。如果你需要在其他目录引用 Python，必须在 path 中添加 Python 目录。

（1）在 UNIX/Linux 中设置环境变量。

在 cshshell 中输入

```
setenvPATH"$PATH:/usr/local/bin/python" <回车>
```

➢ 在 bashshell（Linux）中输入

```
exportPATH="$PATH:/usr/local/bin/python" <回车>
```

➢ 在 sh 或者 kshshell 中输入

```
PATH="$PATH:/usr/local/bin/python" <回车>
```

注意：/usr/local/bin/python 是 Python 的安装目录。

（2）在 Windows 中设置环境变量。

在命令提示框中（cmd）输入：

```
path=%path%;C:\Python <回车>
```

注意：C:\Python 是 Python 的安装目录。

也可以通过以下方式设置（见图9-6）：

➢ 右击"计算机"，然后在弹出的快捷菜单中选择"属性"命令。

➢ 在弹出的对话框中单击"高级系统设置"选项，在打开的"系统属性"对话框的"高级"选项卡中单击"环境变量"按钮。

➢ 在打开的"环境变量"对话框的"系统变量"中双击"Path"。

➢ 在打开的"编辑系统变量"对话框的"变量值"框中，添加 Python 安装路径即可（如 D:\Python32），注意：路径直接用分号"；"隔开！

➢ 单击"确定"按钮，设置成功以后，在 cmd 命令行中，输入命令"python"即可。

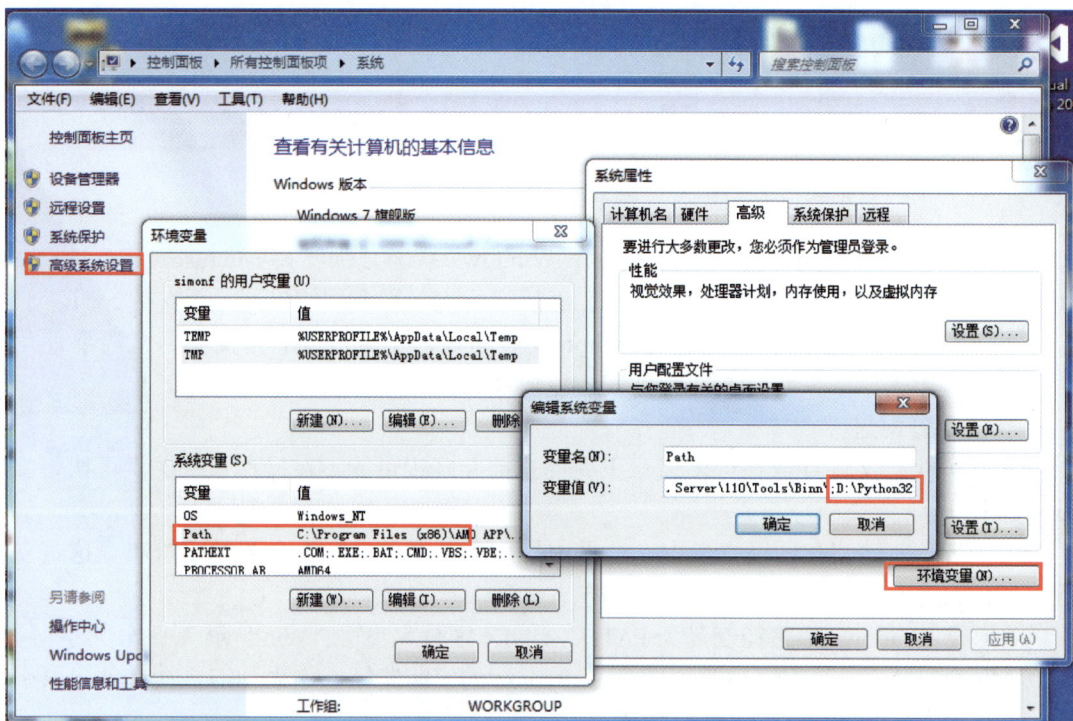

图9-6　配置环境变量

4. Python 环境变量

表9-1所示为几个重要的环境变量，它应用于 Python。

表 9-1 Python 环境变量

变量名	描述
PYTHONPATH	PYTHONPATH 是 Python 搜索路径，默认 import 模块都会从 PYTHONPATH 中寻找
PYTHONSTARTUP	Python 启动后，先寻找 PYTHONSTARTUP 环境变量，然后执行此变量指定的文件中的代码
PYTHONCASEOK	加入 PYTHONCASEOK 环境变量，就会使 Python 导入模块时不区分大小写
PYTHONHOME	另一种搜索路径模块。它通常内嵌于 PYTHONSTARTUP 或 PYTHONPATH 目录中，使得两个模块库更容易切换

9.2.3 运行 Python

有三种方式可以运行 Python。

1. 交互式解释器

- 可以通过命令行窗口进入 Python 并在交互式解释器中开始编写 Python 代码。
- 可以在 UNIX、DOS 或任何其他提供了命令行或者 shell 的系统中进行 Python 编码工作，如 $python#UNIX/Linux，或者：C:>python#Windows/DOS。

表 9-2 所示为 Python 命令行参数。

表 9-2 Python 命令行参数

选项	描述
-d	在解析时显示调试信息
-O	生成优化代码（.pyo 文件）
-S	启动时不引入查找 Python 路径的位置
-V	输出 Python 版本号
-X	从 1.6 版本之后基于内置的异常（仅仅用于字符串）
-ccmd	执行 Python 脚本，并将运行结果作为 cmd 字符串
file	在给定的 Python 文件中执行 Python 脚本

2. 命令行脚本

在应用程序中通过引入解释器可以在命令行中执行 Python 脚本，如下所示：

```
$pythonscript.py#Unix/Linux
```

或者

```
C:>pythonscript.py#Windows/DOS
```

注意：在执行脚本时，请检查脚本是否有可执行权限。

3. 集成开发环境（Integrated Development Environment IDE）：PyCharm

PyCharm 是由 JetBrains 打造的一款 Python IDE，支持 MacOS、Windows、Linux 系统。其界面示例如图 9-7 所示。

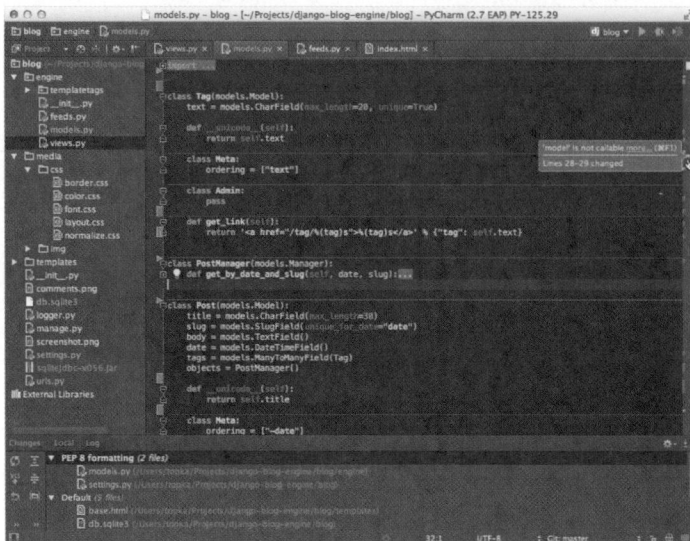

图 9-7　PyCharm 界面

PyCharm 的功能有：调试、语法高亮显示、Project 管理、代码跳转、智能提示、自动完成、单元测试、版本控制等。

PyCharm 下载地址为：https://www.jetbrains.com/pycharm/download/。

9.2.4　Python 语句与编程基础

1. Python 常用语句

交互式编程不需要创建脚本文件，它是通过 Python 解释器的交互模式来编写代码的。Linux 上只需要在命令行中输入 Python 命令即可启动交互式编程，提示窗口如下：

```
$python
Python2.7.6(default,Sep92014,15:04:36)
[GCC4.2.1CompatibleAppleLLVM6.0(clang-600.0.39)]ondarwin
Type"help","copyright","credits"or"license"formoreinformation.
>>>
```

2. 脚本式编程

通过脚本参数调用解释器开始执行脚本，直到脚本执行完毕。当脚本执行完成后，解释器不再有效。

让我们写一个简单的 Python 脚本程序。所有 Python 文件将以 .py 为扩展名。将以下的源代码复制至 test.py 文件中。

```
print("Hello,Python!")
```

这里，假设已经设置了 Python 解释器 PATH 变量，使用以下命令运行程序：

```
$python test.py
```

输出结果：

```
Hello,Python!
```

让我们尝试另一种方式来执行 Python 脚本。修改 test.py 文件，如下所示：

```
#!/usr/bin/python
print("Hello,Python!")
```

这里，假定 Python 解释器在 /usr/bin 目录中，使用以下命令执行脚本：

```
$chmod+x test.py# 脚本文件添加可执行权限
$./test.py
```

输出结果：

```
Hello,Python!
```

3. Python 标识符

在 Python 中，标识符由字母、数字、下画线组成。在 Python 中，所有标识符可以包括英文、数字及下画线 (_)，但不能以数字开头。Python 中的标识符是区分大小写的。

以下画线开头的标识符是有特殊意义的。以单下画线开头的（如 _foo）代表不能直接访问的类属性，需通过类提供的接口进行访问，不能用 from xxx import* 来导入。

以双下画线开头的（如 __foo）代表类的私有成员，以双下画线开头和结尾的（如 __foo__）代表 Python 中特殊方法专用的标志，如 __init__() 代表类的构造函数。

Python 可以在同一行中显示多条语句，方法是用分号（；）分开，如：

```
>>>print('hello');print('runoob');
hello
runoob
```

4. Python 保留字符

表 9-3 中显示了在 Python 中的保留字。这些保留字不能用作常数或变数，或任何其他标识符名称。所有 Python 的关键字只包含小写字母。

表 9-3　Python 保留字

and	exec	not
assert	finally	or
break	for	pass
class	from	print
continue	global	raise
def	if	return
del	import	try
elif	in	while
else	is	with
except	lambda	yield

5. 行和缩进

Python 与其他语言最大的区别就是，Python 的代码块不使用大括号 {} 来控制类、函数及其他逻辑判断。Python 最具特色的就是用缩进来写模块。

缩进的空白数量是可变的，但是所有代码块语句必须包含相同的缩进空白数量，这个必须严格执行。

以下实例缩进为 4 个空格。

〔实例〕

```
if True:
    print("True")
else:
    print("False")
```

以下代码将会执行错误。

〔实例〕

```
#!/usr/bin/python
#-*-coding:UTF-8-*-
# 文件名：test.py
ifTrue:
    print("Answer")
    print("True")
else:
    print("Answer")
# 没有严格缩进，在执行时会报错
print("False")
```

执行以上代码，会出现如下错误提示：

```
File"test.py",line11
print("False")
IndentationError:unindent does not match any outer indentation level
```

"IndentationError:unindent does not match any outer indentation level"错误表明：你使用的缩进方式不一致，有的是 Tab 键缩进的，有的是空格缩进的，应改为一致即可。

如果显示"IndentationError:unexpected indent"错误，则 Python 编译器在告诉你："你的文件格式不对，可能是没对齐而产生的问题"，所以 Python 对格式要求非常严格。

因此，在 Python 的代码块中必须使用相同数目的行首缩进空格数。

建议在每个缩进层次使用单个制表符或两个空格或 4 个空格，切记不能混用。

6. 多行语句

Python 语句中一般以新行作为语句的结束符。但是我们可以使用斜杠（\）将一行的语句分为多行显示，如下所示：

```
total=item_one+\
item_two+\
```

```
item_three
```

语句中包含 []、{} 或 () 括号就不需要使用多行连接符，如下所示：

```
days=['Monday','Tuesday','Wednesday','Thursday','Friday']
```

7. Python 引号

Python 可以使用引号（'）、双引号（"）、三引号（''' 或 """）来表示字符串，引号的开始与结束必须类型相同。其中三引号可以由多行组成，编写多行文本的快捷语法，常用于文档字符串中，在文件的特定地点，被当作注释。

```
word='word'
sentence=" 这是一个句子。"
paragraph=""" 这是一个段落。
```

8. Python 注释

Python 中单行注释采用 # 开头。

〔实例〕

```
#!/usr/bin/python
#-*-coding:UTF-8-*-
# 文件名：test.py
# 第一个注释
print("Hello,Python!")# 第二个注释
```

输出结果：

```
Hello,Python!
```

注释可以在语句或表达式行末，如下所示：

```
name="Madisetti"# 这是一个注释
```

Python 中多行注释使用三个单引号（'''）或三个双引号（"""）。

〔实例〕

```
#!/usr/bin/python
#-*-coding:UTF-8-*-
# 文件名：test.py
'''
这是多行注释，使用单引号。
这是多行注释，使用单引号。
'''
"""
这是多行注释，使用双引号。
这是多行注释，使用双引号。
"""
```

9. Python 空行

函数之间或类的方法之间用空行分隔，表示一段新的代码的开始。类和函数入口之间也用一行空行分隔，以突出表示函数的入口。

空行与代码缩进不同，空行并不是 Python 语法的一部分。书写时不插入空行，Python 解释器运行也不会出错。但是空行的作用在于分隔两段不同功能或含义的代码，便于日后代码的维护或重构。

记住：空行也是程序代码的一部分。

10. 等待用户输入

下面的程序执行后系统就会等待用户输入，按回车键后就会退出：

```
#!/usr/bin/python
#-*-coding:UTF-8-*-
raw_input("按下 Enter 键退出，其他任意键显示 ...\n")
```

以上代码中，\n 可以实现换行。一旦用户按下 Enter（回车）键退出，按其他键则显示。

11. 同一行显示多条语句

Python 可以在同一行中使用多条语句，语句之间使用分号（;）分割，以下是一个简单的实例：

```
#!/usr/bin/python
import sys;x='runoob';sys.stdout.write(x+'\n')
```

执行以上代码，输出结果为：

```
$pythontest.py
runoob
```

12. print 输出

print 默认的是换行输出的，如果要实现不换行输出则需要在变量末尾加上逗号（,）。

〔实例〕

```
#!/usr/bin/python
#-*-coding:UTF-8-*-
x="a"
y="b"
# 换行输出
print x
print y
print'---------'
# 不换行输出
print x,
print y,
# 不换行输出
print x,y
```

以上实例执行结果为：

```
a
b
----------
abab
```

13. 多个语句构成代码组

缩进相同的一组语句构成一个代码块，我们称代码组。像 if、while、def 和 class 这样的复合语句，首行以关键字开始，以冒号（:）结束，该行之后的一行或多行代码构成代码组。

我们将首行及后面的代码组称为一个子句（clause）。

［实例］

```
if expression:
    suite
elif expression:
    suite
else:
    suite
```

14. 命令行参数

很多程序可以执行一些操作来查看基本信息，Python 可以使用 -h 参数来查看各参数的帮助信息，如下所示：

```
$ python -h
usage: python [option] ... [-c cmd | -m mod | file | -] [arg] ...
Options and arguments (and corresponding environment variables):
-c cmd : program passed in as string (terminates option list)
-d     : debug output from parser (also PYTHONDEBUG=x)
-E     : ignore environment variables (such as PYTHONPATH)
-h     : print this help message and exit
[ etc. ]
```

9.2.5　变量与运算符

变量是存储在内存中的。这也就意味着在创建变量时会在内存中开辟一个空间。基于变量的数据类型，解释器会分配指定内存，并决定什么数据可以被存储在内存中。因此，变量可以指定不同的数据类型，这些变量可以存储整数、小数或字符。

1. 变量赋值

Python 中的变量赋值不需要类型声明。

每个变量在内存中创建时，包括变量的名称和数据这些信息。

每个变量在使用前都必须赋值，赋值以后该变量才会被创建。

等号（=）用来给变量赋值。等号（=）运算符左边是一个变量名，右边是存储在变量中的值。例如：

```
#!/usr/bin/python
# -*- coding: UTF-8 -*-
counter = 100 # 赋值整型变量
miles = 1000.0 # 浮点型
name = "John" # 字符串
print counter
print miles
print name
```

以上实例中，100、1000.0 和 "John" 分别赋值给 counter、miles、name 变量。

执行以上程序会输出如下结果：

```
100
1000.0
John
```

2. 标准数据类型

在内存中存储的数据可以有多种类型。例如，一个人的年龄可以用数字来存储，它的名字可以用字符来存储。Python 定义了一些标准类型，用于存储各种类型的数据。

Python 有 5 个标准的数据类型：Numbers（数字）；String（字符串）；List（列表）；Tuple（元组）；Dictionary（字典）。

3. Python 数字

数字数据类型用于存储数值。它们是不可改变的数据类型，这意味着改变数字数据类型会分配一个新的对象。

当指定一个值时，数字对象就会被创建：

```
var1 = 1
var2 = 10
```

也可以使用 del 语句删除一些对象的引用，del 语句的语法是：

```
del var1[,var2[,var3[....,varN]]]
```

可以通过使用 del 语句删除单个或多个对象的引用，例如：

```
del var
del var_a, var_b
```

Python 支持 4 种不同的数字类型：int（有符号整型）；long（长整型，也可以代表八进制和十六进制）；float（浮点型）；complex（复数）。

9.2.6 字符串、列表、元组、字典

1. 字符串

字符串或串（String）是由数字、字母、下画线组成的一串字符。一般记为：

```
s="a1a2···an"
```

它是编程语言中表示文本的数据类型。

Python 的字符串列表有两种取值顺序：

- 从左到右索引，默认从 0 开始，最大范围是字符串长度 –1。
- 从右到左索引，默认从 –1 开始，最大范围是字符串开头。

如果要实现从字符串中获取一段子字符串的话，可以使用 [头下标 : 尾下标] 来截取相应的字符串，其中下标是从 0 开始算起的，可以是正数或负数。下标可以为空，表示取到头或尾。[头下标 : 尾下标] 获取的子字符串包含头下标的字符，但不包含尾下标的字符。比如：

```
>>> s = 'abcdef'
>>> s[1:5]
'bcde'
```

当使用以冒号分隔的字符串时，Python 会返回一个新的对象，结果包含了以这对偏移标志的连续的内容。上面的结果包含了 s[1] 的值 b，而取到的最大范围不包括尾下标，就是 s[5] 的值 f，如图 9-8 所示。

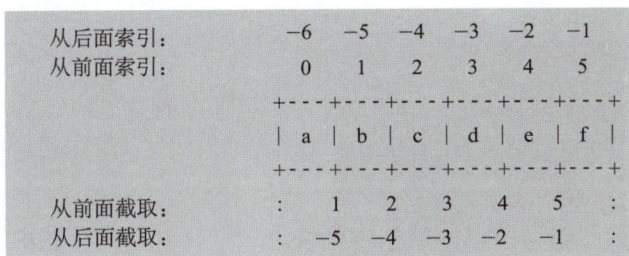

图 9-8　字符串的索引和截取

2. 列表

List（列表）是 Python 中使用最频繁的数据类型。

列表可以完成大多数集合类的数据结构实现。它支持字符、数字、字符串甚至可以包含列表（即嵌套）。

列表用 [ ] 来标识，是 Python 最通用的复合数据类型。

列表中值的切割也可以用到变量 [头下标 : 尾下标]，就可以截取相应的列表，从左到右索引默认从 0 开始，从右到左索引从默认 –1 开始。下标可以为空，表示取到头或尾。Python 列表截取如图 9-9 所示。

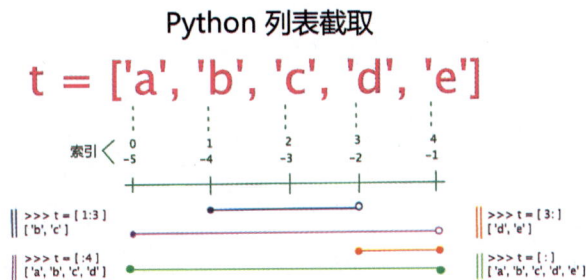

图 9-9　Python 列表截取

3. 元组

元组是另一个数据类型，类似于 List（列表）。元组用 () 来标识。内部元素用逗号隔开。但是元组不能二次赋值，相当于只读列表，例如：

```python
#!/usr/bin/python
# -*- coding: UTF-8 -*-
tuple = ('runoob', 786 , 2.23, 'john', 70.2)
tinytuple = (123, 'john')
print tuple # 输出完整元组
print tuple[0] # 输出元组的第一个元素
print tuple[1:3] # 输出第二个至第四个（不包含）的元素
print tuple[2:] # 输出从第三个开始至列表末尾的所有元素
print tinytuple * 2 # 输出元组两次
print tuple + tinytuple # 打印组合的元组
```

以上实例输出结果：

```
('runoob', 786, 2.23, 'john', 70.2)
runoob
(786, 2.23)
(2.23, 'john', 70.2)
(123, 'john', 123, 'john')
('runoob', 786, 2.23, 'john', 70.2, 123, 'john')
```

以下元组是无效的，因为元组是不允许更新的。而列表是允许更新的：

```python
#!/usr/bin/python
# -*- coding: UTF-8 -*-
tuple = ('runoob', 786 , 2.23, 'john', 70.2)
list = ['runoob', 786 , 2.23, 'john', 70.2]
tuple[2] = 1000 # 元组中是非法应用 list[2] = 1000 # 列表中是合法应用
```

4. 字典

字典（Dictionary）是除列表以外 Python 之中最灵活的内置数据结构类型。列表是有序的对象集合，字典是无序的对象集合。两者之间的区别在于：字典当中的元素是通过键来存取的，而不是通过偏移存取的。字典用"{ }"来标识。字典由索引（key）和它对应的值 value 组成，示例如下：

```python
#!/usr/bin/python
# -*- coding: UTF-8 -*-
dict = {}
dict['one'] = "This is one"
dict[2] = "This is two"
tinydict = {'name': 'john','code':6734, 'dept': 'sales'}
print dict['one'] # 输出键为 'one' 的值
```

```
print dict[2] # 输出键为 2 的值
print tinydict # 输出完整的字典
print tinydict.keys() # 输出所有键
print tinydict.values() # 输出所有值
```

输出结果为：

```
This is one
This is two
{'dept': 'sales', 'code': 6734, 'name': 'john'}
['dept', 'code', 'name']
['sales', 6734, 'john']
```

9.2.7　函数

函数是组织好的、可重复使用的、用来实现单一或相关联功能的代码段。函数能提高应用的模块性和代码的重复利用率。Python 提供了许多内置函数，比如 print()，但也可以自己创建函数，这被叫作用户自定义函数。

1. 定义一个函数

可以定义一个具有独立功能的函数，以下是定义函数时要遵守的简单规则：

- 函数代码块以 def 关键词开头，后接函数标识符名称和圆括号 ()。
- 任何传入参数和自变量必须放在圆括号中间。圆括号之间可以用于定义参数。
- 函数的第一行语句可以选择性地使用文档字符串，用于存放函数说明。
- 函数内容以冒号开始，并且缩进。
- return [表达式] 结束函数，选择性地返回一个值给调用方。不带表达式的 return 相当于返回 None。

定义函数示例如下：

```
def functionname(parameters):
    " 函数 _ 文档字符串 "
    function_suite
    return [expression]
```

默认情况下，参数值和参数名称是按函数声明中定义的顺序匹配起来的。

〔实例〕以下为一个简单的 Python 函数，它将一个字符串作为传入参数，再打印到标准显示设备上。

```
def printme(str):
    " 打印传入的字符串到标准显示设备上 "
    print str return
```

2. 函数调用

定义一个函数时只给了函数一个名称，并指定了函数里包含的参数和代码块结构。这个函数的基本结构完成以后，可以通过另一个函数来调用执行，也可以直接从 Python 提示符中执行。

如下实例调用了 printme() 函数：

```python
#!/usr/bin/python
# -*- coding: UTF-8 -*-
# 定义函数
def printme(str):
    "打印任何传入的字符串"
    print str;
    return;
# 调用函数
printme(" 我要调用用户自定义函数！ ");
printme(" 再次调用同一函数 ");
```

9.3　Python 语言中的 AI 库

1. AdaNet

AdaNet 是一个轻量级的、可扩展的 TensorFlow AutoML 框架，用于使用 AdaNet 算法训练和部署自适应神经网络。AdaNet 结合了多个学习子网络，以减轻设计有效的神经网络所固有的复杂性。

这个软件包将帮助程序员选择最优的神经网络架构，实现一种自适应算法，用于学习作为子网络集合的神经架构。

需要了解 TensorFlow 才能使用这个包，因为它实现了 TensorFlow Estimator，但这将通过封装、训练、评估、预测和导出服务来帮助简化机器学习编程。

2. TPOT——一个自动化的 Python 机器学习工具

这是一个优秀的 AutoML 库。

TPOT 全称是基于树的 pipeline 优化工具（Tree-based Pipeline Optimization Tool），这是一个非常棒的 Python 自动机器学习工具，使用遗传编程优化机器学习 pipeline。

TPOT 可以自动化许多东西，包括生命特性选择、模型选择、特性构建等。TPOT 是构建在 Scikit-learn 之上的，所以它生成的所有代码看起来应该很熟悉。

它的作用是通过智能地探索数千种可能的 pipeline 来自动化机器学习中最烦琐的部分，找到最适合程序员数据的 pipeline，然后为程序员提供最佳的 Python 代码。

3. SHAP——一个解释任何机器模型输出的统一方法

解释机器学习模型并不容易，它对许多商业应用程序来说非常重要。幸运的是，有一些很棒的库可以帮助我们完成这项任务。在许多应用程序中，我们需要知道、理解或证明输入变量在模型中的运作方式，以及它们如何影响最终的模型预测。

SHAP（SHapley Additive exPlanations）是一种解释任何机器学习模型输出的统一方法。SHAP 将博弈论与局部解释联系起来，并结合了之前的几种方法。

DeepSHAP 用于解释深度神经网络所做决策的方法，该方法对 DeepLift 进行了改造，进而用于估计特定决策中输入特征的相对重要性。

4. Optimus——使用 Python 和 Spark 轻松实现敏捷数据科学工作流

Optimus V2 旨在让数据清理更容易。这个 API 的设计对新手来说超级简单，对使用 Pandas 的人来说也非常熟悉。Optimus 扩展了 Spark DataFrame 功能，添加了 .rows 和 .cols 属性。使用 Optimus，可以以分布式的方式清理数据、准备数据、分析数据、创建分析器和图表，并执行机器学习和深度学习，因为它的后端有 Spark、TensorFlow 和 Keras。

Optimus 是数据科学敏捷方法的完美工具，因为它几乎可以帮助你完成整个过程的所有步骤，并且可以轻松地连接到其他库和工具。

5. spaCy——使用 Python 和 Cython 的工业级自然语言处理

spaCy 旨在帮助你完成实际的工作——构建真实的产品，或收集真实的见解。它易于安装，而且它的 API 简单而高效。spaCy 被视为自然语言处理的 Ruby on Rails。

spaCy 是为深度学习准备文本的最佳方法。它与 TensorFlow、PyTorch、Scikit-learn、Gensim 及 Python 强大的 AI 生态系统的其他部分无缝交互。使用 spaCy，可以很容易地为各种 NLP 问题构建语言复杂的统计模型。

6. Jupytext

几乎所有人都在像 Jupyter 这样的笔记本上工作，但是我们也在项目的核心部分使用像 PyCharm 这样的 IDE。

程序员可以在自己喜欢的 IDE 中起草和测试普通脚本，在使用 Jupytext 时可以将 IDE 作为 notebook 在 Jupyter 中打开。在 Jupyter 中运行 notebook 以生成输出，关联 .ipynb 表示，并作为普通脚本或传统 Jupyter notebook 进行保存和分享。

7. Chartify——让数据科学家很容易创建图表的 Python 库

Chartify 是 Python 的最佳库之一。Chartify 建立在 Bokeh 之上，但它简单得多。Chartify 具有如下特性：

- 一致的输入数据格式。转换数据所需的时间更少。所有绘图函数都使用一致、整洁的输入数据格式。
- 智能默认样式。创建漂亮的图表，几乎不需要自定义。
- 简单 API。API 直观且容易学习。
- 灵活性。Chartify 是建立在 Bokeh 之上的，所以如果需要更多的控制，可以使用 Bokeh 的 API。

9.4　Python 语言在 AI 领域中的应用

下面以一个简单的图像识别为例，介绍 Python 语言在 AI 领域中的应用。

随着深度学习算法的兴起和普及，在人工智能领域取得了令人瞩目的进步，特别是在计算机视觉领域。21世纪的第二个十年人们迅速采用卷积神经网络，发明了各种先进的算法、大量训练数据的可用性及高性能和高性价比计算机的发明，为人工智能的视觉处理铺平了道路。计算机视觉中的一个关键概念是图像分类，这是软件系统正确标记图像中主导对象的能力。

ImageAI是一个Python库，旨在帮助开发人员构建具有自包含计算机视觉功能的应用程序和系统。

1. 安装 Python 3.5.1 或更高版本和 pip

具体环境的搭建在前面已经进行了介绍，这里不再重复。

2. 安装 ImageAI 依赖项

```
- TensorFlow

              pip3 install --upgrade tensorflow

- Numpy

              pip3 install numpy

- SciPy

              pip3 install scipy

- OpenCV

              pip3 install opencv-python

- Matplotlib

              pip3 install matplotlib

- h5py

              pip3 install h5py

- Keras

              pip3 install keras
```

3. 安装 ImageAI 库

```
pip3 install https://github.com/OlafenwaMoses/ImageAI/raw/master/dist/
imageai-1.0.2-py3-none-any.whl
```

4. 下载经过 ImageNet-1000 数据集训练的 ResNet Model 文件，并将文件复制到 Python 项目文件夹

```
https://github.com/fchollet/deep-learning-models/releases/download/v0.2/
resnet50_weights_tf_dim_ordering_tf_kernels.h5
```

5. 创建一个 Python 文件（例如"FirstPrediction.py"），并将下面的代码写入其中

```
from imageai.Prediction import ImagePrediction
import os
execution_path = os.getcwd()
prediction = ImagePrediction()
prediction.setModelTypeAsResNet()
prediction.setModelPath(execution_path + " esnet50_weights_tf_dim_
```

```
ordering_tf_kernels.h5")
    prediction.loadModel()
    predictions, percentage_probabilities = prediction.predictImage("C:UsersMy
UserDownloadssample.jpg", result_count=5)
    for index in range(len(predictions)):
    print(predictions[index] + " : " + percentage_probabilities[index])
```

代码结果：

```
sports_car : 90.61029553413391
car_wheel : 5.9294357895851135
racer : 0.9972884319722652
convertible : 0.8457873947918415
grille : 0.581052340567112
```

代码说明：

现在让我们分解代码，以便了解它是如何工作的。上面的代码工作如下：

```
from imageai.Prediction import ImagePrediction
import os
```

上面的代码导入了 ImageAI ImagePrediction 类和 Python os 类。

```
    execution_path = os.getcwd()
```

上面的代码创建了一个变量，它保存了对包含 Python 文件（在本例中为 FirstPrediction. py）和 ResNet 模型文件的路径的引用。

```
prediction = ImagePrediction()
prediction.setModelTypeAsResNet()
prediction.setModelPath(execution_path + " resnet50_weights_tf_dim_ordering_tf_kernels.h5")
```

在上面的代码中，我们创建了一个 ImagePrediction() 类的实例，然后通过在第二行中调用 .setModelTypeAsResNet()，将预测对象的模型类型设置为 ResNet，然后设置模型路径将预测对象复制到模型文件（resnet50_weights_tf_dim_ordering_tf_kernels.h5）的路径中，并将其复制到第三行的项目文件夹中。

```
predictions, percentage_probabilities = prediction.predictImage("C:UsersMy
UserDownloadssample.jpg", result_count=5)
```

在上面的代码中，我们定义了两个变量，它等于被调用来预测图像的函数，这个函数是 .predictImage() 函数，我们在其中解析了图像的路径，并且还指出了我们想要的预测结果的数量（从 1 到 1000 的值）result_count = 5。

```
for index in range(len(predictions)):
print(predictions[index] + " : " + percentage_probabilities[index])
```

上述代码用于获取每个对象的预测阵列，并且还获得从相应百分比概率 percentage_ probabilities，并打印二者的结果。

ImageNet-1000 数据集中有 1000 个项目，ResNet 模型在该数据集上进行了训练，这意味着 .predictImage 函数将返回 1000 个可能的预测值，并按其概率排列。

借助 ImageAI，可以轻松方便地将图像预测代码集成到你在 Python 中构建的任何应用程序、网站或系统中。ImageAI 库支持其他算法和模型类型，其中一些针对速度进行了优化，另一些针对精度进行了优化。借助 ImageAI，能够支持计算机视觉的更多专业方面，包括但不限于特殊环境和特殊领域的图像识别以及自定义图像预测。

9.5　Python AI 开源项目

TensorFlow 凭借着三位数的贡献者增长量成为新的冠军，Scikit-learn 虽然跌落至第二，但仍然拥有相当庞大的贡献者群体。

迈入机器学习与人工智能领域绝非易事，这一领域正不断演变，众多怀有这一抱负的专业人士及爱好者往往发现自己很难建立正确的发展路径。为了适应机器学习和人工智能的迅速发展与不断创新，必须保持对机器学习与人工智能的大量知识的积累和学习，最好的方法是利用网络上的技术社区，在这类社区中，有众多顶尖专家所使用的开源项目及工具。

（1）TensorFlow 最初由谷歌公司机器智能研究部门旗下 Brain 团队的研究人员及工程师们所开发。这套系统专门用于促进机器学习方面的研究，旨在显著加快并简化由研究原型到生产系统的转化。

（2）Scikit-learn 是一套简单且高效的数据挖掘与数据分析工具，可供任何人群使用，可在多种场景下进行复用，立足 NumPy、spaCy 及 Matplotlib 构建，遵循 BSD 许可且可进行商业使用。

（3）Theano 允许高效地对关于多维阵列的数学表达式进行定义、优化与评估。

（4）Gensim 是一套自由 Python 库，其中包含可扩展统计语义、纯文本文档语义结构分析、语义相似性检索等功能。

（5）Caffe 是一套深度学习框架，主要面向表达、速度与模块化等使用方向。此框架由伯克利大学视觉与学习中心（简称 BVLC）及社区贡献者共同开发完成。

（6）Chainer 是一套基于 Python 的独立开源框架，专门面向各类深度学习模型。Chainer 提供灵活、直观且高效的手段以实现全面的深度学习模型，其中包括递归神经网络及变分自动编码器等最新模型。

（7）Statsmodels 是一套 Python 模块，允许用户进行数据探索、统计模型评估并执行统计测试。其提供了描述统计、统计测试、绘图功能及结果统计的广泛列表，适用于各种不同类型的数据与估算工具。

【学习与思考】

1. 利用 Python 语言自己实现一个简单的人工智能案例。
2. 查阅资料了解更多的人工智能模块。

◎ 延伸阅读

人工智能的未来之路

在计算机视觉上，未来的人工智能应更加注重效果的优化，加强计算机视觉在不同场景、问题上的应用。

在语音场景下，当前的语音识别虽然在特定的场景（安静的环境）下，已经能够得到和人类相似的水平。但在噪音情景下仍有挑战，如原场识别、口语、方言等长尾内容。未来需增强计算能力、提高数据量和提升算法等来解决这个问题。

在自然语言处理中，机器的优势在于拥有更多的记忆能力，但欠缺语意理解能力，包括对口语不规范的用语识别和认知等。人说话时，是与现实环境相联系的，比如一个人说电脑，人知道这个电脑意味着什么，或者它是能够干些什么，而在自然语言里，它仅仅将"电脑"作为一个孤立的词，不会去产生类似的联想。所以如果要真的解决自然语言的问题，将来需要去建立从文本到物理事件的一个映射，但目前仍没有很好的解决方法。因此，这是未来着重考虑的一个研究方向。

当下的决策规划系统存在两个问题：第一个问题是不通用，即学习知识的不可迁移性，如用一个方法学了下围棋，不能直接将该方法转移到下象棋中；第二个问题是大量模拟数据。所以它有两个目标，一个目标是算法的提升，如何解决数据稀少或怎么能够自动产生模拟数据的问题，另一个目标是自适应能力，当数据产生变化的时候，它能够去适应变化，而不是能力有所下降。

所有这些一系列的问题，都是下一个五或十年我们希望尽快解决的。人工智能未来发展如图 9-10 所示。

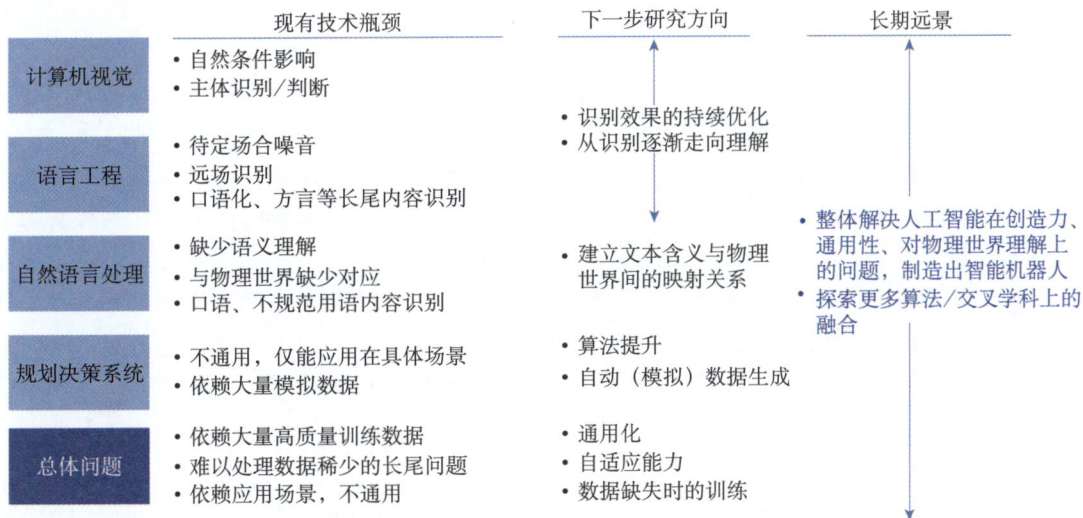

图 9-10　人工智能未来发展

第10章 人工智能案例设计与实现

◎ 案例导读

人工智能：情报文本挖掘及人脸识别

案例一 智能情报文本挖掘平台

近年来在公安信息化的推动下，公安信息系统中积累了海量的业务信息，除了规范化程度很高的结构化数据库数据，还有大量的案件叙述性文本描述，如案件卷宗、审讯笔录、简要案情等。这些文本信息包含了各种重要的信息情报等，如何深层次地分析和利用这些数据，以便更好地对犯罪进行打、防、管、控，对目前公安工作的有重要意义。

现阶段，公安情报人员在分析文本情报时往往依赖人力手动完成，耗时长、效率低。智能情报文本挖掘平台，基于自然语言处理等技术，可对多源、异构、海量的公安情报文本进行文本分析挖掘，与公安内部系统进行信息整合、综合分析和预警监测，不断提高智能化的情报工作能力，为公安业务提供有效的决策支持，提高公安快速响应与作战能力。

基于自然语言处理技术，平台对案件卷宗、审讯笔录、简要案情等公安情报文本信息进行文本分析挖掘，高效抽取文本要素，如作案时间、作案地点、涉案人员（涉案人员特征、涉案人员关系等）、作案手段、作案工具、损失物品、损失金额等信息。公安情报文本，经过要素智能抽取后，与公安其他的情报数据进行融合，如人员信息、道路卡口、车辆轨迹等信息，可提升非结构化数据的应用，增强情报信息维度，支撑情报综合分析与研判。

情报文本智能分类是在现有警情、案件等类别分类标准下，根据公安情报文本内容自动判别文本类别的功能，比如自动区分案件是诈骗还是盗窃等。按照现有的警情、案件标准化标签体系，对警情文本、案件文本信息实现自动分类打标签，可实现多维标签的案件综合检索、区域治安形势、区域态势分析等。同时，探索案件文本的潜在关联要素和相关关系，为案件的串并案、类案刑侦等提供辅助支撑。

智能情报文本挖掘平台，在若干公安市局的投入使用，对海量的非结构化公安情报文本信息进行深度挖掘和综合关联分析，极大地提升了公安业务人员日常情报数据分析与应用能力，为侦查破案、维稳处突、服务民生等公安事务活动提供强大的技术支撑。

案例二 人脸识别＋快速安全测体温

"请靠近点，体温正常。"

"那么快？我现在就可以进去了吗？"

"你的身份和体温审核都已通过，可以进去了。"

新冠疫情发生后，好多项人工智能技术已在全国各地的疫情防控中发挥了作用。利用人工智能的图像识别及深度学习这些高科技手段，可以在高密度人员流动场景中快速识别并大幅提高测温效率和异常体温者检出的准确率，而且可以 24 小时不间断工作，避免交叉感染，保障人员安全。很多企业在门岗监控点启用了 AI 红外热像仪（见图 10-1）这一"神器"后，马上就享受到了高科技带来的便利。中午时分，正是商务楼工作人员进出最频繁的一个时段，走进大厦的每位员工或是访客只要在一台比手机略大一点的仪器前站一站，所有信息就即时出现在了安报人员面前。

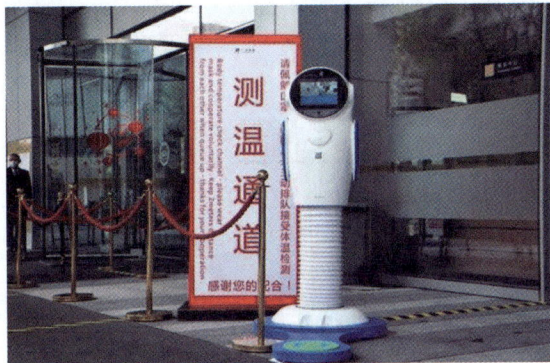

图 10-1　AI 红外热像仪

【查阅与思考】

1. 在众多的 AI 开放平台（腾讯、百度、阿里等公司）中，选择一个了解一下，这些 AI 开放平台提供了哪些开发的 AI 接口及其作用？

2. 当前比较成熟的人工智能编程框架有哪些？各有什么优缺点？

人工智能给我们今天的生活带来巨大的改变，通过对 AI 开放接口的调用和 AI 框架的使用，我们普通人也很容易就可以参与人工智能项目的开发。本章希望通过两个简单案例来展示人工智能的强大功能。在本章的两个案例中，第一案例通过调用腾讯 AI 开放平台的接口——智能闲聊来实现智能聊天机器人；第二个案例通过利用 TensorFlow 框架来实现一个手写数字识别的 AI 程序。

10.1　智能聊天机器人

1. 背景知识

腾讯 AI 开放平台是由腾讯旗下顶级的机器学习研发团队开发和维护的，专注于图像处理、模式识别、深度学习。在人脸检测、五官定位、人脸识别、图像理解等领域都积累了完整解决方案和领先的技术水平。智能闲聊服务基于 AI Lab 领先的 NLP 引擎能力、数据运算能力和千亿级互联网语料数据的支持，同时集成了广泛的知识问答能力，可实现上百种自定义属性配置，以及男、女不同的语言风格及说话方式，从而让聊天变得更睿智、简单和有趣。

2. 聊天机器人设计

聊天机器人通过调用腾讯 AI 开放平台接口，使用 Python3.X 实现，流程上非常简单，把用户说的话通过腾讯 AI 智能闲聊的接口发送到 AI 服务器，并接收返回值，显示到控制台上。

为了降低初学者的学习曲线，本章在案例的设计上去繁化简，把重点放在核心的代码上，略去复杂的界面设计。

3. 腾讯 AI 开放平台——智能闲聊接口协议简介

（1）接口描述。基础闲聊接口提供基于文本的基础聊天能力，可以让你的应用快速拥有具备上下文语义理解的机器聊天功能。

（2）接口 URL，如表 10-1 所示。

表 10-1　接口 URL

接口名称	API 地址
基础闲聊	https://api.ai.qq.com/fcgi-bin/nlp/nlp_textchat

（3）协议须知。调用方集成智能闲聊 API 时，请遵循如表 10-2 所示的规则。

表 10-2　集成智能闲聊 API 应遵循的规则

规则	描述
传输方式	HTTPS
请求方法	GET 或 POST
字符编码	统一采用 UTF-8 编码
响应格式	统一采用 JSON 格式
接口鉴权	签名机制

（4）请求参数。请求参数如表 10-3 所示。

表 10-3　请求参数

参数名称	必选	数据类型	数据约束	描述
app_id	是	int	正整数	应用标志（AppId）
time_stamp	是	int	正整数	请求时间戳（秒级）
nonce_str	是	string	非空且长度上限 32 字节	随机字符串
sign	是	string	非空且长度固定 32 字节	签名信息
session	是	string	UTF-8 编码，非空且长度上限 32 字节	会话标识（应用内唯一）
question	是	string	UTF-8 编码，非空且长度上限 300 字节	用户输入的聊天内容

（5）响应参数。响应参数如表 10-4 所示。

表 10-4　响应参数

参数名称	是否必选	数据类型	描述
ret	是	int	0 表示成功，非 0 表示出错
msg	是	string	返回信息；返回非 0 时表示出错的原因

参数名称	是否必选	数据类型	描述
data	是	object	返回数据；返回为 0 时有意义
session	是	string	UTF-8 编码，非空且长度上限 32 字节
answer	是	string	UTF-8 编码，非空

（6）接口鉴权。腾讯 AI 开放平台 HTTP API 使用签名机制对每个接口请求进行权限校验，对于校验不通过的请求，API 将拒绝处理，并返回鉴权失败错误。错误代码及处理方式如表 10-5 所示。

表 10-5　错误代码及处理方式

代码	描述	建议处理方式
16385	缺少 app_id 参数	请检查请求中是否包含有效的 app_id 参数
16386	缺少 time_stamp 参数	请检查请求中是否包含有效的 time_stamp 参数
16387	缺少 nonce_str 参数	请检查请求中是否包含有效的 nonce_str 参数
16388	请求签名无效	请检查请求中的签名信息（sign）是否有效
16389	缺失 API 权限	请检查应用是否勾选当前 API 所属接口的权限
16390	time_stamp 参数无效	请检查 time_stamp 距离当前时间是否超过 5 分钟

接口调用者在调用 API 时必须带上接口请求签名，其中签名信息由接口请求参数和应用密钥根据本文提供的签名算法生成。

（7）签名算法。

①计算步骤：用于计算签名的参数在不同接口之间会有差异，但算法过程固定有如下 4 个步骤。

- 将 <key,value> 请求参数对按 key 进行字典升序排序，得到有序的参数对列表 N。
- 将列表 N 中的参数对按 URL 键值对的格式拼接成字符串，得到字符串 T（如：key1=value1&key2=value2），URL 键值对拼接过程中 value 部分需要 URL 编码，URL 编码算法用大写字母，例如，%E8，而不是小写 %e8。
- 将应用密钥以 appkey 为键名，组成 URL 键值并拼接到字符串 T 的末尾，得到字符串 S 如：key1=value1&key2=value2&appkey= 密钥。
- 对字符串 S 进行 MD5 运算，将得到的 MD5 值的所有字符转换成大写，得到接口请求签名。

②注意事项。

- 不同接口要求的参数对不一样，计算签名使用的参数对也不一样。
- 参数名区分大小写，参数值为空不参与签名。
- URL 键值对拼接过程中 value 部分需要 URL 编码。

• 签名有效期 5 分钟，需要请求接口时实时计算签名信息。

4. 编码实现

从 10.1.2 节中可以看出，请求腾讯 AI 开放平台接口有个参数叫接口鉴权，需要对发送的信息按照平台的要求做签名，签名的具体算法如上一节中的描述，下面用 Python3.X 来实现这个签名算法。

第一个函数用来将发送的字符串计算出 MD5 值，并转换成大写字母，下面的代码中用到了 Python 的 hashlib 库：

```
defmd5_encode(text):
md5=hashlib.md5(text.encode('UTF-8'))
code=md5.hexdigest().upper()
returncode
```

第二个函数用于计算发送内容签名，里面用到了 urllib 中的 parse 函数的 URL 编码功能，最后调用我们刚刚完成的第一个函数 md5_encode，具体如下：

```
defgetReqSign(parser, app_key):
params=sorted(parser.items())
uri_str=parse.urlencode(params, encoding="UTF-8")
sign_str='{}&app_key={}'.format(uri_str, app_key)
returnmd5_encode(sign_str)
```

第三个函数则调用腾讯 AI 开放平台智能聊天的接口，按照智能聊天接口协议，通过把我们要说的话，经过签名发送给 AI，然后接收 AI 的回复内容：

```
defget_chat(text, session_id, app_id, app_key):
try:
# 产生随机字符串
nonce_str=''.join(random.sample(
string.ascii_letters+string.digits, random.randint(10, 16)))
time_stamp=int(time.time())
params={
'app_id':app_id, #appid
'time_stamp':time_stamp, # 时间戳
'nonce_str':nonce_str, # 随机字符串
'session':session_id, #session_id
'question':text# 用户输入字符串
}
# 签名信息
params['sign']=getReqSign(params, app_key)
resp=requests.get(URL, params=params)
ifresp.status_code==200:
```

```
#print(resp.text)
content_dict=resp.json()
ifcontent_dict['ret']==0:
data_dict=content_dict['data']
returndata_dict['answer']
print(' 智能闲聊获取数据失败：{}'.format(content_dict['msg']))
returnNone
exceptExceptionasexception:
print(str(exception))
```

5. 功能测试

功能测试函数也是我们在本案例中完成的第四个函数，用来测试最终的功能，具体代码如下：

```
defmain():
user_id=md5_encode(str(time.time()))
app_id='2123591405'#app_id需要到腾讯AI开放平台申请
app_key='IUUxpBeve1iBEED1'#app_key需要到腾讯AI开放平台申请
whileTrue:
to_text=input("OK:").strip()
form_text=get_chat(to_text, user_id, app_id, app_key)
print("AI:"+form_text)
if__name__=='__main__':
main()
```

程序运行结果如图 10-2 所示。

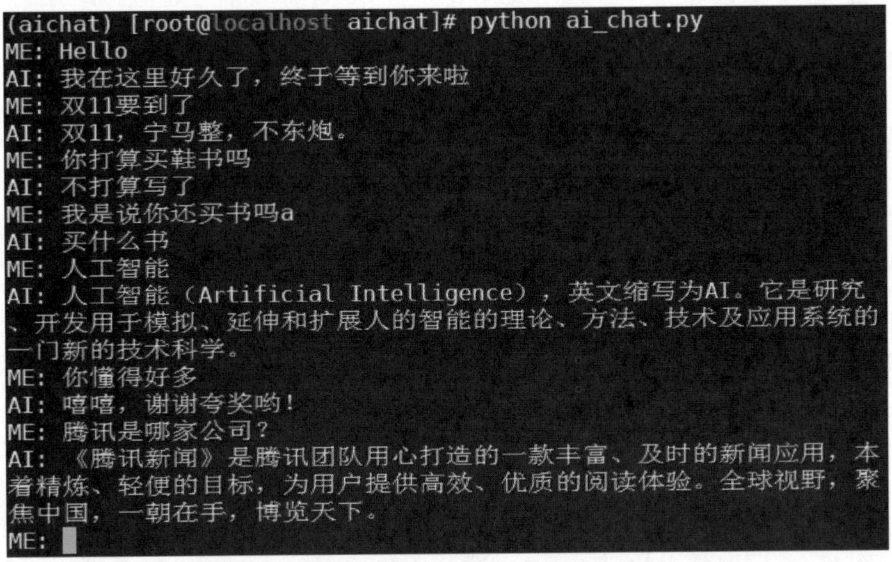

图 10-2　程序运行结果

10.2 智能识别手写数字

10.2.1 背景知识

TensorFlow 是一个基于数据流编程（Data Flow Programming）的符号数学系统，被广泛应用于各类机器学习（Machine Learning）算法的编程实现，其前身是谷歌的神经网络算法库 DistBelief。其命名来源于本身的运行原理。Tensor（张量）意味着 N 维数组，Flow（流）意味着基于数据流图的计算，TensorFlow 为张量从流图的一端流动到另一端的计算过程。TensorFlow 是将复杂的数据结构传输至人工神经网络中进行分析和处理过程的系统。它拥有多层级结构，可部署于各类服务器、PC 终端和网页并支持 GPU 和 TPU 高性能数值计算，被广泛应用于谷歌内部的产品开发和各领域的科学研究。TensorFlow 由谷歌人工智能团队谷歌大脑（Google Brain）开发和维护，拥有包括 TensorFlow Hub、TensorFlow Lite、TensorFlow Research Cloud 在内的多个项目及各类应用程序接口（Application Programming Interface，API）。自 2015 年 11 月 9 日起，TensorFlow 依据阿帕奇授权协议（Apache2.0opensourcelicense）开放源代码。

使用 TensorFlow，必须了解以下信息：

- 使用图（Graph）来表示计算任务。
- 在被称为会话（Session）的上下文（Context）中执行图。
- 使用 tensor 表示数据。
- 通过变量（Variable）维护状态。
- 使用 feed 和 fetch 可以为任意的操作赋值或者从中获取数据。

当使用 TensorFlow 训练大量深层的神经网络时，我们希望去跟踪神经网络的整个训练过程中的信息，比如迭代的过程中每一层参数是如何变化与分布的，每次循环参数更新后模型在测试集与训练集上的准确率是多少，损失值的变化情况，等等。如果能在训练的过程中将一些信息加以记录并可视化地表现出来，是不是对我们探索模型有更深的帮助与理解呢？

TensorFlow 官方推出了可视化工具 Tensorboard，可以帮助我们实现以上功能，它可以将模型训练过程中的各种数据汇总起来并存在自定义的路径与日志文件中，然后在指定的 Web 端可视化地展现这些信息。

1. 综述

TensorFlow 是一个编程系统，使用图来表示计算任务，图中的节点被称作 OP（Operation 的缩写），一个 OP 获得 0 个或者多个 Tensor，执行计算，产生 0 个或者多个 Tensor，每个 Tensor 是一个类型的多维数组。例如，可以将一小组图像集表示为一个四维浮点数数字，这 4 个维度分别是 [batch,height,width,channels]。一个 TensorFlow 图描述了计算的过程，为了进行计算，图必须在会话里启动，会话将图的 OP 分发到诸如 CPU 或者 GPU 的设备上，同时提供执行 OP 的方法，这些方法执行后，将产生的 Tensor 返回，在 Python 语言中，返回的 Tensor 是 numpyarray 对象，在 C 或者 C++ 语言中，返回的 Tensor 是

tensorflow:Tensor 实例。

2. 计算图

TensorFlow 程序通常被组织成一个构建阶段和执行阶段。在构建阶段，OP 的执行步骤被描述成一个图，在执行阶段，使用会话执行图中的 OP。例如，通常在构建阶段创建一个图来表示训练神经网络，然后在执行阶段反复执行图中的训练 OP。TensorFlow 支持 C、C++、Python 编程语言。目前，TensorFlow 的 Python 库更加易用，它提供了大量的辅助函数来简化构建图的工作，这些函数尚未被 C 和 C++ 库支持。三种语言的会话库（Session Libraries）是一致的。

3. 构建图

构建图的第一步，是创建源 OP（Source OP），源 OP 不需要任何输入，例如，常量（Constant），源 OP 的输出被传递给其他 OP 做运算。Python 库中，OP 构造器的返回值代表被构造出的 OP，这些返回值可以传递给其他 OP 构造器作为输入。TensorFlow Python 库有一个默认图（Default Graph），OP 构造器可以为其增加节点。这个默认图对许多程序来说已经足够用了。

10.2.2　功能设计

银行里存取现金都是需要手工填写单据的，如果想将近几年的单据做数字化存储，也就是把单据里的信息都提取出来，存储在计算机中，那么就需要识别单据上的数字。如果采用人工识别，工作量很大，工作内容又比较枯燥，人很容易犯错误，那我们就想，能不能利用人工智能技术，利用计算机来识别这些数字呢？

手写数字识别是目前在学习神经网络中普遍使用的案例。在这个案例中将利用简单的全连接网络来实现手写数字识别，这个例子主要包括三个部分。

- 模型搭建。
- 确定目标函数，设置损失和梯度值。
- 选择算法，设置优化器选择合适的学习率更新权重和偏置。

深度学习领域的专家 Yann LeCun（CNN 的发明者）提供了一个手写数字数据集 MNIST，它包含手写数字的图像集，如图 10-3 所示。

图 10-3　手写数字图像集

MNIST 数据集可以从这里下载：https://github.com/mnielsen/neural-networks-and-deep-learning。数据集有：

- train-images-idx3-ubyte 训练数据图像（60,000）。

- train-labels-idx1-ubyte 训练数据 label。
- t10k-images-idx3-ubyte 测试数据图像（10,000）。
- t10k-labels-idx1-ubyte 测试数据 label。

每张图像大小为 28 像素 × 28 像素，图像数字化存储示意图如图 10-4 所示。

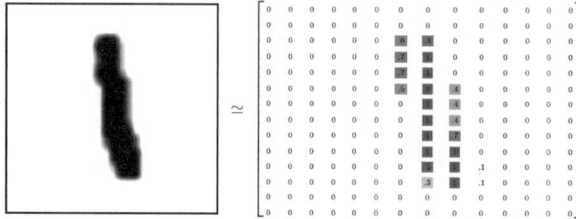

图 10-4　图像数字化存储示意图

10.2.3　编码实现

1. 加载数据，引入相关的包

```
import tensorflow as tf
import numpy as np
import matplotlib.pyplot as plt
%matplotlib inline
from tensorflow.examples.tutorials.mnist import input_data
```

下载数据时直接调用了 TensorFlow 提供的函数 readdatasets。输入两个参数，第一个参数表示下载到数据存储的路径，第二个参数表示是否要将类别标签进行单独编码。它首先在指定目录下查找这个数据文件，没有的话才去下载，有的话就直接读取。所以第一次执行这个命令，速度会比较慢，因为没有数据集，需要进行下载。

#获取数据集，并采用 one_hot 编码 mnist = input_data.read_data_sets(data_dir,one_hot = True)。

2. 根据网络结构，定义各参数、变量，并搭建图（graph）

```
tf.reset_default_graph() #这个可以不用细究，是为了防止重复定义报错

# 给X、Y定义placeholder，要指定数据类型、形状：
X = tf.placeholder(dtype=tf.float32,shape=[None,784],name='X')
Y = tf.placeholder(dtype=tf.float32,shape=[None,10],name='Y')

# 定义各个参数：
W1 = tf.get_variable('W1',[784,128],initializer=tf.contrib.layers.xavier_initializer())
b1 = tf.get_variable('b1',[128],initializer=tf.zeros_initializer())
W2 = tf.get_variable('W2',[128,64],initializer=tf.contrib.layers.xavier_
```

```
initializer())
    b2 = tf.get_variable('b2',[64],initializer=tf.zeros_initializer())
    W3 = tf.get_variable('W3',[64,10],initializer=tf.contrib.layers.xavier_
initializer())
    b3 = tf.get_variable('b3',[10],initializer=tf.zeros_initializer())
```

3. 计算网络中间的 logits、激活值

```
A1 = tf.nn.relu(tf.matmul(X,W1)+b1,name='A1')
A2 = tf.nn.relu(tf.matmul(A1,W2)+b2,name='A2')
Z3 = tf.matmul(A2,W3)+b3
```

计算 cost，使用 tf.nn.softmaxcrossentropywithlogits 来计算 softmax 并计算交叉熵损失，并且求均值作为最终的损失值。

```
cost = tf.reduce_mean(tf.nn.softmax_cross_entropy_with_logits(logits=Z3,labels=Y))
```

定义 optimizer 来最小化 cost，采用 Adam 优化器，用它来最小化 cost。

```
trainer = tf.train.AdamOptimizer().minimize(cost)
```

4. 在图中注入数据

```
with tf.Session() as sess:
    # 将所有的变量都初始化
    sess.run(tf.global_variables_initializer())

    # 定义一个 costs 列表，来装迭代过程中的 cost
    costs = []

    # 指定迭代次数：
    for it in range(1000):

        X_batch,Y_batch = mnist.train.next_batch(batch_size=64)
        _,batch_cost = sess.run([trainer,cost],feed_dict={X:X_batch,Y:Y_batch})
        costs.append(batch_cost)
        # 每 100 个迭代就打印一次 cost:
        if it%100 == 0:
            print('iteration%d ,batch_cost: '%it,batch_cost)
    # 训练完成
    predictions = tf.equal(tf.argmax(tf.transpose(Z3)),tf.argmax(tf.transpose(Y)))
    accuracy = tf.reduce_mean(tf.cast(predictions,'float'))

    z3,acc = sess.run([Z3,accuracy],feed_dict={X:X_test,Y:Y_test})
    print("Test set accuracy:",acc)
```

```
# 随机从测试集中抽一些图片（比如第 i*10+j 张图片），然后取出对应的预测（即 z3[i*10+j]）：
fig,ax = plt.subplots(4,4,figsize=(15,15))
fig.subplots_adjust(wspace=0.1, hspace=0.7)
for i in range(4):
    for j in range(4):
        ax[i,j].imshow(X_test[i*10+j].reshape(28,28))
        # 用 argmax 函数取出 z3 中的预测结果：
        predicted_num  = np.argmax(z3[i*10+j])
        # 这里不能用 tf.argmax，因为所有的 tf 操作都在图中，没法直接取出来
        ax[i,j].set_title('Predict:'+str(predicted_num))
        ax[i,j].axis('off')
```

10.2.4 功能测试

运行，查看输出结果如图 10-5 所示。

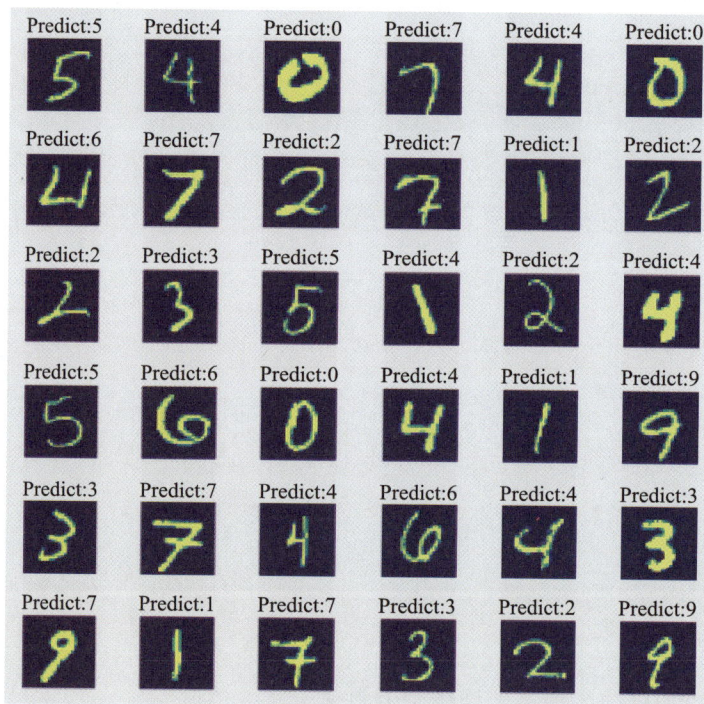

图 10-5 程序运行结果

至此，我们的实验就完成了。我们成功地利用 TensorFlow 搭建了一个三层神经网络，并对手写数字进行了识别！

【学习与思考】

1. 请在 AI 开放平台提供人工智能接口中，任选一个你喜欢的，做一个演示程序。

2. 利用 TF 框架，实现一个简单的人工智能演示程序。

◎ 延伸阅读

自然语言处理开源框架

自然语言处理作为人工智能领域中的重要研究方向，不仅有大量的应用场景，也涌现出一批开源软件和开源数据集，提供了丰富而完善的功能和语料，为研究人员提供了良好的科研基础，促进了自然语言处理研究的快速发展。这里对部分典型开源软件予以介绍。

（1）NLTK（Natural Language Toolkit）是最流行的 Python 自然语言处理工具，是宾夕法尼亚大学计算机与信息科学系在 2001 年开发的基于 Apache 协议的开源软件。NLTK 提供包括 WordNet 在内的百余个语料资源，以及分类、分词、词干提取、词性标注、依存分析、语义推断等一系列功能，并维护了一个活跃的开发者论坛。除了免费、开源、社区驱动等特性，NLTK 还提供了简易的上手教程和丰富的开发文档，在众多国家的大学课程中作为教学工具广泛使用。

（2）OpenNLP 是基于机器学习的自然语言处理工具包，是 Apache Software Foundation 在 2010 年开发的基于 Apache 2.0 协议的开源软件。OpenNLP 提供基于机器学习的自然语言文本处理功能，包括分词、分句、分块、词性标注、命名实体识别、语法解析、指代消解等，为进一步完成后续任务提供支持。OpenNLP 涵盖最大熵、感知机、朴素贝叶斯等模型，为多种语言提供预训练模型及对应的标注语料资源，既可以通过 Java API 或命令行接口调用，也可以作为组件集成到 Apache Flink、NiFi、Spark 等分布式流数据处理框架中。

（3）LTP（Language Technology Platform）是支持 Java 和 Python 接口的中文处理基础平台，是哈尔滨工业大学社会计算与信息检索研究中心在 2011 年开发的基于 GPL 协议的开源软件。LTP 提供中文分词、词性标注、命名实体识别、依存句法分析、语义角色标注等丰富、高效、精准的自然语言处理模块。"语言云"以 LTP 为基础，提供具有跨平台、跨语言等特性的中文自然语言处理云服务。

（4）Stanford CoreNLP 支持多种语言的处理，是斯坦福大学自然语言处理组在 2010 年开发的基于 GPL 协议的开源软件。Stanford CoreNLP 提供词干提取、词性标注、命名实体识别、依存语法分析、指代消解、情感分析、关系抽取等功能，还集成了很多自然语言处理工具，为多种主流编程语言提供开发接口，并且支持以 Web 服务形式运行。

（5）Gensim 是基于机器学习的自然语言处理工具包，是 Radim Rehurek 在 2008 年开发的基于 GUN 协议的开源软件。Gensim 提供主题建模、文档索引及相似度获取等功能。Gensim 按流式处理数据，所实现的算法不受语料大小影响，可以处理比 RAM 更大的输入数据。

（6）spaCy 是支持 20 多种语言的自然语言处理包，是 Explosion AI 在 2014 年开发的基于 MIT 协议的开源软件。spaCy 提供词性标注、依存分析、命名实体识别等功能，以面向企业级大规模应用快速高效而著称。spaCy 可用于自然语言深度学习的预处理阶段，与 TensorFlow、PyTorch、scikit-learn、Gensim 等 Python 人工智能技术体系结合使用。

（7）FudanNLP 是用 Java 语言编写的中文自然语言处理工具包，是复旦大学自然语言处理实验室在 2014 年开发的基于 LGPL3.0 协议的开源软件。FudanNLP 提供中文分词、词性标注、实体名识别、关键词抽取、依存句法分析、时间短语识别等中文处理功能和文本分类、新闻聚类等信息检索功能，以及在线学习、层次分类、聚类等结构化学习算法。

（8）NLPIR 汉语分词系统（又名 ICTCLAS）是面向中文的语义分析系统，是中科院计算所在 2015 年开发的开源软件。NLPIR 汉语分词系统提供中文分词、词性标注、命名实体识别、微博分词、新词发现、关键词提取等功能，支持 GBK、UTF8、BIG5 等编码。

（9）THULAC 是中文词法分析工具包，是清华大学自然语言处理与社会人文计算实验室在 2016 年开发的基于 MIT 协议的开源软件，包括 C++、Java、Python 三个版本，主要提供中文分词和词性标注等功能，具有分词能力强、准确率较高、速度较快等特点。

（10）HanLP 是由一系列模型与算法组成的 Java 工具包，目标是普及自然语言处理在生产环境中的应用。HanLP 具备功能完善、性能高效、架构清晰、语料时新、可自定义的特点。

作为人工智能领域的重要组成部分，自然语言处理在基础研究领域的相关技术已经逐步趋于成熟和完善，并且有许多完整的开源软件可供使用，进一步加速了自然语言处理的发展和应用。近年来，阅读理解、机器翻译、聊天机器人等更复杂、更综合、更系统的研究领域吸引了越来越多的关注，也取得了大量里程碑式的进展，但对应的开源软件则相对较少。希望随着研究和技术的进一步成熟，这些领域也能涌现一批高质量的开源软件，促进整个人工智能社区更好更快的发展。

【查阅与思考】

查阅相关文献资料，列举出人工智能应用的成功案例。

参考文献

［1］张泽谦 . 人工智能［M］. 北京：人民邮电出版社，2019.

［2］聂明 . 人工智能技术应用导论［M］. 北京：电子工业出版社，2019.

［3］何晗 . 自然语言处理入门［M］. 北京：人民邮电出版社，2019.

［4］杨晔，田莉霞 . 人工智能导论［M］. 大连：大连理工大学出版社，2019.

［5］Nitin Hardeniya，Jacob Perkins，Deepti Chopra，等著 . Python 和 NLTK 自然语言处理［M］. 林赐译 . 北京：人民邮电出版社，2019.

［6］李德毅 . 人工智能导论［M］. 北京：中国科学技术出版社，2018.

［7］赵卫东，董亮 . 机器学习［M］. 北京：人民邮电出版社，2018.

［8］史蒂芬·卢奇，丹尼·科佩克著 . 人工智能［M］. 林赐译 . 北京：人民邮电出版社，2018.

［9］王振永 . 模式识别算法及实现方法［M］. 哈尔滨：哈尔滨工业大学出版社，2017.

［10］Deepti Chopra，Nisheeth Joshi，lti Mathur 著 . 精通 Python 自然语言处理［M］. 王威译 . 北京：人民邮电出版社，2017.

［11］王万良 . 人工智能导论［M］. 北京：高等教育出版社，2017.

［12］陈雯柏 . 人工神经网络原理与实践［M］. 西安：西安电子科技大学出版社，2016.

［13］杰瑞·卡普兰著 . 人工智能时代［M］. 李盼译 . 杭州：浙江人民出版社，2016.

［14］蔡自兴等 . 人工智能及其应用［M］. 北京：清华大学出版社，2016.

［15］Steven Bird，Ewan Klein & Edward Loper 著 . Python 自然语言处理［M］. 陈涛，张旭，崔杨，等译 . 北京：人民邮电出版社，2014.

［16］海金 . 神经网络与机器学习［M］. 北京：机械工业出版社，2011.

［17］刘远宁 . 基于红膜生物识别技术研究［M］. 北京：国防工业出版社，2010.

［18］袁晓燕 . 虹膜定位、形变级特征提取研究［M］. 北京：国防工业出版社，2008.

［19］张立明 . 人工神经网络的模型及其应用［M］. 上海：复旦大学出版社，1993.

［20］胡守仁 . 神经网络导论［M］. 长沙：国防科技大学出版社，1993.

［21］靳蕃 . 神经网络与神经计算机原理、应用［M］. 西南交通大学出版社，1991.

［22］王蕴红，朱勇，谭铁牛 . 基于虹膜识别的身份鉴别［J］. 自动化学报，2012，（1）：12-15.

［23］任建丽 . 虹膜定位及质量评估的算法研究与实现［J］. 电子科技大学学报，2010，（23）：177-178.

［24］万里光 . 红膜识别技术的应用与发展［J］. 船电技术，2008，（2）：50-53.

［25］JAINAK，ROSSA，PRABHAKARS. An Introduction to Biometric Recognition［J］IEEE Transactions on Circuits and Systems for Video Technology，2004，（1）：4220.

［26］杨志英 . BP 神经网络在水质评价中的应用［J］. 中国农村水利水电，2001，9：27-29.

［27］张晓，戴冠中，徐乃平 . 一种新的优化搜索算法—遗传算法 . 控制理论与应用［J］. 1995，12（3）：265-273.

［28］姚新，陈国良，徐惠敏，等 . 进化算法研究进展［J］. 计算机学报，1995，18（9）：694-706.

［29］张承福，赵则 . 联想记忆神经网络的若干问题［J］. 自动化学报，1994，20（5）：513-521.

［30］许可 . 卷积神经网络在图像识别上的应用的研究［D］. 浙江大学，2012.

［31］百度百科 . 人工智能、机器学习［网上文本、图片］. 网络，2020.

［32］腾讯 AI 开放平台 . 文档中心 – 智能闲聊［网上文本、图片］. 网络，2020.

［33］Github. 神经网络和深度学习［网上文本、图片］. 网络，2020.

［34］刘众楷 . 全球抗疫复工潮背后的机器人大军：多场景接替人类工作［EB/OL］. 中国机器人网，2020.